金属矿山地质建模及资源富集区划

陶志刚　吕增旺　李梦楠　孟志刚　著

中国建筑工业出版社

图书在版编目（CIP）数据

金属矿山地质建模及资源富集区划 / 陶志刚等著
.—北京：中国建筑工业出版社，2020.12
ISBN 978-7-112-25458-3

Ⅰ.①金… Ⅱ.①陶… Ⅲ.①金属矿-矿山地质-地质调查-研究-吉尔吉斯 Ⅳ.①P618.51

中国版本图书馆 CIP 数据核字（2020）第 179223 号

责任编辑：率 琦
文字编辑：刘颖超
责任校对：李美娜

金属矿山地质建模及资源富集区划
陶志刚 吕增旺 李梦楠 孟志刚 著
*
中国建筑工业出版社出版、发行（北京海淀三里河路 9 号）
各地新华书店、建筑书店经销
北京鸿文瀚海文化传媒有限公司制版
北京中科印刷有限公司印刷
*
开本：787 毫米×1092 毫米 1/16 印张：12 字数：260 千字
2021 年 1 月第一版 2021 年 1 月第一次印刷
定价：**65.00** 元
ISBN 978-7-112-25458-3
(36088)

如有印装质量问题，可寄本社图书出版中心退换
（邮政编码 100037）

作者简介

陶志刚，博士，1981年生。中国矿业大学（北京）深地空间科学与工程研究院副院长，深部岩土力学与地下工程国家重点实验室执行委员会副主任、副教授、硕士生导师。主要从事滑坡地质灾害临滑预警与软岩隧道大变形监测与控制等方面的研究工作。发表论文160余篇，授权发明专利20项，获省部级科技奖励6项。

吕增旺，学士，1968年生。河南省百名职工技术英杰，注册安全工程师，高级工程师。灵宝黄金集团股份有限公司总工程师、三门峡市矿业联合会会长。主要从事金属矿山成矿规律和深部成矿预测等方面的研究工作。

李梦楠，1993年生。中国矿业大学（北京）深部岩土力学与地下工程国家重点实验室在读博士。主要从事矿山边坡稳定性分析和大变形锚杆/索力学性能分析等方面的研究工作。

孟志刚，1990年生。注册岩土工程师。辽宁有色勘察研究院有限责任公司工程师，中国矿业大学（北京）深部岩土力学与地下工程国家重点实验在读博士。主要从事文物保护工程、采矿工程和地质灾害治理等领域的研究工作。

正文彩图

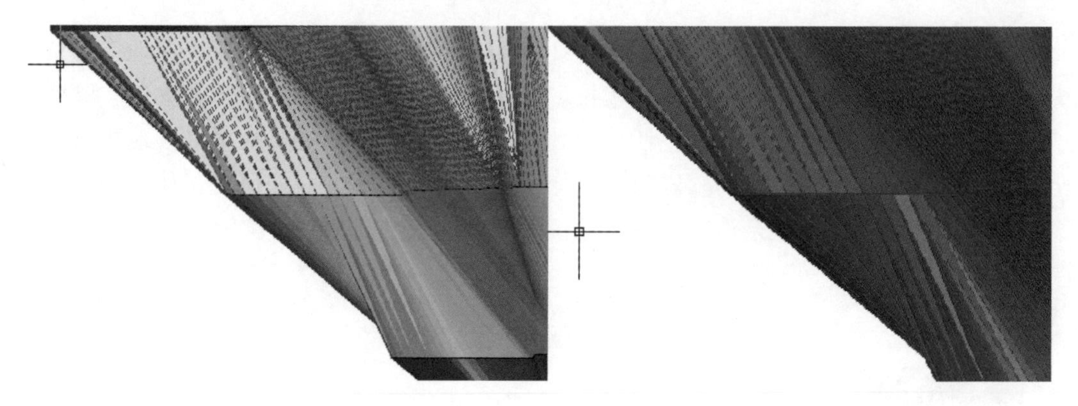

图 3.26　合并三角网前后对照

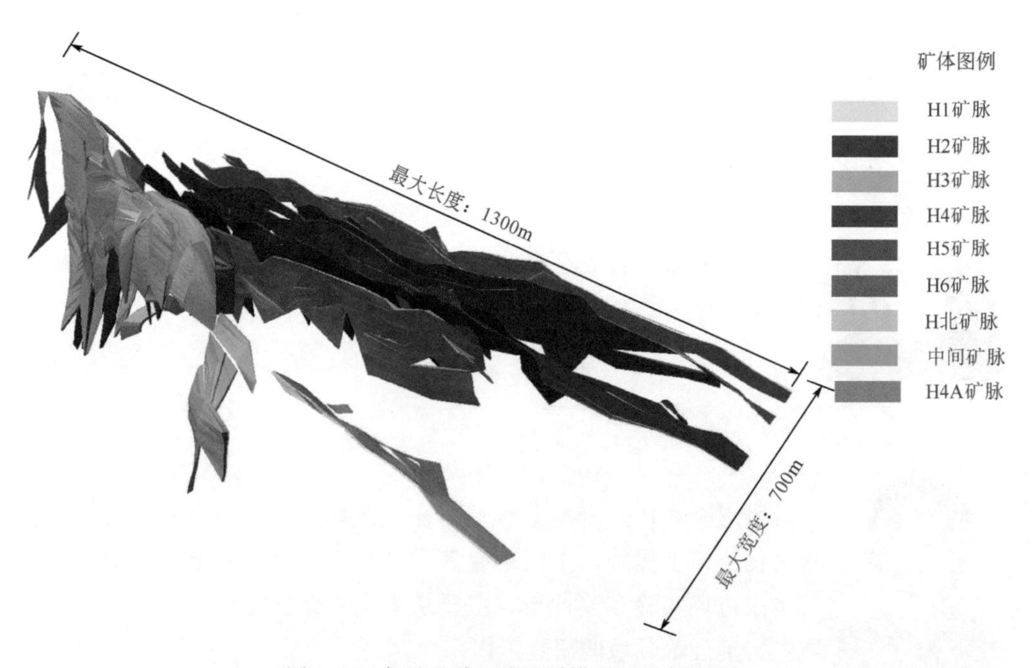

图 3.28　伊矿矿脉三维地质模型（异色渲染）

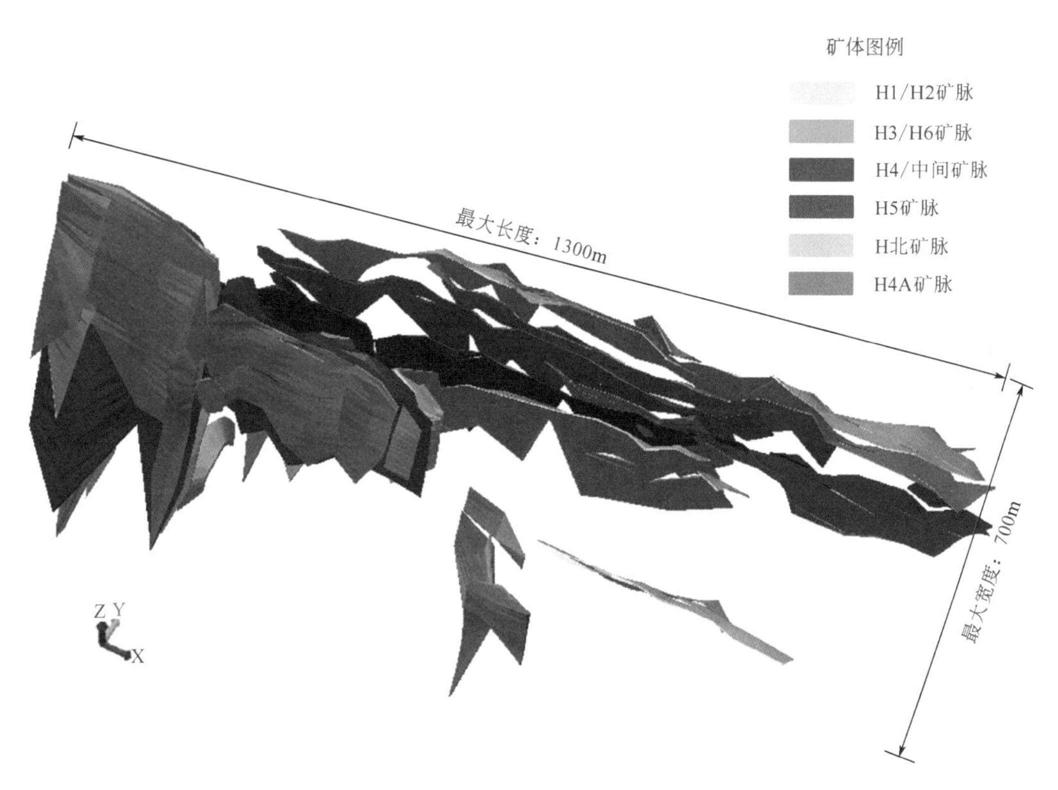

图 3.29　伊矿矿脉三维地质模型（同色渲染）

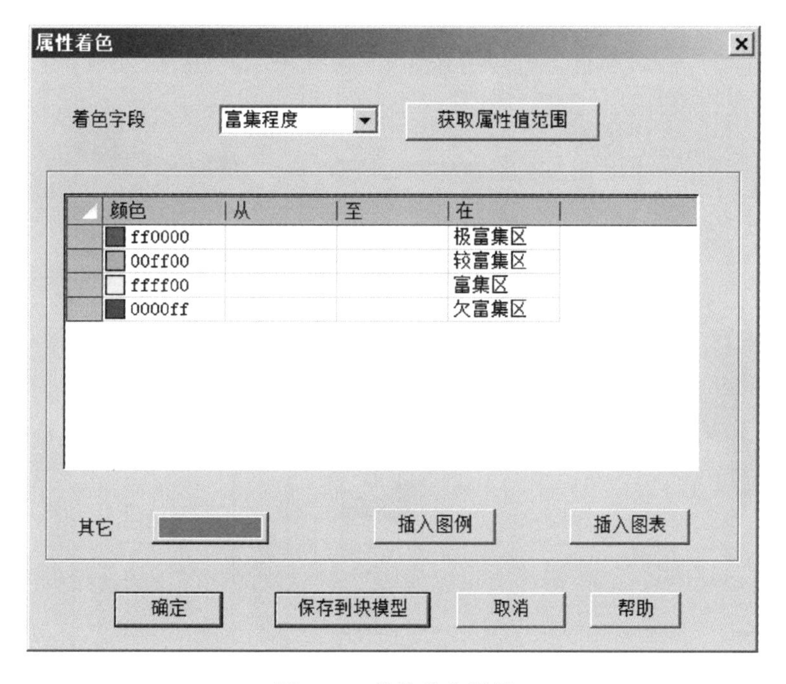

图 4.18　块体着色设置

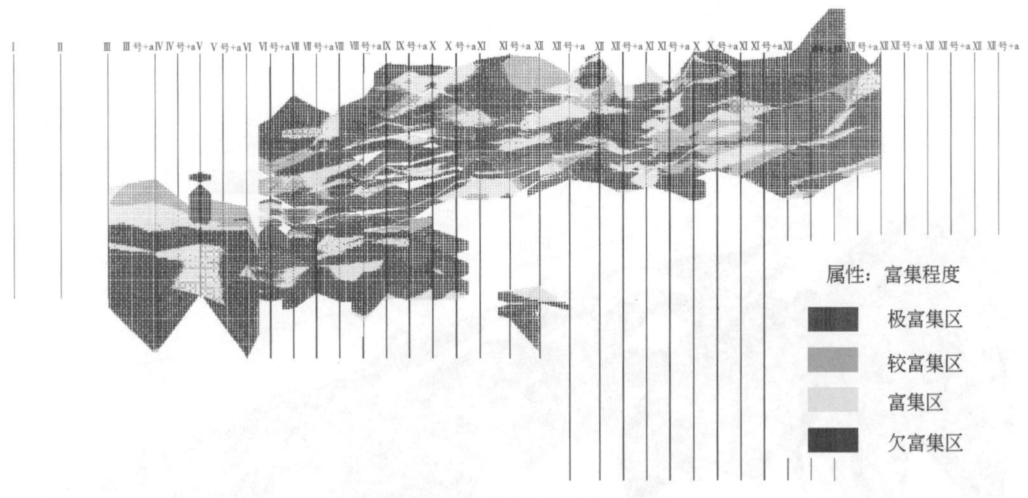

图 4.19　块体着色显示三维图

图 4.23　全部矿脉金金属富集分区图（以 $t=5$、9、12 为标准划分四个分区）

图 4.24　全部矿脉金金属富集分区图（品位 $t\geq7$）

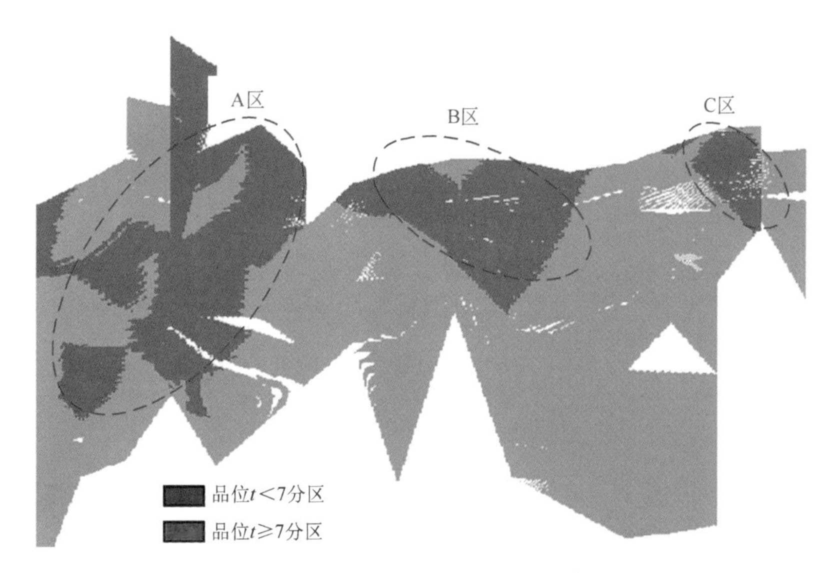

图 4.27 伊矿 1 号矿脉金金属富集分区图（品位 $t \geqslant 7$）

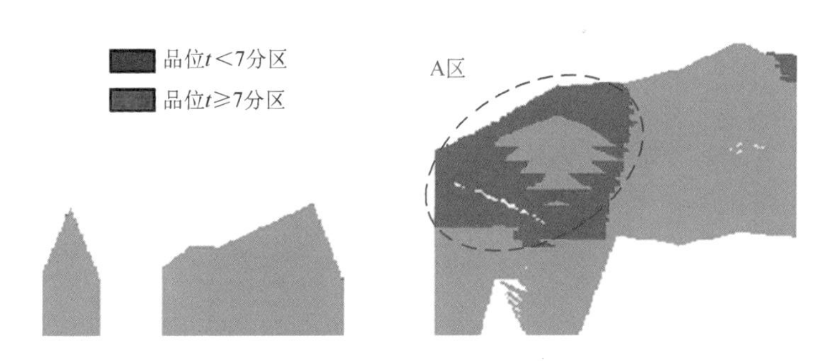

图 4.30 伊矿 2 号矿脉金金属富集分区图（品位 $t \geqslant 7$）

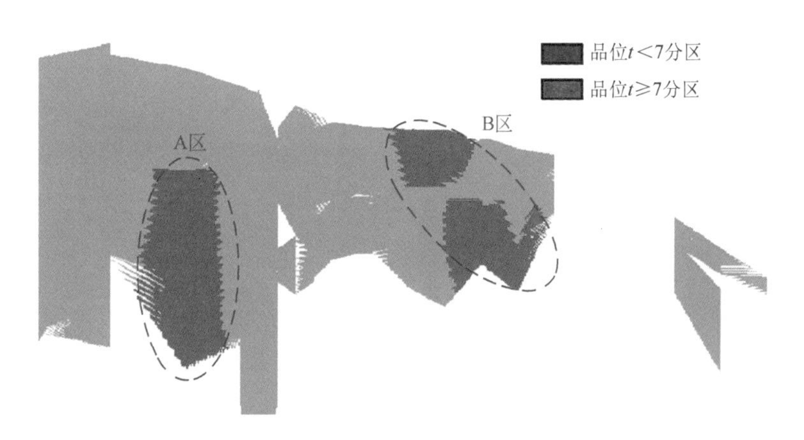

图 4.33 伊矿 3 号矿脉金金属富集分区图（品位 $t \geqslant 7$）

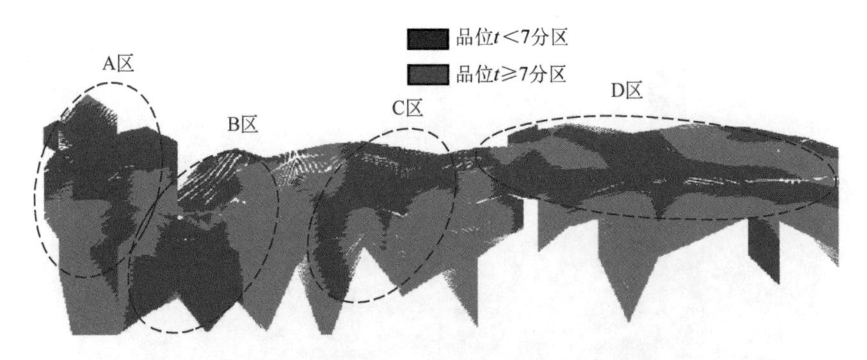

图 4.36 伊矿 4 号矿脉金金属富集分区图（品位 $t \geq 7$）

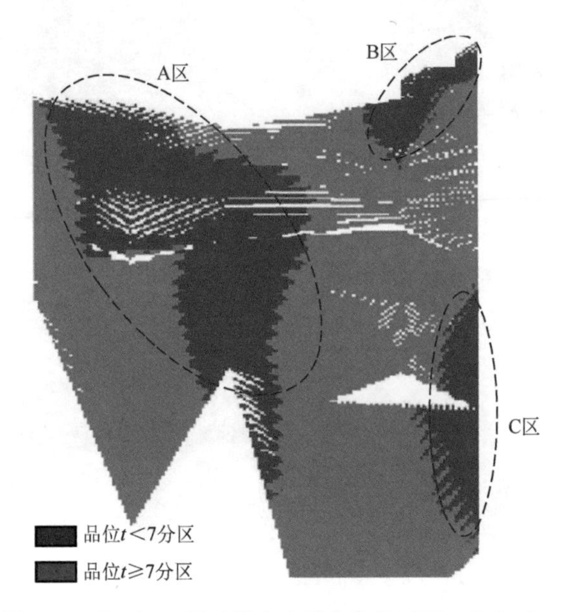

图 4.39 伊矿 4A 号矿脉金金属富集分区图（品位 $t \geq 7$）

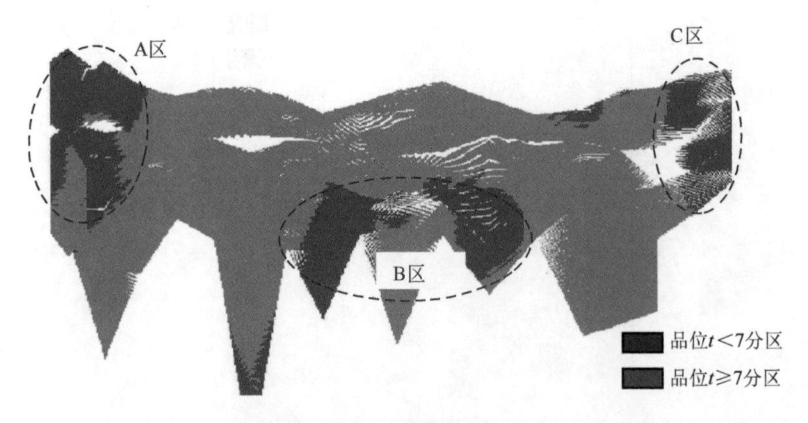

图 4.42 伊矿 5 号矿脉金金属富集分区图（品位 $t \geq 7$）

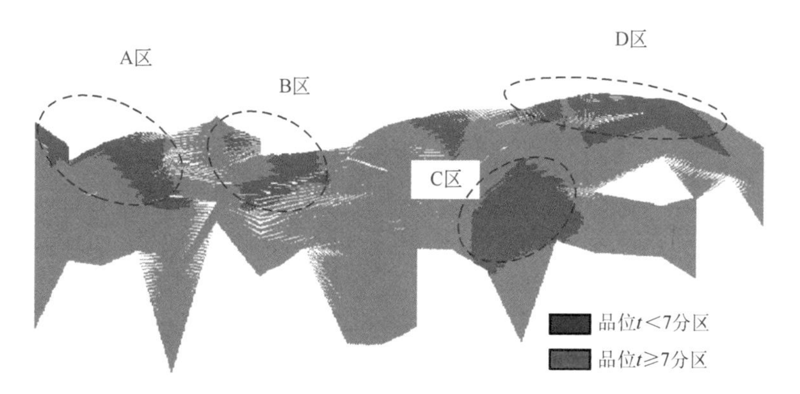

图 4.45 伊矿 6 号矿脉金金属富集分区图（品位 $t \geqslant 7$）

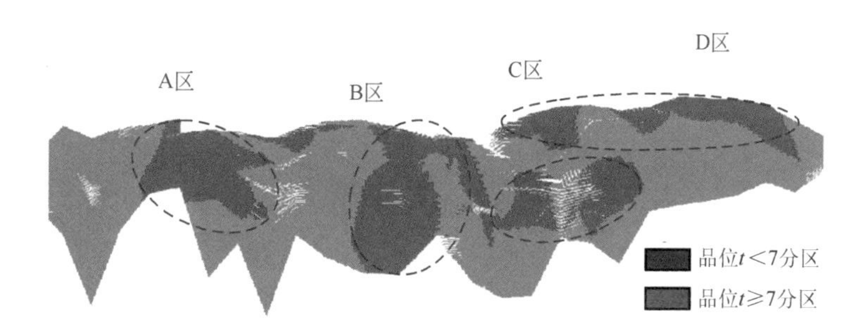

图 4.48 伊矿北矿脉金金属富集分区图（品位 $t \geqslant 7$）

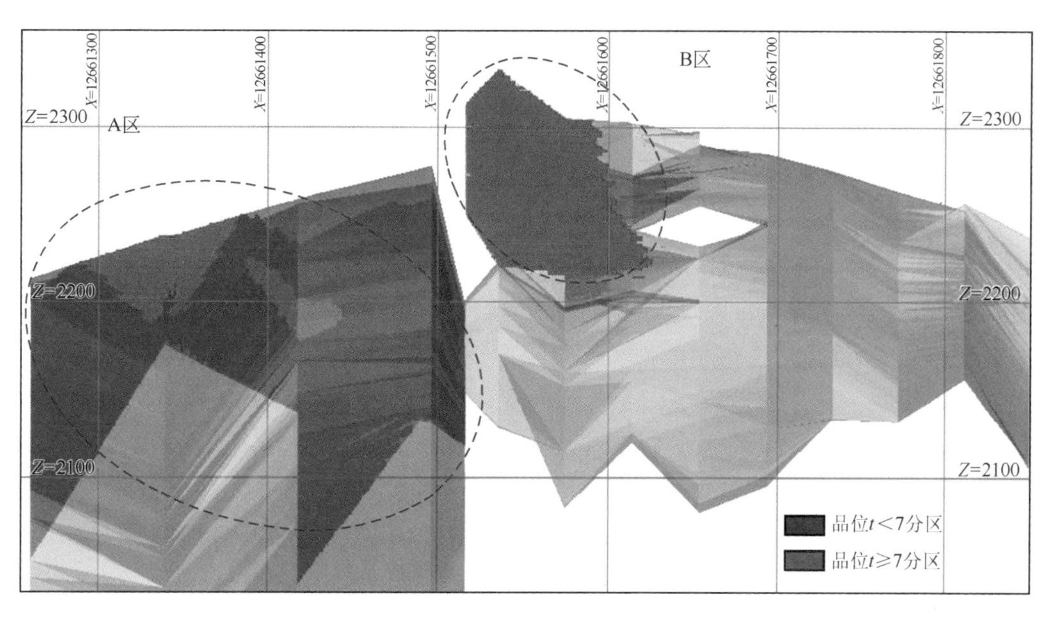

图 4.51 伊矿中间矿脉金金属富集分区图（品位 $t \geqslant 7$）

附　　图

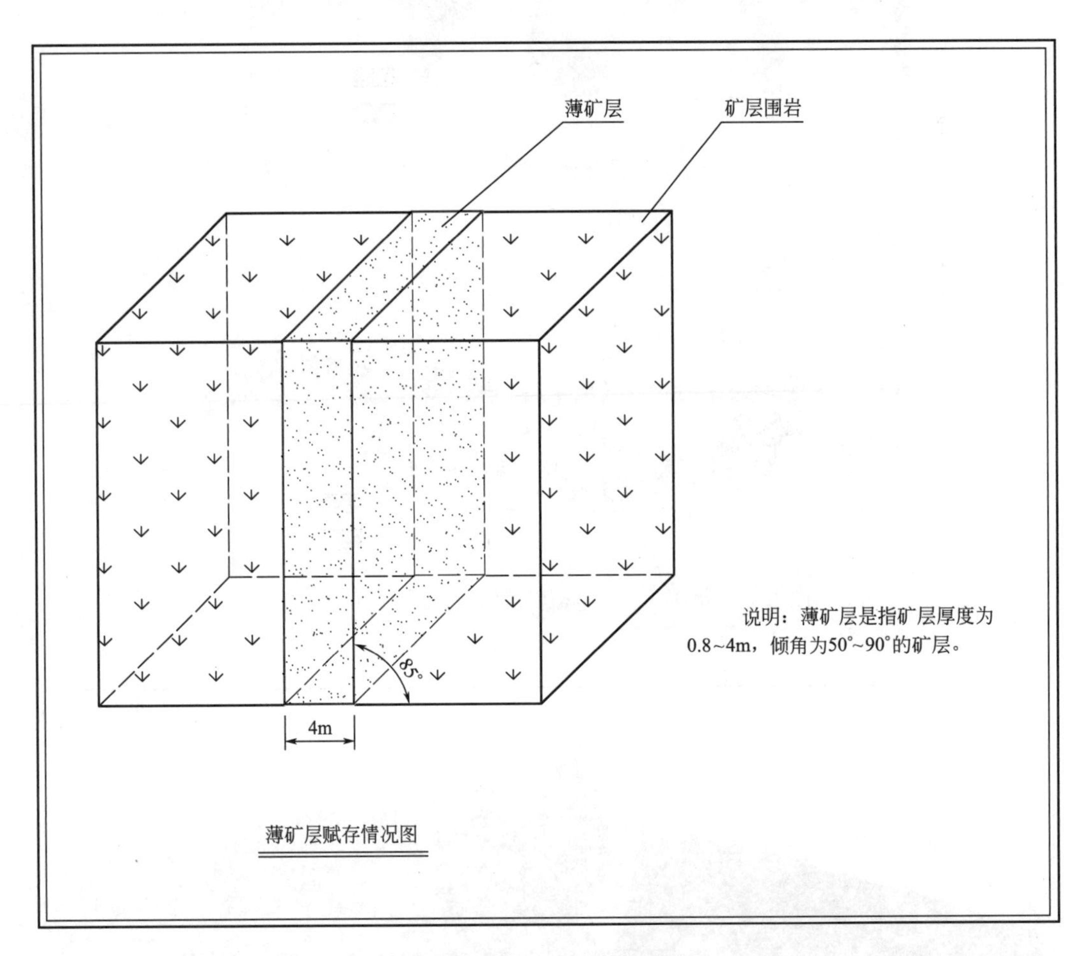

附图 1　薄矿层赋存情况图

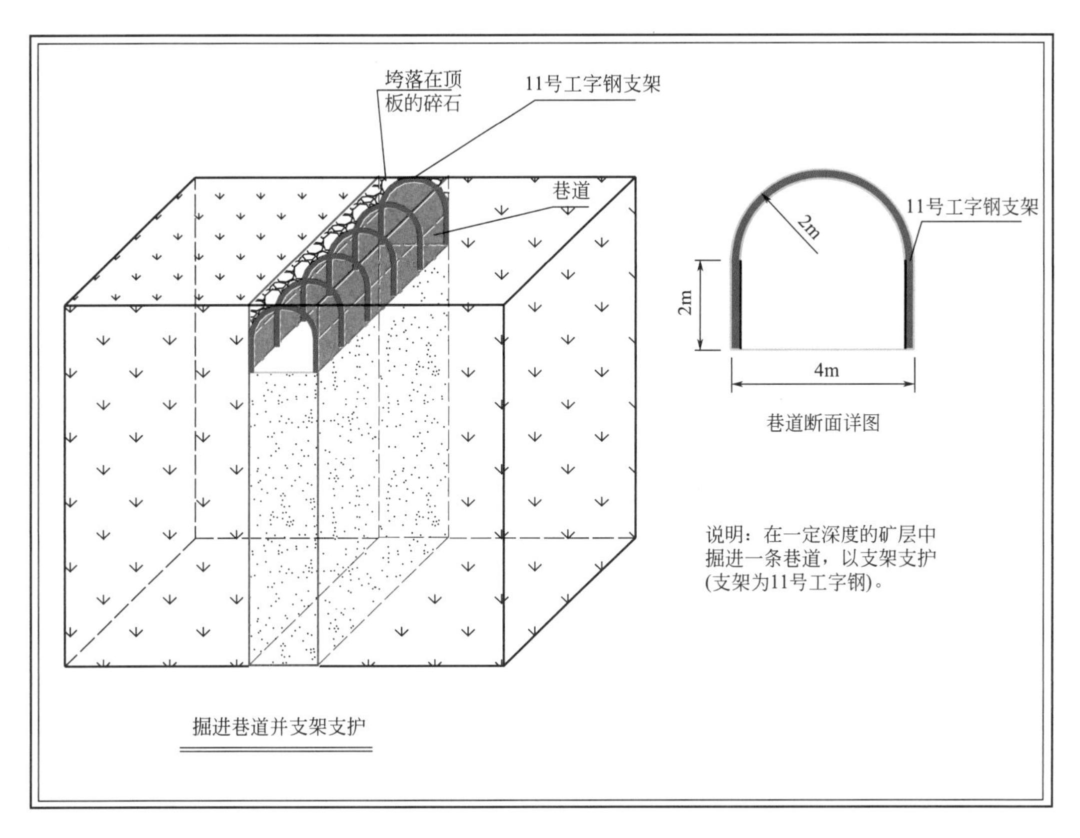

附图 2　薄矿层巷道掘进及支架布置图

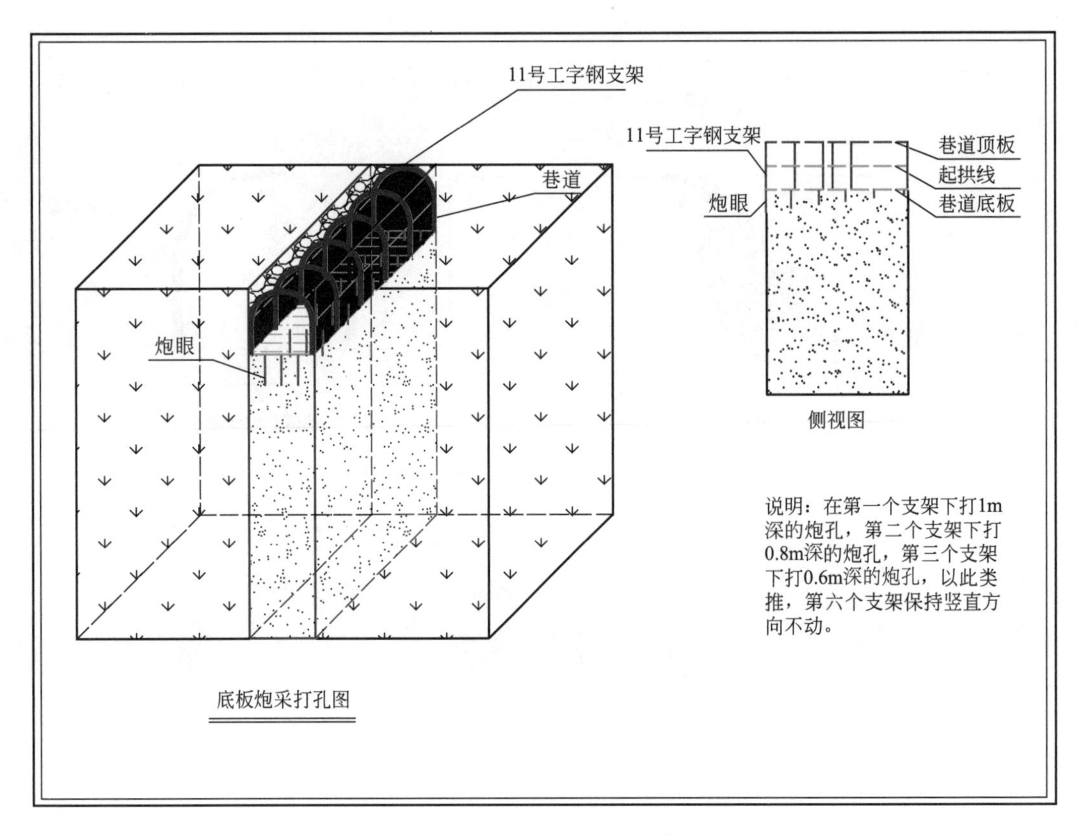

附图 3 薄矿层底板炮采钻孔布置图

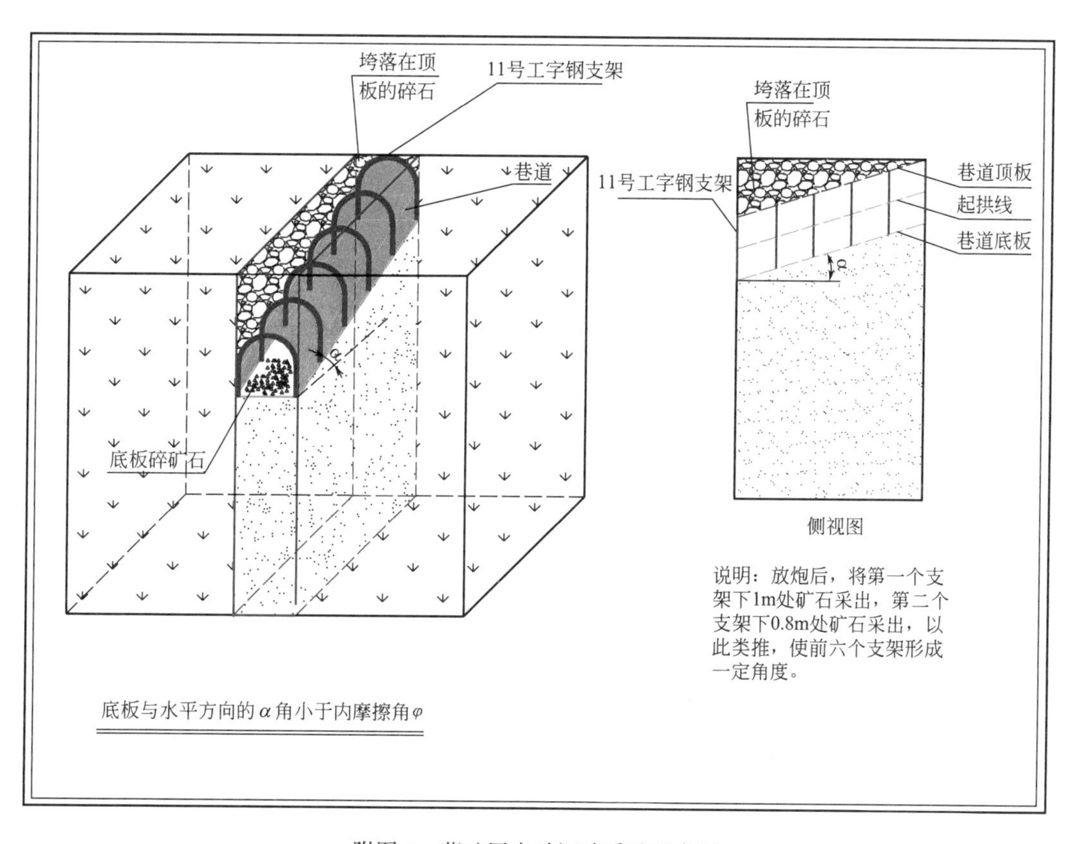

附图 4　薄矿层自动沉陷采矿示意图

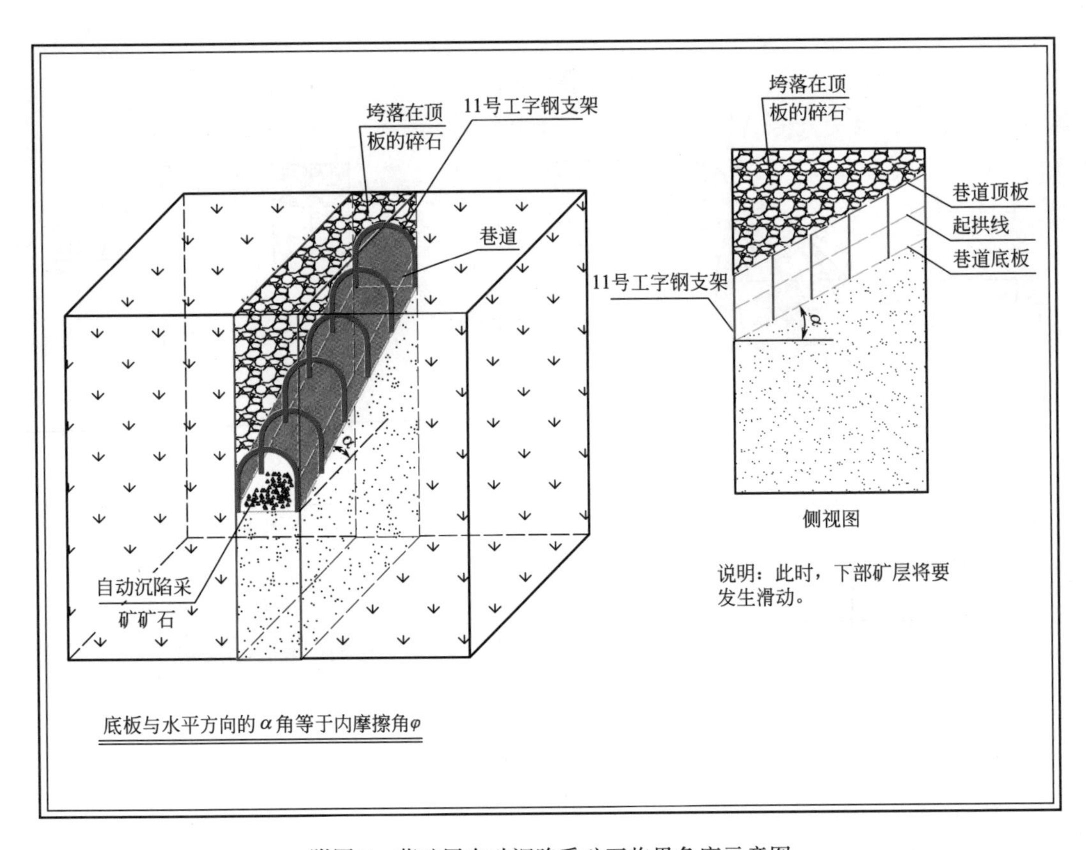

附图 5　薄矿层自动沉陷采矿至临界角度示意图

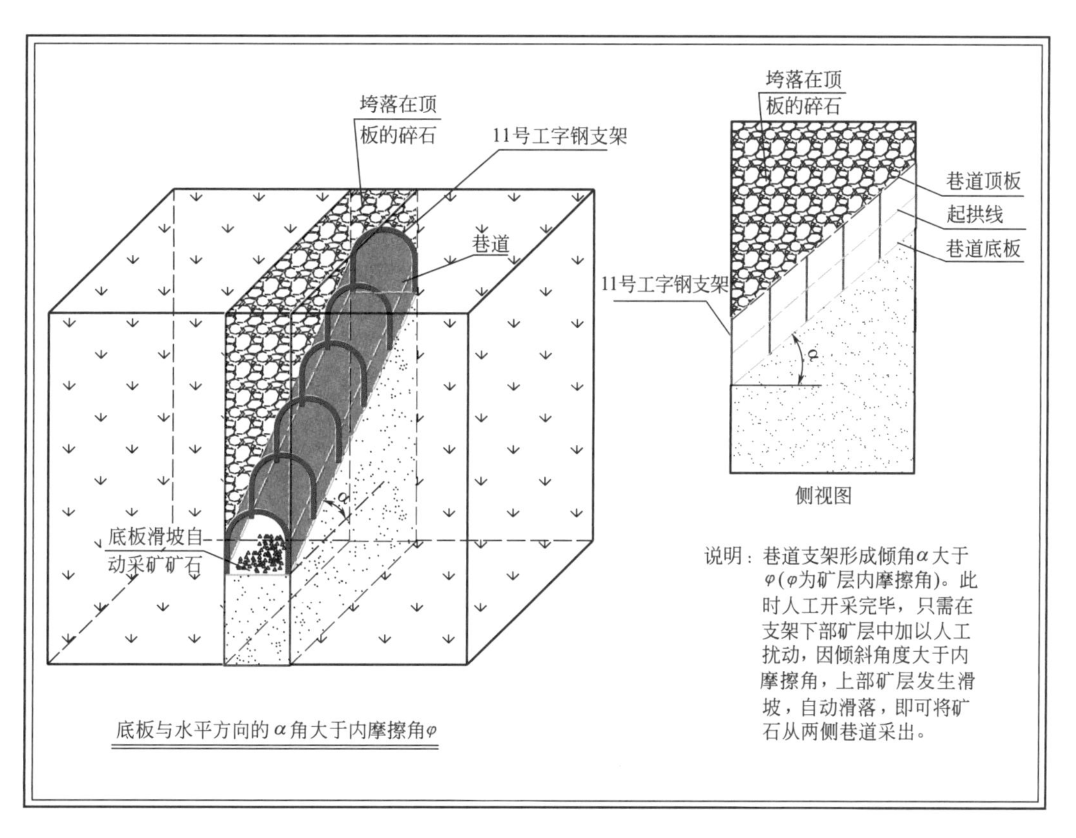

附图6　薄矿层滑坡自动采矿示意图

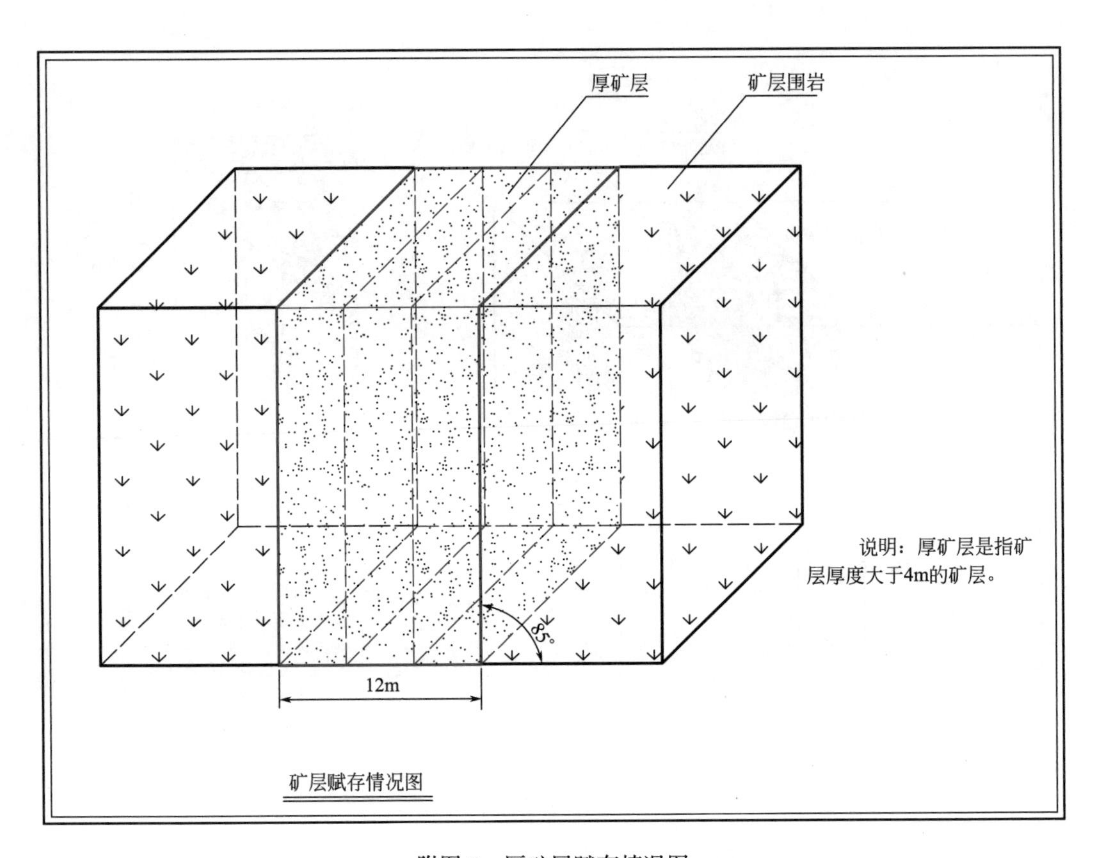

附图 7　厚矿层赋存情况图

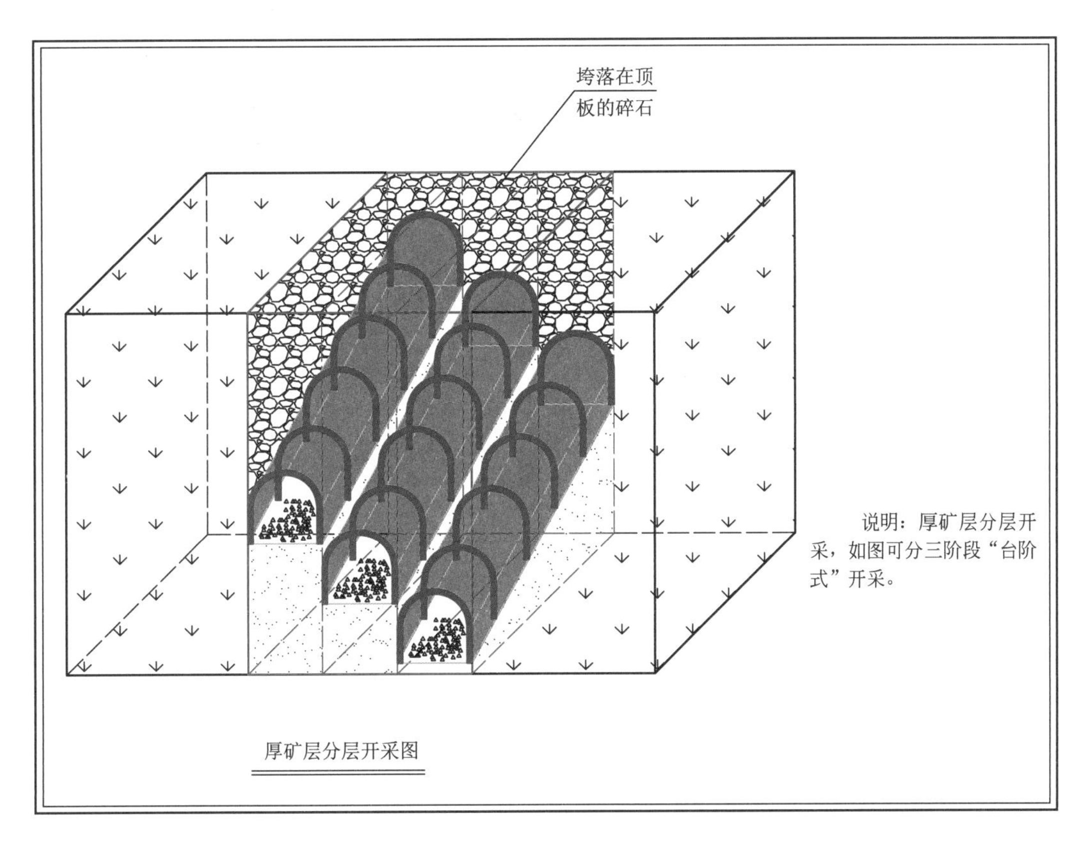

附图 8　厚矿层分层开采示意图

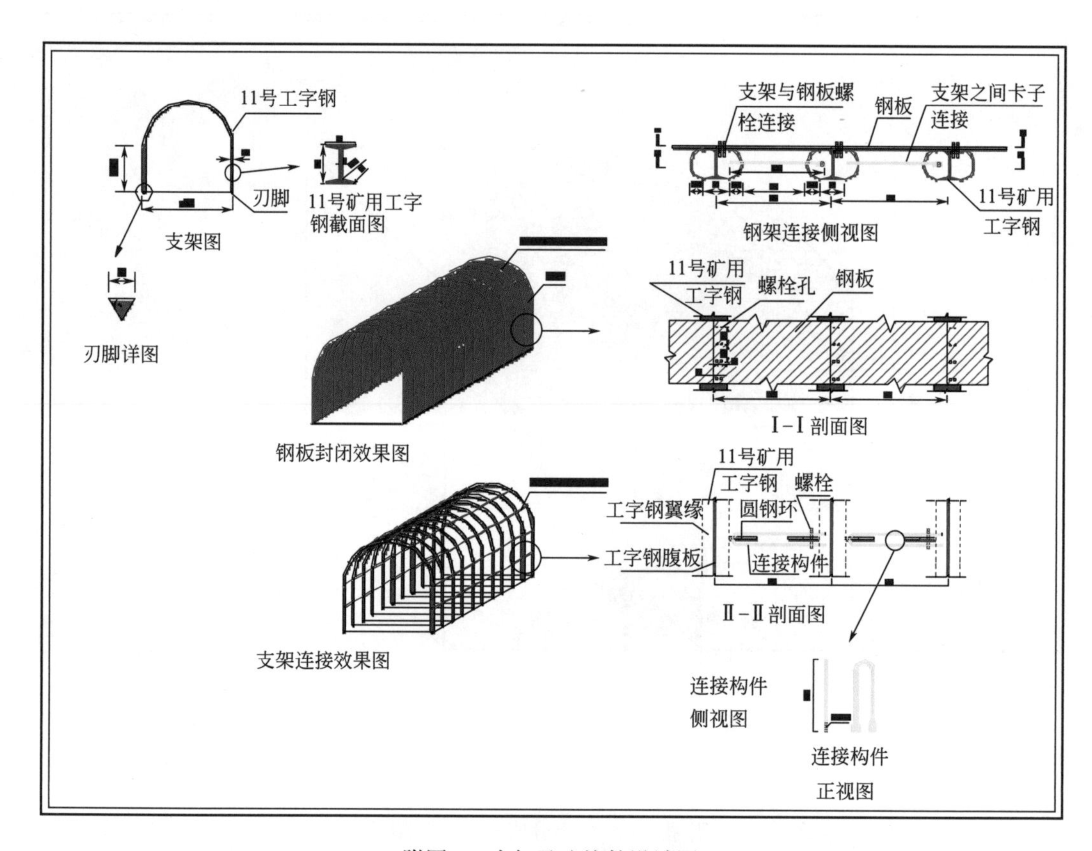

附图 9　支架及连接件设计图

前言

地质赋存特征及矿产资源品位分布规律在矿山规划设计和采矿方法研究中极其重要。传统地质信息的提取和分析评估主要通过平面、剖面等二维图的形式来表达三维空间中的地形、地貌、构造和其他地质现象，缺点是空间信息转化困难、信息丢失严重以及信息更新繁琐。1993 年，加拿大 Simon W. Houlding 基于计算机数据处理和可视化技术提出三维地质建模的概念，将空间信息管理、地质解译、地学统计及空间分析和预测等综合在一起，生成三维数字化矿山模型。该技术促进了采矿、安全评价和储量计算等领域新方法、新技术和新理论的诞生，为矿山的安全高效绿色开采提供了技术保障。

吉尔吉斯斯坦伊士坦贝尔德金矿是国际上地质条件最为复杂的大型井工金矿之一。该矿山矿体产状复杂，开采难度大；围岩破碎，支护难；围岩遇水软化膨胀，稳定性差；常规开采矿石损失与贫化大；严重威胁矿山的安全可持续开采。亟待查明伊矿金金属富集规律，建立准确可靠的矿山三维地质模型，为资源富集区划研究和矿山安全持续开采提供指导。

本书以伊士坦贝尔德金矿矿体围岩特征及矿体赋存产状特征为研究对象，综合运用工程地质学、软岩工程力学和数值解析等学科知识，在工程地质与采矿方法现状的研究基础上，首先利用 3DMine 软件的二次开发技术，实现“金矿三维工程地质模型的可视化”，为矿山的储量预测、开发利用及采矿设计提供了重要指导；然后，利用距离幂次反比理论，结合矿区地质剖面信息，对矿区部分条状矿脉进行金金属富集区划研究，并对每个分区的金金属质量和体积进行了估算；最后，利用“具有负泊松比特性的 NPR 锚杆/索”、“巷道围岩地质作用力远程监测预警系统”和“恒阻大变形支护桁架”，结合矿山矿脉的赋存特征，提出一种“直立破碎矿体自动沉落式采矿方法”。

本书由中国矿业大学（北京）陶志刚副教授、李梦楠博士、郝育喜博士、庞仕辉博士、史广诚博士、任树林博士、罗森林硕士、徐慧霞硕士、施婷婷硕士，灵宝黄金集团股份有限公司吕增旺高级工程师、张东奎高级工程师、孙博工程师，辽宁有色勘察研究院有限责任公司孟志刚博士，北京三地曼矿业软件科技有限公司脱子相工程师等共同协作完成。本书共分 6 章：第 1 章研究背景；第 2 章区域地质条件及开采现状分析；第3章三维工程地质建模理论及方法；第4章金金属富集区划理论及方法；第5章直立破碎矿体自动沉落式采矿方法；第6章结论。

本书的编写得到了中国科学院何满潮院士等专家学者的悉心指导和学术支持；室内试验及现场工程地质调查等工作得到了中国矿业大学（北京）深部岩土力学与地下工程国家重点实验室的郭爱鹏、张秀莲、张海江、明伟、吕谦、郝振立、郑小慧、刘宇飞、邓飞、王振雨、马高通、李辉、刘奎明、崔学斌等人的无私帮助和大力支持，在此一并表示感谢。本书编写过程中参阅并引用了大量国内外有关专家文献，谨向文献作者表示感谢。

囿于作者水平，书中不足之处敬请广大专家和读者批评指正。

本书适合采矿、地质、岩土等专业的工程技术人员、研究人员阅读，也可供相关专业领域的高等学校师生参考。

目　录

第 1 章　研究背景

1.1 工程概况

伊士坦贝尔德金矿（以下简称伊矿）位于吉尔吉斯斯坦共和国贾拉拉巴德州阿拉布卡区，距离奥什市 260km。

伊矿位于恰特卡勒山脉南坡伊什坦贝尔德河下游的伊什坦贝尔德矿床范围内，探明了 10 条主要矿脉。伊矿矿体为薄层至极薄层矿体，倾斜角度在 50°～80°之间，矿体赋存条件复杂和围岩软弱破碎等不利条件使得该矿开采难度极大。从目前 2176 中段、2216 中段、2256 中段和 2136 中段（图 1.1）已完成的开拓工程观察，伊矿实际开采技术条件十分复杂，主要表现在以下四个方面：

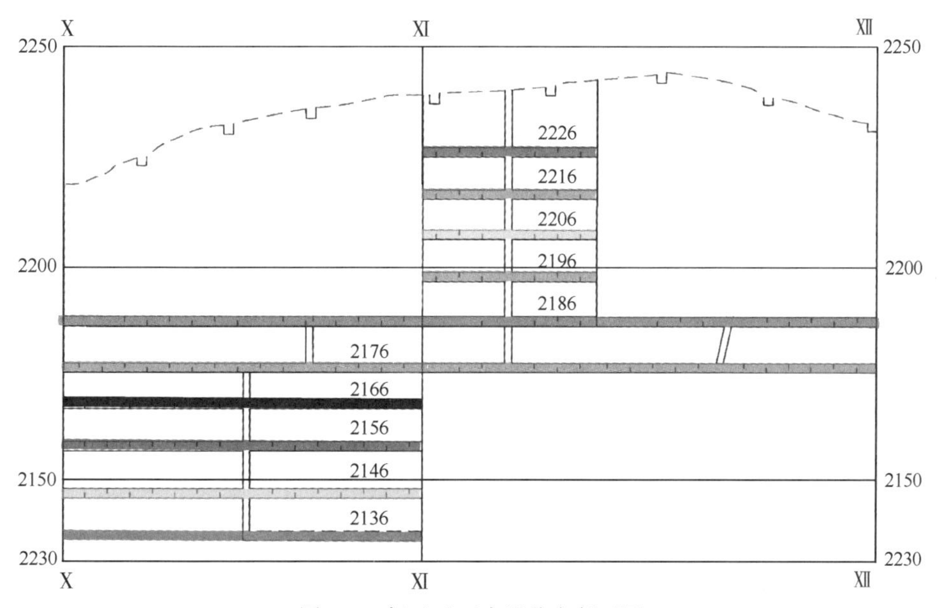

图 1.1　伊矿矿区中段分布断面图

（1）矿体产状复杂，开采技术条件难度大。矿区内所有工业矿体均受伊士坦贝尔德背斜构造控制，矿体产状与构造一致，赋存在背斜SN两翼内。矿体长度一般为数百米，最长810m，厚度大多0.6～1.0m，为薄层或极薄层矿体，倾角一般为50°～80°，多数在60°～75°之间。矿体品位和厚度分布不均匀，矿体内有无矿间隔，矿体有断层错断现象，并使矿体发生位移（图1.2）。

图1.2　采场围岩现场照片

（2）矿体具有遇水软化膨胀、粘结的特征，围岩遇水稳固性变差，矿岩之间存在较明显的黏土摩擦带界面。这些特征对矿岩稳固性的影响非常大，不利于井下工程的稳定，也不利于采场开采。围岩节理裂隙发育，稳固性很差，但一般比矿脉好。

（3）围岩破碎多数，巷道需要支护。开拓巷道以木支护为主，钢支护为辅，支护率超过70%，其中沿脉巷道需要100%支护，80%以上为密集木支护，部分巷道必须采取超前支护才能确保正常施工（图1.3）。据调查，矿脉内巷道宽度接近3m时，绝大多数巷道自稳时间短，数天至十余天不等，部分位置不能自稳，必须采取支护措施。由于木结构支护在潮湿环境下易腐朽，在围岩压力下易发生腐朽破坏，同时木支护稳定性较差，矿井安全不能得到有效保障。

图1.3　巷道围岩支护现状

(4) 采场围岩稳定性差。该矿单个采空区不支护时的暴露面积一般为 20～50m^2，自稳固时间大约 1～10d，部分位置暴露面积更小，少数位置岩石顶板暴露后不能自稳。该矿部分矿脉有一层极破碎的直接顶板，随回采爆破扰动发生直接冒落，或回采爆破后数小时内冒落，难以控制。同时，由于采场围岩不稳定易冒落，使得矿石中极易混入冒落废石，增大矿石的贫化率。

上述问题已经严重制约着伊矿的安全高效开采，不利于在短时间内实现前期的投资回报，归根结底还是因为现有采矿方法无法满足矿体产状复杂条件。所以，必须查明伊矿金金属富集规律，开展富集区划及自动沉落式采矿方法的研究，以适应伊矿金矿脉产状复杂环境需求，提高开采效率，降低贫化率，从而解决通风、出矿、运输、安全等一系列问题。

1.2 围岩大变形灾害严重性及控制措施研究现状

1.2.1 围岩大变形破坏的严重性分析

传统小变形支护控制措施无法适应岩土体的大变形需求，由此引发了许多大变形工程灾害问题。

由于巷道围岩破碎，局部区域围岩遇水软化膨胀，造成大量塌方事故，这些大变形灾害包括缓慢大变形灾害和瞬时大变形灾害。其中，缓慢大变形灾害包括：膨胀大变形、结构大变形；瞬时大变形灾害包括：冲击大变形、突出大变形。

1. 膨胀大变形

软岩中的黏土矿物成分吸水膨胀导致强度持续降低，从而引起膨胀大变形灾害。图 1.4 为龙口柳海矿在采掘过程中出现的膨胀大变形底臌和顶板膨胀大变形下沉。

2. 结构大变形

含结构面的层状碎裂结构软岩巷道大变形破坏具有非对称性，常出现两帮非对称大变形灾害、底臌非对称大变形灾害和巷道大面积严重冒顶灾害。这些灾害的频繁发生严重威胁着矿山的安全可持续开采。图 1.5 为徐州旗山矿和鹤壁五矿发生的结构大变形灾害，造成巷道严重变形，影响正常的矿山开采。

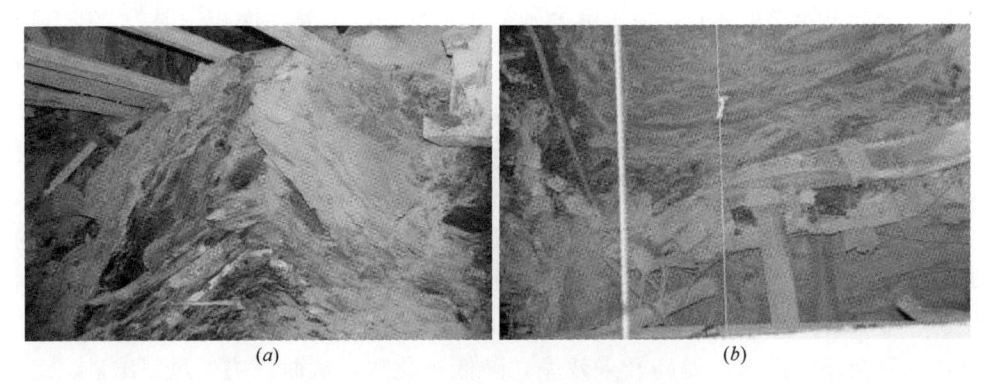

图 1.4 膨胀大变形破坏（龙口柳海矿）

（a）膨胀大弯形底臌；（b）顶板膨胀大弯形下沉

图 1.5 结构大变形破坏

（a）两帮非对称大弯形（徐州旗山矿）；（b）底臌非对称大弯形（鹤壁五矿）

3. 冲击大变形

冲击大变形是开采过程中诱发并伴有微震活动和弹性能突然释放的岩体结构破坏过程。应用传统锚杆支护的巷道远无法抵抗岩爆产生的瞬时大变形冲击荷载，从而出现了锚杆断裂、巷道不同程度破坏的事故[1-2]。在煤矿方面受岩爆危害的代表性国家有波兰、德国、英国、挪威、瑞典、加拿大、南非和印度等。波兰于 1949～1982 年共发生破坏性冲击大变形破坏 3097 次，造成 401 人死亡，120000m 井巷遭破坏；德国鲁尔煤矿于 1910～1978 年发生破坏性冲击大变形破坏 283 次，冲击深度 590～1100m[3]，造成严重的经济损失。中国最早的冲击地压记录为 1933 年的抚顺胜利煤田[4]。中国是世界上头号煤炭生产和消费国家，近年来原煤年产量均在 2Gt 以上[5]。随着浅部矿产资源的日益枯竭，煤炭资源开采正在向深部发展，冲击地压频数增加。从 1949～1997 年，近 50 年内 33 个煤矿冲击地压发生次数达 2000 多起[6-8]。抚顺老虎台矿的冲击地压极其严重（图 1.6），采深大于 300m 开始出现冲击大变形灾害，300～500m 缓慢上升，大于 500m 发生频次急剧上升，2002 年该矿发生各类冲击大变形 6127 次，严重威胁了煤矿安全生产和城市的公共安全。

图 1.6　冲击型巷道瞬时大变形破坏（抚顺老虎台矿）
（*a*）冲击地压发生前；（*b*）冲击地压发生后

4. 突出大变形

随着煤炭资源开采深度和瓦斯含量的增加，煤层中形成了在地应力作用下软弱煤层突破抵抗线，瞬间释放大量瓦斯和煤而造成的大变形灾害。我国煤炭资源由浅部转向深部开采过程中，有些煤矿在浅部开采时是低瓦斯矿井，到深部开采时转型为高瓦斯矿井[9]，瓦斯含量的增加给地下矿山安全开采带来了严重的安全问题，煤与瓦斯突出产生的突出瞬时大变形对于巷道锚杆支护结构体系的破坏极其严重。近年来，突出大变形逐渐引起人们关注，抚顺老虎台煤矿[10] 开采进入－780m 水平以后，冲击大变形发生后底板凸起瞬间从煤壁和采空区涌出大量高浓度瓦斯的现象很普遍，当手靠近煤壁时，常可感受到快速流动的气流，底板积水处可见气泡翻滚。黑龙江鹤岗煤田进入深部开采后，多次发生 3.0 级以上矿震并伴随瓦斯异常涌出[9-12]。

上述巷道围岩大变形破坏灾害的产生，主要是现有小变形支护材料和支护方法不能够满足围岩大变形需求所致。因此，必须深入分析国内外巷道围岩大变形控制对策和大变形支护材料的研究现状及趋势。

1.2.2　围岩大变形控制对策研究现状

针对矿山、水利、交通、国防和工民建等领域日益凸显的岩土体大变形破坏问题，国内外进行了大量的研究和探索，取得了一些显著的应用效果。在国外，为保证巷道围岩的稳定性和开采的顺利进行，苏联、德国、波兰等国学者曾对深部开采的巷道地压及其控制措施进行了大量研究。国内学者在深部软岩问题研究的基础上，也逐渐形成了一些有影响的理论和技术。其中，近年来出现的锚网、锚索支护形式是一种非常有效的深部软岩巷道支护形式。随着支护材料、技术装备的完善，以及开采深度的增加，深部巷道工程支护技术已经从被动支护发展到主动支护。

（1）工程岩体大变形灾害被动控制：主要以钢架、木支架为代表，在浅部地下工程和工程地质条件简单、围岩条件较好的较深地下工程中使用。包括钢架支护系列技术、钢筋混凝土支护系列技术、料石碹支护系列技术、注浆加固系列支护技术等。

(2) 工程岩体大变形灾害主动控制：以锚网、锚杆、锚索支护为代表。锚杆支护技术作为一种有效的主动支护形式，自1956年引入我国以来，在岩石巷道、煤巷及半煤岩巷道支护中被广泛应用。支护形式也由过去单一支护逐渐发展为各种多次支护、联合支护，并形成了各种支护技术，如锚喷、锚网喷、锚喷网架、锚喷网架注系列技术和预应力锚杆（索）支护系列技术。特别是近年来锚索技术的发展十分迅速，已经成为深部软岩巷道支护的重要技术，其独特的优点是能够把深部围岩强度调动起来，与浅部支护岩体共同作用，控制巷道稳定性。

(3) 工程岩体大变形灾害耦合控制：进入深部开采以后，单纯主动支护已经无法保证深部地下工程围岩的稳定性。特别是在深部巷道工程实施支护过程中，只强调支护体的强度，盲目施工，支护效果差，使得采用锚网、锚索支护形式的巷道出现大变形冒顶、帮臌及底臌等破坏现象，严重的还会造成巷道顶板大面积垮落等安全事故。为此，何满潮院士通过大量软岩巷道工程的理论与现场试验研究，在1997年首次提出耦合支护的思想。该支护思想针对深部巷道工程岩体的大变形力学特性，通过各种支护之间的耦合以及支护体与围岩之间的耦合，从而实现对深部巷道工程稳定性的有效控制。

1.2.3 围岩支护材料的研究现状

1. 国内外小变形支护材料的研究现状

锚杆/索技术是岩土工程加固和支护的一种重要手段。目前国内外使用的锚杆种类已有数百种之多，但在工程中常用的锚杆种类还很有限，主要应用的锚杆有树脂锚杆、缝管锚杆、水泥砂浆锚杆、木锚杆、竹锚杆等[2]，这些锚杆通过材料本身的小变形来抵抗工程岩体变形，允许工程岩体的变形量一般低于100mm。

(1) 树脂锚杆

树脂锚杆由树脂药包和杆体两部分组成，树脂锚杆的头部粘结在锚杆眼内，其锚固力可以达到60kN以上，金属锚杆的头部加工成反螺旋麻花形或其他形状。树脂锚杆结构如图1.7所示。

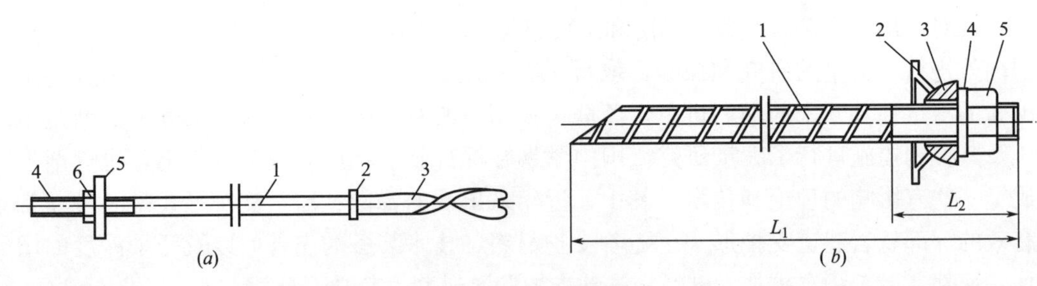

图1.7 普通树脂锚杆

(a) 麻花杆体结构
1—杆体；2—挡圈；3—锚头；4—丝扣；5—垫板；6—螺母

(b) 螺纹钢杆体及其附件
1—杆体；2—托盘；3—球垫；4—塑料垫圈；5—螺母；
L_1—杆体长度；L_2—尾部螺纹长度（80～120mm）

（2）缝管锚杆

缝管锚杆是美国20世纪70年代研制成功的，采用美国1018号钢制作，其屈服应力为280～439MPa，或采用4130号钢，其屈服应力为421～701MPa，大致相当于我国45号碳素钢或低合金钢。缝管锚杆的锚固力取决于多种参数，通常可以达到50～70kN。缝管锚杆结构如图1.8所示。

（3）水泥砂浆锚杆

水泥砂浆锚杆是全长锚固的锚杆，利用水泥砂浆与锚杆的粘结力、水泥砂浆与岩层的粘结力而锚固岩层。钢筋、钢丝绳水泥砂浆锚杆的设计锚固力为50kN，当钢筋直径小于10mm时，可一孔双杆，若粘结锚杆的水泥砂浆采用早强水泥拌制，则水泥砂浆锚杆同树脂锚杆的性能接近，其成本低于树脂锚杆。水泥砂浆锚杆结构如图1.9所示。

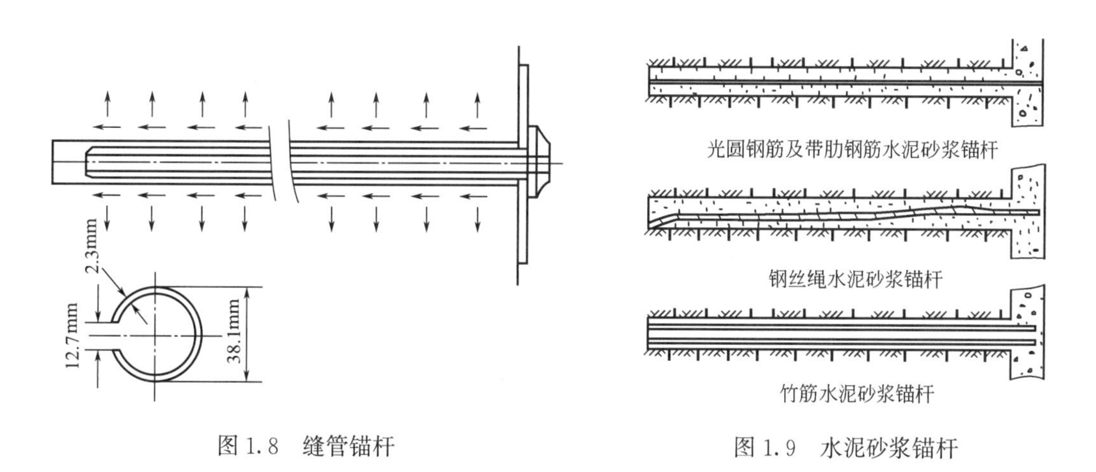

图1.8　缝管锚杆

图1.9　水泥砂浆锚杆

（4）木锚杆和竹锚杆

木锚杆和竹锚杆是国内外井下所采用最经济的一种支护形式，主要用于围岩稳定的巷道支护以及小断面或服务年限短的回采巷道两帮支护，也可用于煤层极易破碎的采煤工作面，防止煤壁过早地塌落。木锚杆和竹锚杆结构如图1.10和图1.11所示，设计锚固力为10kN，锚杆孔底充填水泥砂浆时锚固力可达20kN。

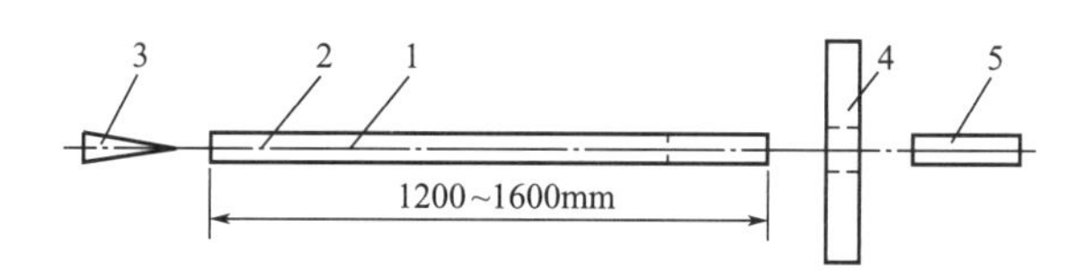

图1.10　木锚杆

1—杆体；2—楔缝；3—内楔；4—垫板；5—外楔

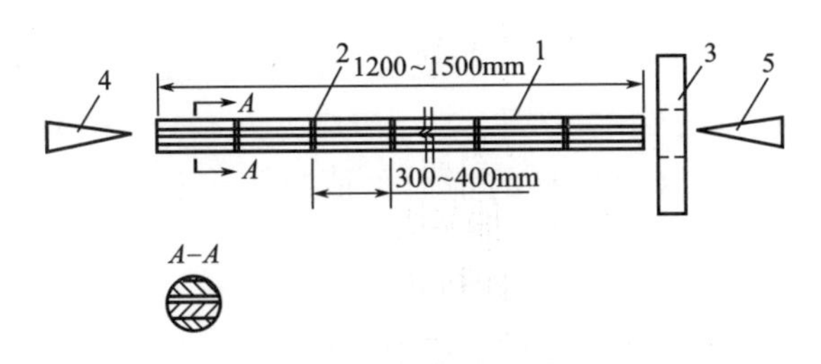

图 1.11　竹锚杆

1—竹片杆体；2—铁丝箍；3—木垫板；4—内楔；5—外楔

对于锚杆支护的巷道，当锚杆锚固力满足要求时，由于锚杆的刚度不同，允许巷道围岩的变形量也是不同的，普通刚性锚杆允许巷道围岩的变形量一般均在100mm以下。大量现场观测资料表明，围岩松动的巷道掘出后，其围岩的自稳时间很短。在掘进引起的巷道围岩应力调整阶段围岩变形速率快，变形量大；应力调整阶段完成后，在应力相对稳定阶段围岩蠕变显著，蠕变变形量较大，故累积变形量也较大，一般均大于200mm，有的可达500mm。埋藏深度大、地应力高的巷道或受回采动压影响的巷道开掘后，在其服务期间内围岩的变形量很大。上述大变形的巷道中使用普通小变形锚杆支护时，常因锚杆不能适应巷道围岩的大变形而被拉断失效。

2. 国内外大变形锚杆的研究现状

当材料小变形锚杆屈服伸长率达到其极限（一般为18%）时，就会产生破坏。随着新技术的不断发展，一些新型可伸缩锚杆也不断涌现，如波形大变形锚杆、让压锚杆、Roofex锚杆等，这些锚杆通过结构大变形抵抗巷道围岩的大变形破坏，允许工程岩体的变形量一般控制在200～600mm。

国外对可延伸锚杆的研究已经有近30年的历史，国内在这方面的研究始于20世纪80年代初期。1995年，加拿大劳伦森大学的McCreath教授和Kaiser教授[1] 提出了能量吸收锚杆的设计原则，指出锚杆杆体要具有较大的伸长量（至少达到200～300mm），并且伴随着围岩的变形具有滑移特性，主要应用于受到瞬间荷载影响的地下工程围岩支护体系中，如岩爆、工程爆破等[13-14]。最简单的能量吸收锚杆雏形产于20世纪80年代，由局部套有套管的螺纹钢筋锚杆组成。套管的作用是防止螺纹钢筋与注浆体粘结在一起。这种锚杆的两大主要缺点在于增大了钻孔直径，并增加了锚杆抗腐蚀难度。这种锚杆还不是真正意义上的能量吸收锚杆。

20世纪90年代早期，南非的Ortleep教授提出了能量吸收支护体系的概念[15]。1990年，南非的Jager研发出第一种真正意义上的能量吸收锚杆——锥形锚杆（Cone bolt）[16]。这种锚杆主要由光滑金属杆体和扁平锥形端头组成。光滑金属杆体外表面涂抹薄层润滑材料，如蜡状物，以便锚杆受到拉力荷载时在注浆体中滑移。早期的锥形锚杆只能用水泥砂浆锚固，直到20世纪90年代末期，树脂锚固锥形锚杆（MCB）才诞生[17]。这种改进后的锥形锚杆在锥形末端增加了一个叶片，用来搅拌树脂药卷。通过现场应用，发现如果托盘后方的岩体存在断裂面或松散体，树脂锚固可能会失效，从而使锚杆加固功能彻底丧失[18]。

近些年，随着人们对能量吸收锚杆和能量吸收支护理念的深入了解，能量吸收锚杆的需求在全球不断扩大，各种类型的能量吸收锚杆已经在市场上出现，如 Garford 锚杆、Durabar 锚杆、Yielding Secura 锚杆和 Roofex 锚杆等[19-20]。

巷道支护的作用主要是对围岩提供一定的支护阻力或加固围岩，使其在围岩浅部形成加固层，以控制围岩塑性区的发展，保持围岩稳定。支护与围岩的相互作用关系可以用图 1.12 来说明[21]。图 1.12 中地层响应曲线（Ⅰ线）与边界位移坐标轴没有交点，如果没有支护体系巷道将会坍塌。从图中可以总结出，可供选择的支护技术途径有两条：

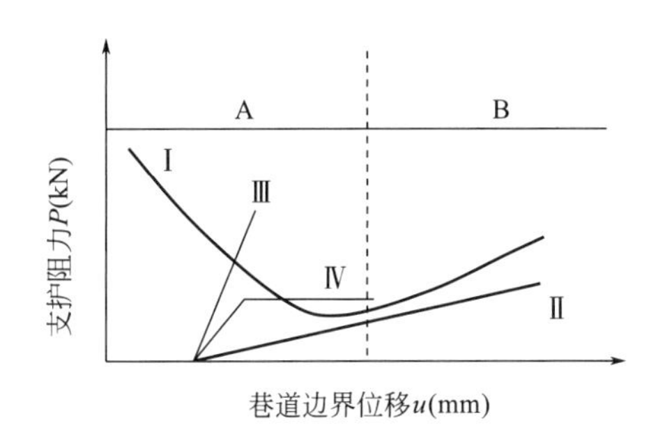

图 1.12　地层响应曲线和合理支护线

Ⅰ—表示巷道支护阻力与巷道围岩位移的关系曲线（地层响应曲线）；
Ⅱ—柔性支护力学特性曲线；Ⅲ—刚性支护力学特性曲线；
Ⅳ—缓冲支护力学特性曲线；A—弹塑性阶段；B—松动破裂阶段

（1）“加大支护刚度，提高支护阻力”的支护方法。具体措施是采用重型金属支架或密集金属支架、大弧板、高强度或超高强度锚杆等[22]。但是普通刚性锚杆允许围岩变形量一般在 200mm 以下。而大量现场观测资料表明，围岩应力调整阶段完成后，应力相对稳定阶段围岩蠕变显著造成的累积变形量一般大于 200mm，有的可达 500mm，甚至超过 1000mm[23]。由于深埋、高地应力巷道或受回采动压影响的巷道开掘后围岩变形量很大，这种锚杆支护体系无法适应围岩大变形而被拉断失效。

（2）“让中有抗，抗中有让，刚柔并济”的支护方法。该支护方法的核心思想是支护体系对围岩保持较高的工作阻力，同时支护体系本身必须具有一定的大变形特征，以适应围岩的瞬间和缓慢大变形破坏。支护体系的大变形特征主要通过锚杆杆体材料变形和结构变形来实现。

第二种支护技术途径的围岩变形量较大，但是只要能够将围岩变形控制在一定范围内，就能保证围岩的完整和稳定。目前，国内外学者研制的可延伸锚杆形式很多，已经有几十种大变形锚杆。按其基本工作原理可分为锚杆杆体可延伸、锚杆结构元件滑移可延伸和复合型可延伸等。

(1) 杆体可延伸大变形锚杆

杆体可延伸锚杆的支护阻力是由杆体材质的力学特性决定的，锚杆的延伸量则依靠杆体材质较大的延伸率来提供。杆体可延伸锚杆工作原理如图 1.13 所示。典型杆体可延伸锚杆有：德国研制的蒂森型可延伸锚杆、苏联研制的杆体弯曲可延伸锚杆、中国矿业大学研制的杆体可延伸增强锚杆（H 型锚杆）、挪威 Charlie Chunlin Li 发明的 D 型锚杆等。

(2) 结构元件滑移大变形锚杆

结构元件可延伸锚杆则是依靠某些机械结构使锚杆在受到围岩大变形传递给杆体的拉力后，在一定的阻力下借助这些机械结构的作用而产生滑动，该滑动阻力即为锚杆的支护阻力，滑动后锚杆相对伸长，其滑动量即为锚杆的延伸量（图 1.14）。机械结构元件滑动可延伸锚杆的典型形式有摩擦滑动式、结构剪切滑动式、结构挤压滑动式。机械结构单元可以设置在锚孔内，也可以设置在孔口。典型的结构元件滑移大变形锚杆有：澳大利亚 Atlas Copco 研制的 Roofex 锚杆、高延法等人研制的一种用于地下工程软岩巷道支护的柔刚性可伸缩锚杆。

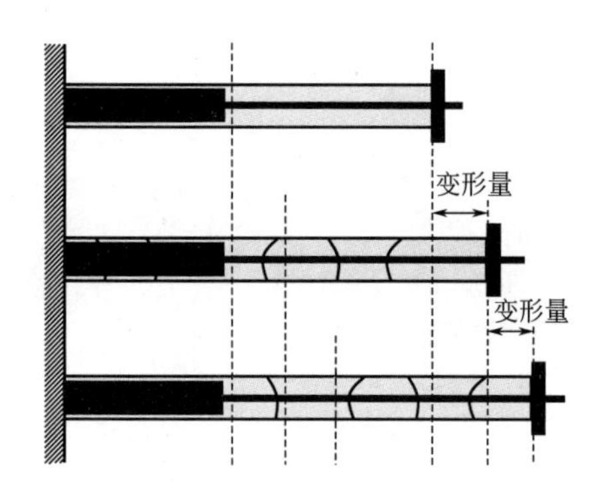

图 1.13　杆体可延伸锚杆工作原理

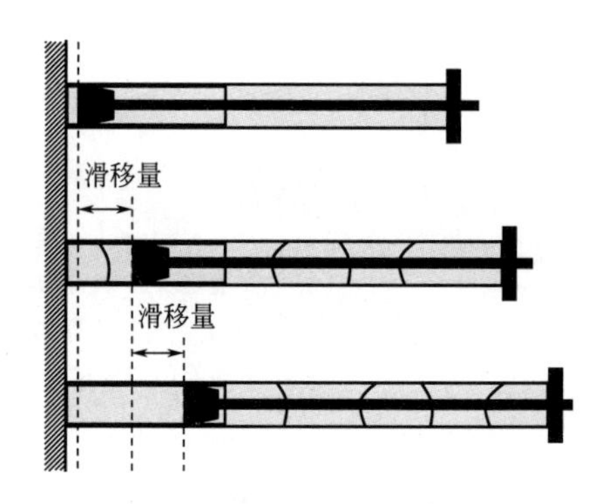

图 1.14　结构元件滑移锚杆工作原理

(3) 复合型大变形锚杆

复合型可延伸锚杆通过杆体材料大变形和机械结构元件大变形提供延伸量。典型的复合型大变形锚杆有孔口钢管压缩-杆体伸长式可伸锚杆。当锚杆上的静力拉伸荷载或动力冲击荷载达到设计支护阻力时（杆体材料屈服强度的 80%），通过杆体弹性变形或结构元件滑移等措施，加固巷道围岩的锚杆就会自动产生延伸，并允许岩层可控移动，这种移动可以降低岩层压力，防止锚杆支护体系被拉断破坏，从而使巷道达到新的平衡状态。

目前，随着人们对能量吸收锚杆和能量吸收支护理念的深入了解，能量吸收锚杆需求在全球不断扩大，各种类型的能量吸收锚杆已经在市场上出现，如 Garford 锚杆、Durabar 锚杆、Yielding Secura 锚杆和 Roofex 锚杆等。

（4）波形大变形锚杆

苏联克里沃罗格矿业学院、采矿科学研究所和南方矿井设计院克里沃罗格分院联合对克里沃巴斯的巷道稳定性进行预测评估，发现在无弹性变形区内岩层松散和变形，巷道位移量为150～200mm，传统刚性支护体系无法满足变形需求。1987年，苏联的撒赫诺等研制了一种新型的波形锚杆结构[24]，在围岩位移的作用下锚杆被拉伸，使巷道围岩达到新的平衡状态。

波形锚杆杆体是用普通碳素钢做成波浪形，当杆体所受拉应力达到一定值后，则波浪形段杆体开始拉直，从而为锚杆提供一定的工作阻力和一定的伸长量，如图1.15所示。这种锚杆杆体直径为10mm，可以用于加固位移量为100～120mm的巷道。锚杆安装后立即能承受很高的荷载。当围岩位移量达到预计最终值的20%～30%时，波形锚杆的支护阻力为破断力的40%～60%，约80kN。

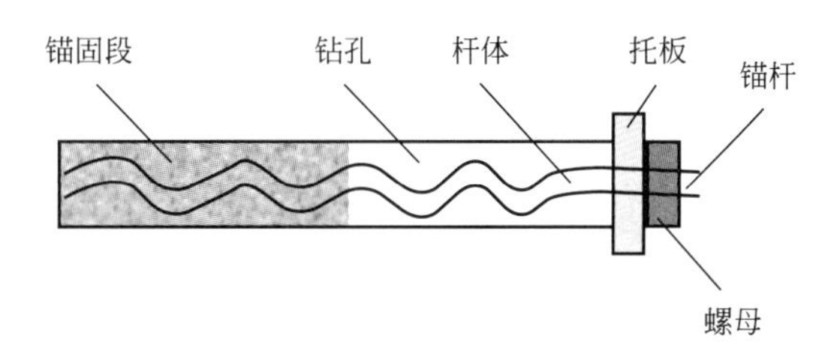

图1.15　波形锚杆结构图

波形可伸缩锚杆属于杆体可延伸锚杆，其优点是依靠杆体材料的大延伸率和波形结构特征，能够提供100～120mm的伸长量，在冲击荷载条件下不会拉断失效。缺点是波形结构特征无形中增大了钻孔直径，并且支护阻力相对较低，为破断力的40%～60%（约80kN），在变形过程中支护阻力不能保持恒定，随着蛇形结构被拉直，内部注浆体发生挤压和剪切破坏。

（5）抗爆锥形锚杆

1990年，南非的Jager研发出一种真正意义上的锥形锚杆[16]，称之为Cone bolt。这种锚杆可以被形象地理解为抗爆锚杆。Cone bolt是一种可延伸锚杆，在大规模围岩变形、岩爆、地震、高地应力变化过程中提供有效的支护。

这种锚杆主要由光滑杆体和锥形端组成。其中，光滑杆体由伸长率较高的金属材料加工而成，锥形端则被加工成扁平锥形扩口形状（图1.16）。锚杆用水泥锚固剂或树脂锚固剂锚固，外端部用螺母固定。通常在锚杆杆体上涂抹蜡状润滑材料，以减小锥形端在滑移过程中杆体与注浆体之间的摩擦。锚杆的工作原理为：当锥形端和托盘之间的围岩发生膨胀变形后，产生的变形能传递到锚杆杆体上，当拉力超过设计支护阻力时，锥形端开始沿着注浆体发生剪切滑移，从而实现了对变形能的吸收。直径22mm锥形锚杆最大变形量达到600mm，最大支护阻力为150kN（图1.17）；直径16mm锥形锚杆最大变形量达500mm，最大支护阻力为100kN。

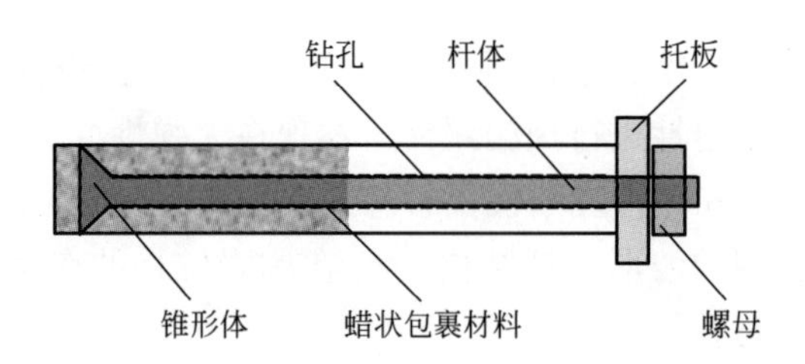

图 1.16 Cone bolt 锚杆结构图

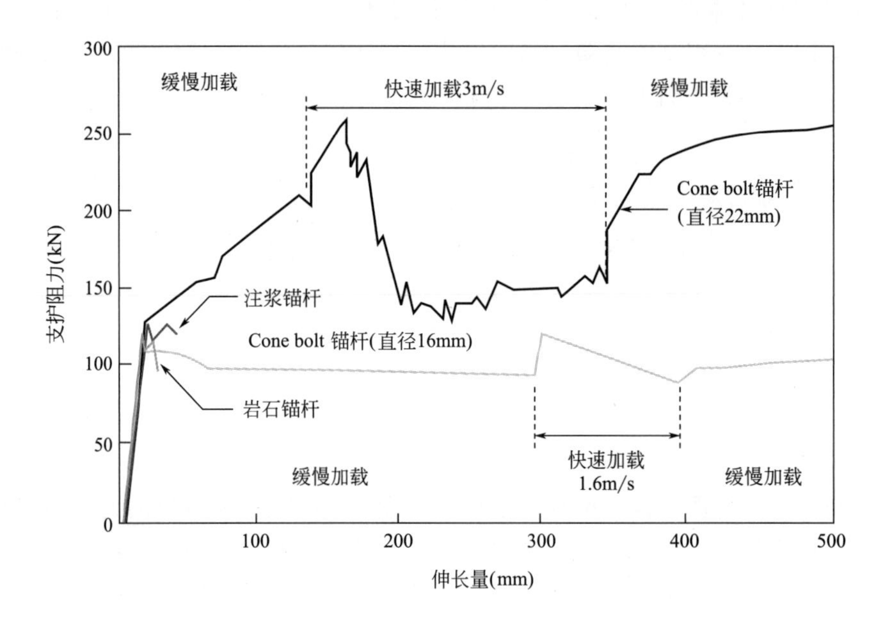

图 1.17 Cone bolt 力学特性试验曲线

Cone bolt 属于结构元件滑移大变形锚杆。其优点是：结构简单、操作方便，最大变形量达到 600mm，最大支护阻力为 200kN，Cone bolt-ϕ16mm×ϕ22mm 可吸收能量 40～100kJ。但是，Tannant 和 Buss[25] 在试验过程中发现锥形锚杆在高强度注浆体或树脂中的最大变形量只有 100mm。1999 年，Gillerstedt[26] 在软岩中对 Cone bolt 锚杆进行拉拔和剪切实验，试验结果显示这种锚杆对注浆体强度和拔出强度变化的敏感性和适应性非常低，并且支护阻力远低于锚杆杆体强度。

（6）蒂森型大变形锚杆

德国的蒂森型锚杆，杆体两端为普通碳素钢，中间焊接一段可拉伸的奥氏体钢。锚杆两端为固定端，其最大直径为 25mm，中间是可延伸部分，直径为 22mm，如图 1.18 所示。为了防止中间的可延伸部分与孔壁接触摩擦，保证其能够自由延伸，在中间的可延伸段外面套有可伸长的软管。蒂森型可延伸锚杆可以通过改变其杆体的尺寸和材质而得到不同的极限伸长量和支护阻力。这种新型锚杆的极限拉伸量可达

517mm，最大工作阻力为200kN（图1.19）。

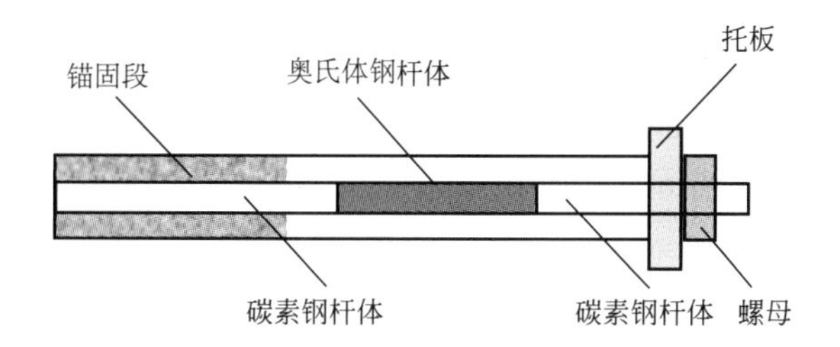

图1.18 蒂森型锚杆结构图

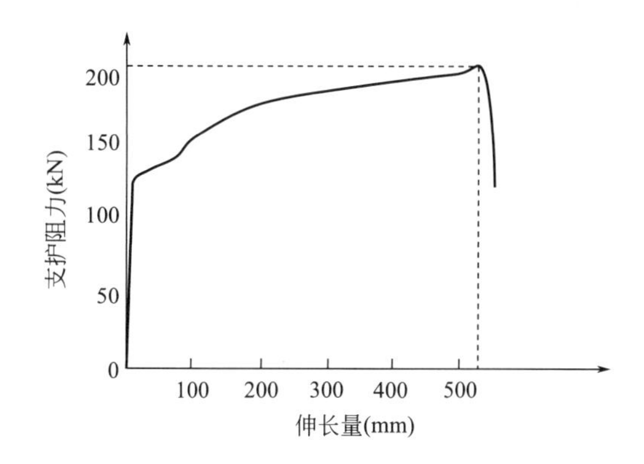

图1.19 蒂森型锚杆力学特性曲线

蒂森型大变形锚杆属于杆体可延伸锚杆，其优点是：不需要增大钻孔直径，可依靠锚杆杆体材料延伸率的差异性，能够提供约500mm的伸长量，最大工作阻力为200kN，抵抗岩土体弹塑性大变形破坏。并且随着围岩变形，中部奥氏体材料发生大变形拉伸，在可伸长软管的保护下，锚固段注浆体不会因杆体变形而产生较大的剪切破坏或挤压变形。缺点是支护阻力相对较小，在变形过程中支护阻力不能保持恒定，随着奥氏体材料被拉伸变形，其强度急剧降低。

（7）H型大变形锚杆

1993年，在分析国内外可伸长锚杆类型的基础上，中国矿业大学研制了一种力学性能好、加工简单、实用性强的杆体可延伸增强锚杆[27]，称H型或改进型杆体可伸长锚杆。杆体材料为延伸率大于25%的Q235钢（图1.20）。

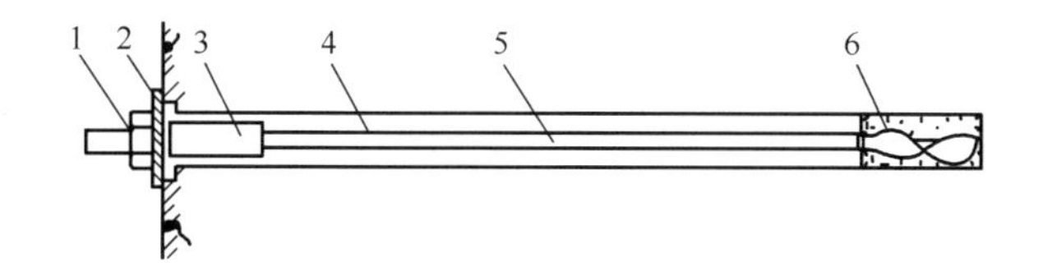

图1.20 H型大变形锚杆结构图

1—螺母；2—托板；3—加粗杆体；4—锚杆；5—杆体；6—树脂锚固剂

这种锚杆与普通金属锚杆的差别在于锚尾不同。普通锚杆锚尾段螺纹内径小于杆体直径，锚尾段强度较低，受到荷载后首先发生屈服破坏。H 型锚杆对锚尾进行了机械加工或热处理，提高锚尾段强度，充分发挥杆体材料的强度及延伸率，从而使锚杆的支护阻力及伸长量高于普通锚杆。H 型锚杆杆体的直径有 16mm 和 14mm 两种，用树脂锚固剂或水泥锚固剂锚固。当锚杆支护阻力达到 44kN 时，直径 14mm 杆体最大变形量为 240mm；支护阻力 60kN，直径 16mm 杆体最大变形量超过 300mm。

改进型大变形锚杆（H 型）属于杆体可延伸锚杆，其优点是：锚杆端部经过机械加工或热处理，使锚尾强度高于杆体，不会拉断失效，充分发挥杆体材料的强度和延伸率，与同直径、同材质的普通圆钢锚杆相比，支护阻力可提高 34%～40%，最大变形量可增加 50%以上，如图 1.21 所示。缺点是支护阻力相对较小，无法适应巷道围岩（特别是深部软岩巷道）的大变形破坏。

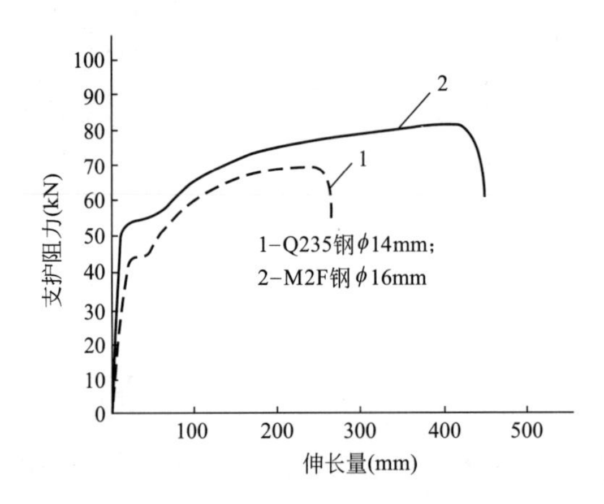

图 1.21　H 型锚杆力学特性试验曲线

（8）无套管大变形锚杆

1995 年，瑞典的 Holmgren 和 Ansell[14] 发明出一种无套管能量吸收岩石锚杆，并申请了专利。无套管大变形锚杆主要由金属杆体构成，应用在地下工程支护系统中，可以抵抗瞬间荷载，如岩爆、爆破、地震等。锚杆内锚固段加工成肋状结构，中间部分加工成光滑的杆件，外端利用螺母和直径 150mm 的圆形托盘传递围岩中的荷载。

这种锚杆的工作原理是：当遇到瞬间动态荷载时，锚杆光滑段杆体被拉伸，半径减少，从而降低杆体和注浆体之间的粘结力，利用光滑段杆体弹性拉伸实现了对围岩瞬时冲击能量的吸收，如图 1.22 所示。

无套管大变形锚杆静力学特性试验曲线如图 1.23 所示。试验证明，3m 长的无套管大变形锚杆在静力荷载条件下，平均屈服应力在 300MPa，极限抗拉强度为 440MPa，最大变形量约 240mm（伸长率 12%）。

无套管大变形锚杆动力拉伸试验曲线如图 1.24 所示。试验证明，动力荷载区间为 80～90kN，在初始荷载速率为 10m/s 的条件下，锚杆屈服应力为 450MPa，最大变形量为 40mm；在荷载速率为 5m/s 的条件下，锚杆屈服应力为 400MPa，最大变形量为 16mm。

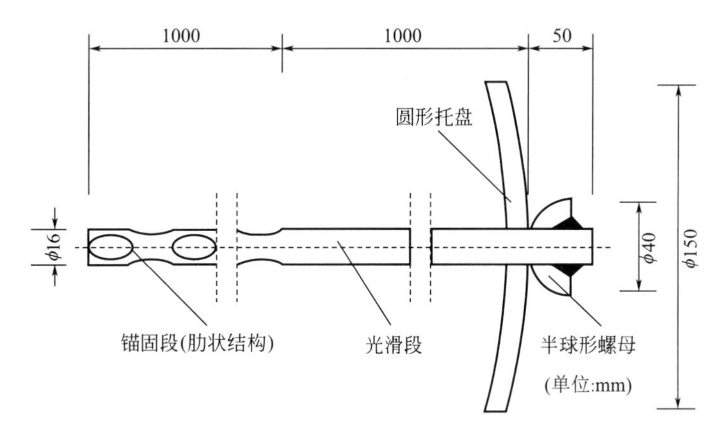

图 1.22 无套管大变形锚杆结构图

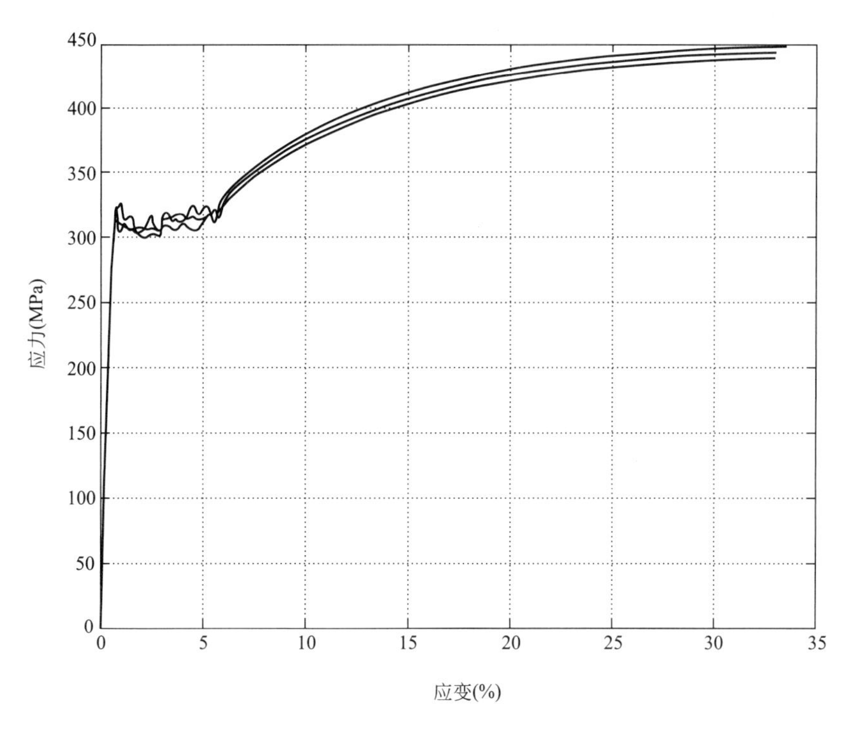

图 1.23 静力学特性试验曲线

（9）D 型大变形锚杆

根据锚固机理的不同，传统岩石锚杆可以分为三大类：

① 两点锚固锚杆，如膨胀壳锚杆。

② 全长锚固锚杆，如 Rebar 锚杆。锚杆不存在自由段，全长注浆，这种锚杆能够提供很大的承载力，但是由于其变形量小，当荷载超过杆体材料强度时就会拉断失效。

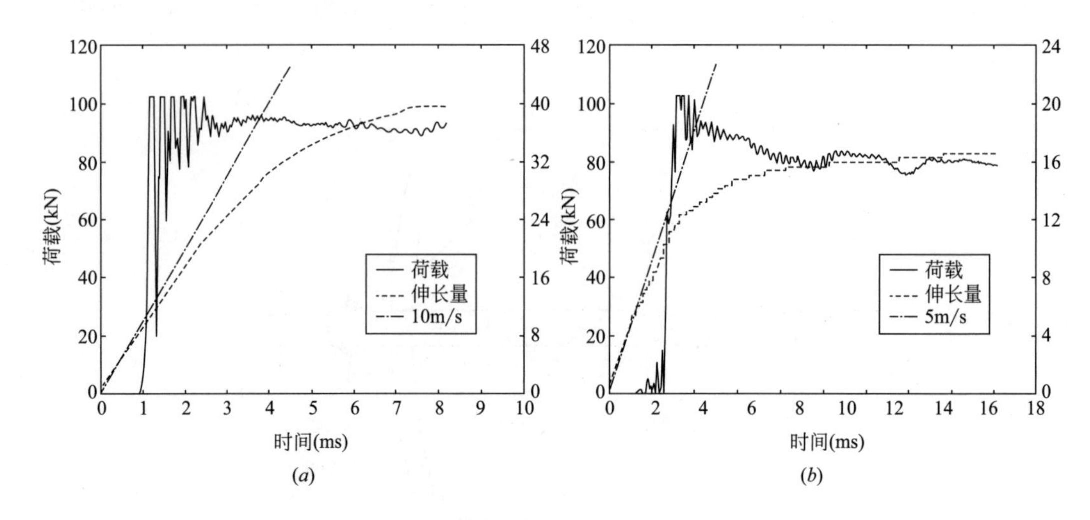

图 1.24 无套管大变形锚杆动力学特性曲线

(a) 动态拉伸试验曲线（速率 10m/s）；(b) 动力拉伸试验曲线（速率 5m/s）

③ 无锚固锚杆（即摩擦锚杆），如 Split Set 摩擦锚杆。这种锚杆通过杆体与孔壁之间的摩擦将锚杆固定在钻孔内，能够适应围岩弹塑性变形。但是，由于其锚固力依靠摩擦力提供，整体承载力相对较小，不能提供足够的支护阻力抵抗围岩变形破坏。如图 1.25 所示，Split Set 摩擦锚杆的最大支护阻力小于 50kN。

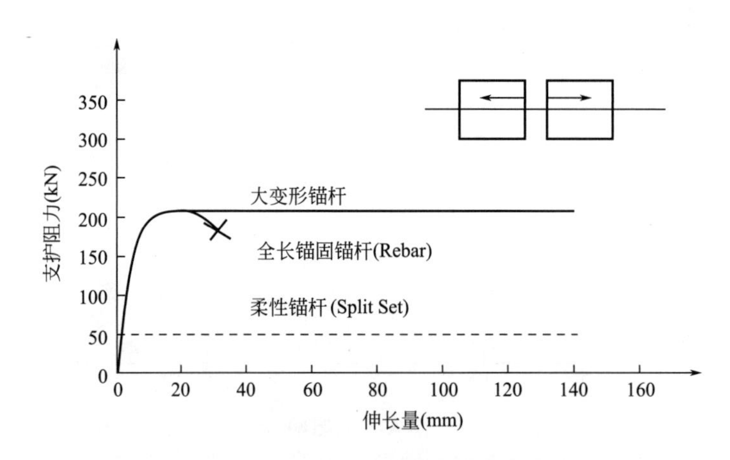

图 1.25 锚杆力学特性曲线

理想的巷道支护体系不仅应当具有足够的强度（如 Rebar 锚杆），而且还具有大变形性能（如 Split Set 摩擦锚杆），能量吸收锚杆就是这两种性能的完美结合体。

2006 年，挪威的 Charlie Chunlin Li 发明出一种新型能量吸收支护装置——D 型锚杆[28]。D 型锚杆主要由光滑金属杆体和许多相互作用的锚固单元组成，用水泥锚固剂或树脂锚固剂锚固。其中，锚固单元的材料强度要高于光滑杆体的材料强度。这样的设计既保证 D 型锚杆具有较高的支护强度，又使其随着围岩的膨胀具有可伸缩功能。D 型锚杆的锚固单元有两种类型，分别是 Paddle 锚固单元和 Wiggle 锚固单元，如图 1.26 所示。D 型锚杆工作原理：将 D 型锚杆放入钻孔内，用水泥砂浆或树脂将锚杆全长锚固。由于锚杆自由段非常光滑，所以粘结力很小。当两个锚固单元之间的围岩发生膨胀变形时，锚固单元将抑制变形，这样拉伸荷载就会沿着杆体作用在自由段，通过自由段的弹性变形实现对围岩变形能的吸收。D 型大变形锚杆长 2.7m，直径 20mm，可提供支护阻力约 195kN，最大变形量约 63mm（伸长率 18%），吸收静态变形能量约 74kJ，如图 1.27 所示。

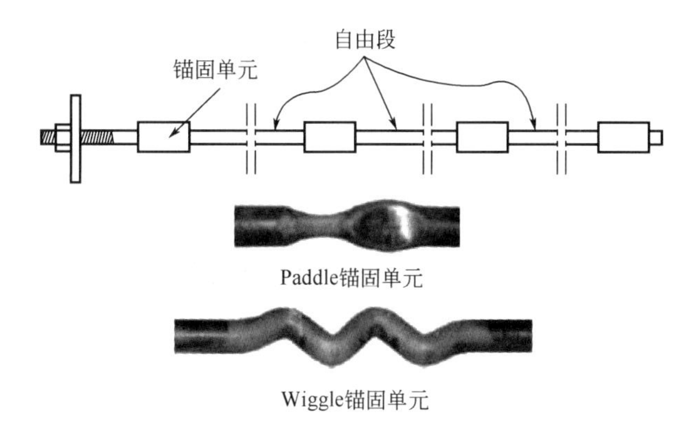

图 1.26　D 型锚杆结构图

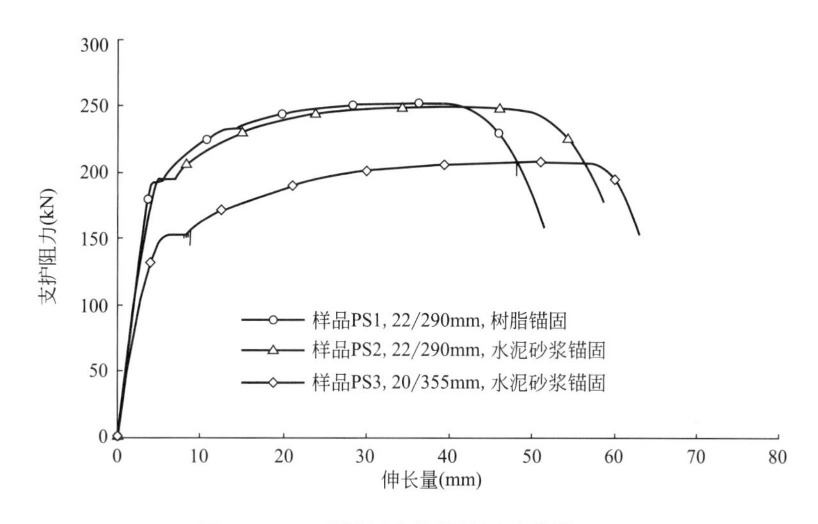

图 1.27　D 型锚杆力学特性试验曲线

D 型大变形锚杆属于杆体可延伸锚杆，其优点是：通过多点锚固机理，在动静荷载作用下，既保证锚杆具有较高的承载力，又使锚杆具有一定的可延伸特性，最大变形量为 63mm。并且多点锚固可以防止杆体因局部拉断而导致整个锚杆失效。缺点是锚杆全长直径相同，杆体外端头一旦被拉断，整个锚固体系即遭破坏。

（10）Roofex 大变形锚杆

2008 年，澳大利亚的阿特拉斯科普柯公司生产出一种可压缩性岩石锚杆（Roofex）[29]，适用于软岩巷道支护，能在巷道围岩变形时，保持锚杆承载力不变。Roofex 锚杆杆体材料属性为高强度无应变钢丝束，外罩一层光滑的材料，用水泥砂浆或树脂固定在锚杆孔内。Roofex 大变形锚杆的核心装置是“能量吸收”部件，该部件允许杆体在动静荷载作用下沿着弹性套管向着开挖方向滑移。

能量吸收单元是由外径 30mm，长 65mm，插入金属销钉的中空柱状圆筒部件构成，安装在距离锚尾 300mm 处。当动静荷载诱发巷道围岩发生大变形破坏，且杆体所受荷载超过设计恒阻力时，能量吸收单元与杆体发生相对摩擦滑移，从而抵抗岩土体变形对锚杆产生的拉断破坏效应。能量吸收单元中的销钉可以自动调节摩擦力大小，如图 1.28 所示。

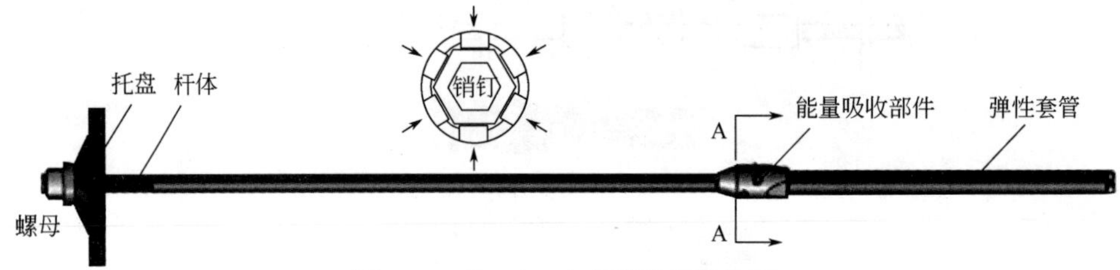

图 1.28　Roofex 大变形锚杆结构图

为了测试 Roofex 大变形锚杆的工作性能，分别在澳大利亚三个不同的矿山进行了 24 组现场拉拔试验[30]，试验测试参数包括锚杆轴向拉力、锚杆轴向位移、钻孔深度、锚固段长度、自由端长度等。试验结果显示 Roofex 大变形锚杆的恒阻力为 80～90kN，最大变形量 300mm（图 1.29）。

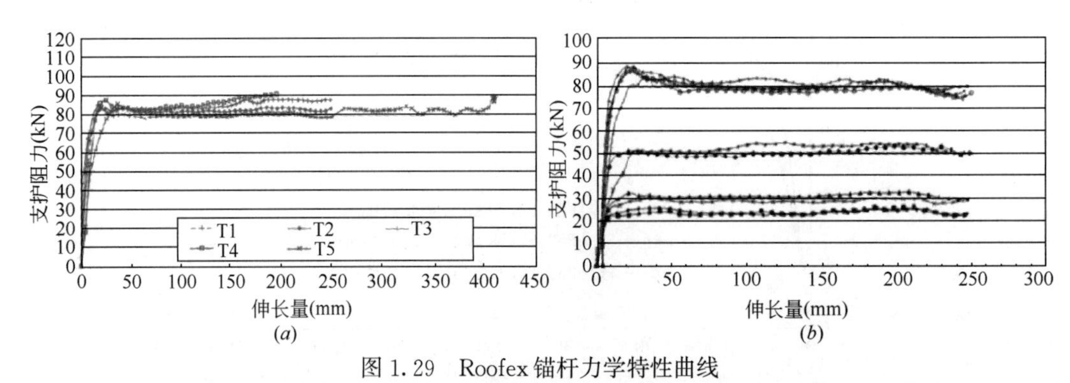

图 1.29　Roofex 锚杆力学特性曲线

（a）Edgar Mine 静力拉伸曲线；（b）Coal Mine A 静力拉伸曲线

Roofex 锚杆属于结构元件滑移大变形锚杆，其优点是：支护阻力（即恒阻力）大小可以通过设置在能量吸收单元中的销钉进行自动调节，从而保证在滑移过程中保持恒定的阻力。缺点是能量吸收单元增大了钻孔直径，并且由于能量吸收单元设置在锚尾 300mm 处，可以提供的滑移量太小，继而 Roofex 锚杆的恒阻力和最大变形量远不能适应深部软岩巷道弹塑性大变形破坏。

（11）让压可伸缩锚杆

2008 年，连传杰、徐卫亚和王志华[31] 介绍了一种应用于深埋软岩巷道支护的让压锚杆的主要结构特点。锚杆由高强度杆体、让压管、托盘以及螺母等部件组成（图 1.30）。该锚杆的工作原理是，当巷道围岩所受压力较大时，让压管的变形可使锚杆能够适应巷道围岩的变形，防止被拉断破坏。通过对普通高强锚杆与对应的让压锚杆进行拉拔试验，试验结果证明普通锚杆与让压锚杆的力学性能具有较大的差异。普通锚杆在荷载作用下迅速达到屈服强度，最大变形量仅 8mm，而让压锚杆的恒阻力为 160kN，最大变形量为 18mm（图 1.31），比普通锚杆最大变形增加了近 50%。

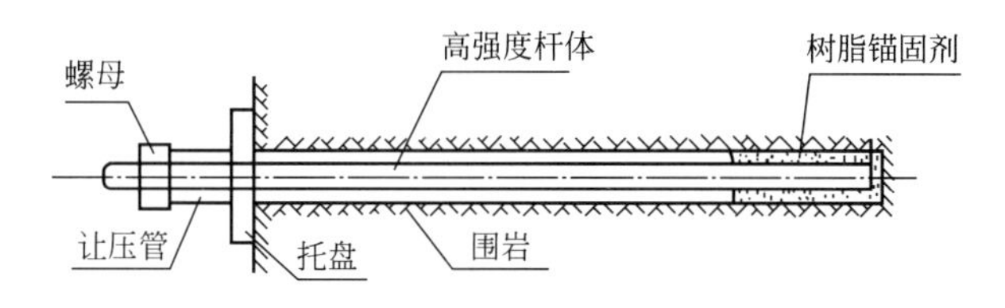

图 1.30　新型让压锚杆结构图

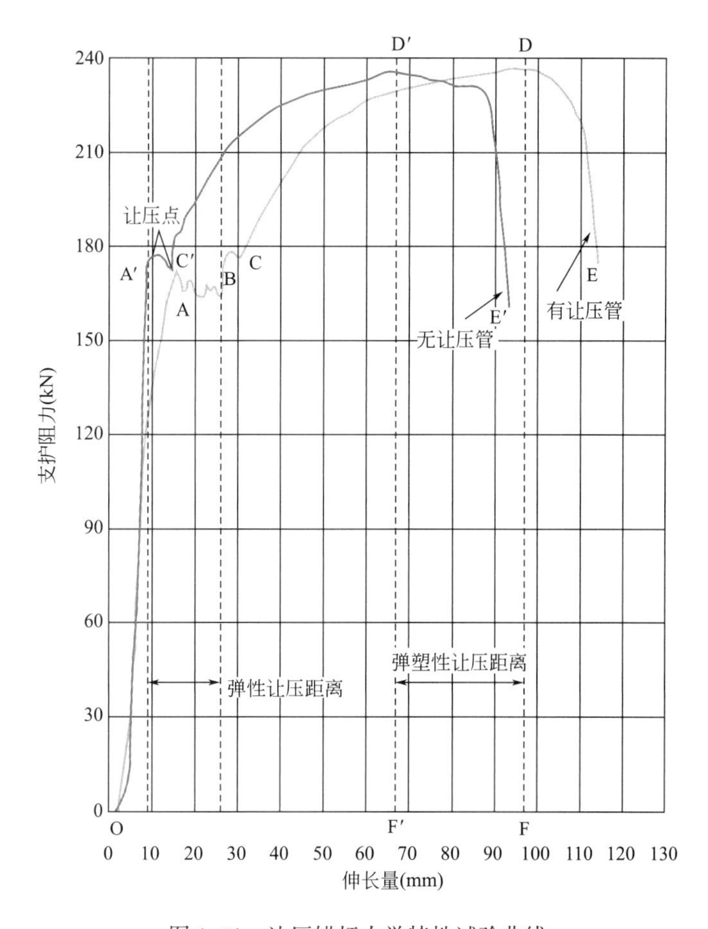

图 1.31　让压锚杆力学特性试验曲线

（12）Durabar 锚杆

2007 年，南非学者研发出 Durabar[32-33] 能量吸收锚杆，这种锚杆和 Cone bolt 锚杆原理近似。Durabar 锚杆主要由金属杆体构成，内锚固段为螺旋状，自由段为直径 16mm 的光滑杆体，外端头被加工成 Ω 形结构（图 1.32）。该锚杆具有较好的能量吸收功能，主要应用在地下工程支护系统中，可以抵抗瞬间荷载，如岩爆等。

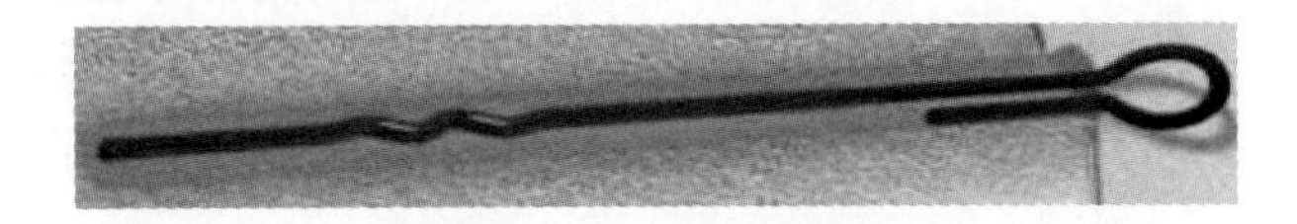

图 1.32　Durabar 锚杆结构图

Durabar 锚杆力学特性试验曲线如图 1.33 和图 1.34 所示。试验曲线证明，静力拉伸条件下，这种新型锚杆的极限拉伸量可达 1000mm，最大工作阻力为 120kN；动态荷载条件下，新型锚杆的极限拉伸量达 580mm，最大工作阻力为 110kN。

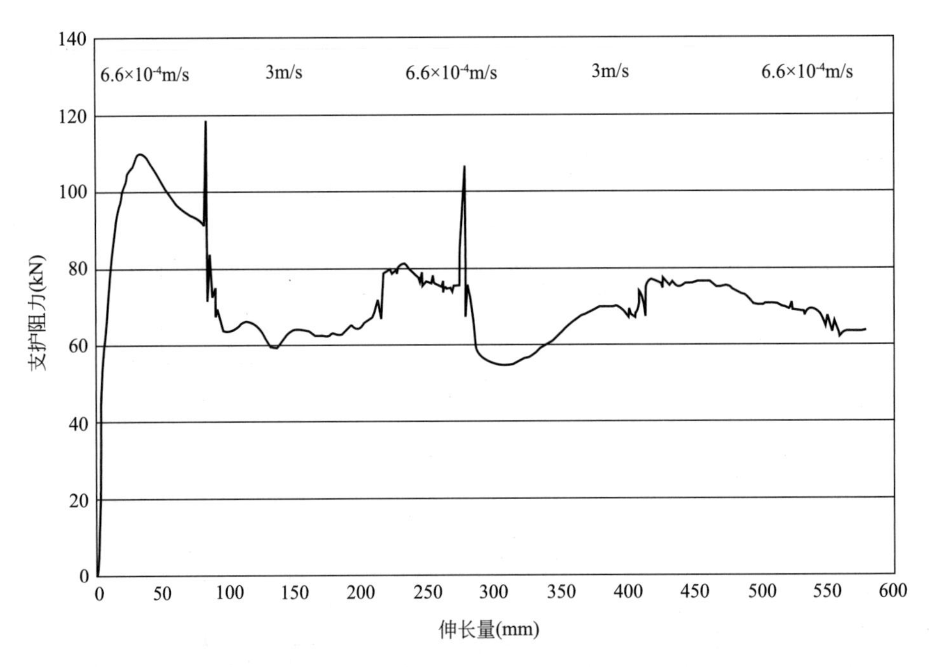

图 1.33　Durabar 锚杆动力学特性曲线

（13）刚柔性可伸缩锚杆

1993 年，高延法等[34] 研发出一种用于地下工程软岩巷道支护的柔刚性可伸缩锚杆。该锚杆主要由杆体、锚固管、螺母、垫板等组成（图 1.35）。刚柔性可伸缩锚杆的特征是在杆体上套有弹簧并装在锚固管内，锚杆杆体一端带有圆台体状的挡头，锚固管内由多块具有一定坡度的金属块构成挡头。工作原理：巷道开挖初期，围岩变形速

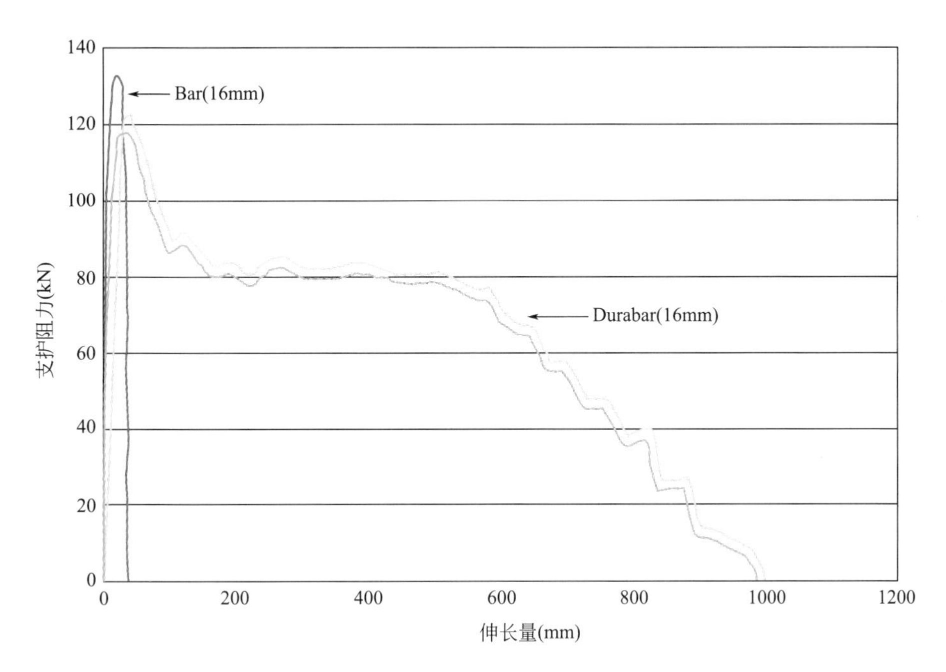

图 1.34　Durabar 锚杆静力学特性曲线

度快，锚杆杆体随巷道边向巷道空间移动，但是锚固管不发生相对运动。因此，当巷道变形收敛时，杆体与锚固管产生相对位移，弹簧被压缩。

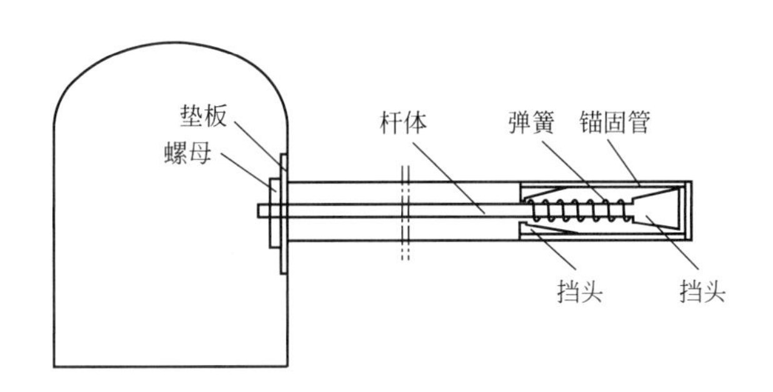

图 1.35　刚柔性可伸缩锚杆结构图

刚柔性可伸缩锚杆属于结构元件滑移大变形锚杆，其优点是：依靠弹簧压缩提供一定的恒阻力。但是在滑移过程中，由于弹簧阻力远小于锚杆杆体材料强度，因此提供的支护工作阻力偏低。

通过对国内外材料小变形锚杆和结构大变形锚杆的研究，总结出几种典型小变形锚杆和大变形锚杆的力学参数和力学特性曲线，并对其进行对比研究。

（1）力学参数比较

目前，由于大变形锚杆能够适应岩土体弹塑性大变形破坏，国内外许多学者都致力于大变形锚杆的研发与力学特性试验。通过对国内外典型大变形锚杆研究现状的深入分析，总结出几种典型大变形锚杆力学性能参数的差异特征，这里所指的力学参数，主要包括支护阻力和最大变形量，如表 1.1 所示。

国内外典型大变形锚杆力学参数统计表 **表 1.1**

力学参数	让压锚杆	D 型锚杆	波形锚杆	Roofex 锚杆	H 型锚杆	蒂森型锚杆	Durabar 锚杆	Cone bolt 锚杆
国家	中国	挪威	苏联	澳大利亚	中国	德国	南非	南非 加拿大
支护阻力（kN）	160	195	80	90	60	200	120	100 150
最大变形量（mm）	18	63	120	300	300	517	600	500 600
时间	2008	2006	1998	2008	1993	—	2009	1990

支护阻力是大变形锚杆在外部动静荷载条件下，锚杆杆体与围岩或恒阻装置之间的相互作用力。力学特性曲线上，这部分作用力由恒阻部件的结构变形和材料本体变形组成。

从表 1.1 中可以看出，目前国内外大变形锚杆种类繁多，其中最大支护阻力已经达到 200kN（蒂森型锚杆，德国），最大变形量为 600mm（Durabar 锚杆，南非）。但是，由于巷道围岩大变形、滑坡大变形、国防工程大变形等工程灾害能够使岩土体发生非常大的弹塑性变形，现有大变形锚杆要么具有较高的支护阻力，要么具有较大的变形量，二者同时兼得的理想恒阻大变形锚杆还未研发出来。例如：德国的蒂森型锚杆支护阻力达到了 200kN，而最大变形量只有 517mm，并且这种锚杆仅通过改变杆体材料属性提供大变形量，变形特征不稳定，未来发展空间狭小，无法提供更高的恒定阻力；加拿大的 Cone bolt 锚杆最大变形量达到了 600mm，但是极限支护阻力只有 150kN，而且在静力拉伸过程中，出现了反复塑性硬化的现象，不能够提供稳定的大变形量。

综上所述，目前国内外已经研发出的大变形锚杆不能确保两种力学参数协调发展，理想恒阻大变形锚杆研发还有待进一步的思考，必须研发出一种既具有恒定高阻力，又能够提供稳定大变形量的恒阻大变形材料，以此来抵抗岩土体弹塑性大变形破坏，最大限度地保证被加固结构的稳定。

（2）特性曲线比较

目前，国内外大变形锚杆种类繁多，支护阻力和变形量差异性较大，有的通过改变杆体材料属性提供大变形量，有的则通过增加恒阻装置实现恒阻特性。为了更加形象地对比几种典型大变形锚杆的力学特性，在搜集大量相关文献的基础上，绘制出 9 种现有典型大变形锚杆静力学拉拔试验特性曲线，如图 1.36 所示。这 9 种锚杆分别是：普通锚杆、D 型锚杆、蒂森型锚杆、Cone bolt 锚杆（南非）、Cone bolt 锚杆（加拿大）、Roofex 锚杆、Durabar 锚杆、H 型锚杆、让压锚杆。

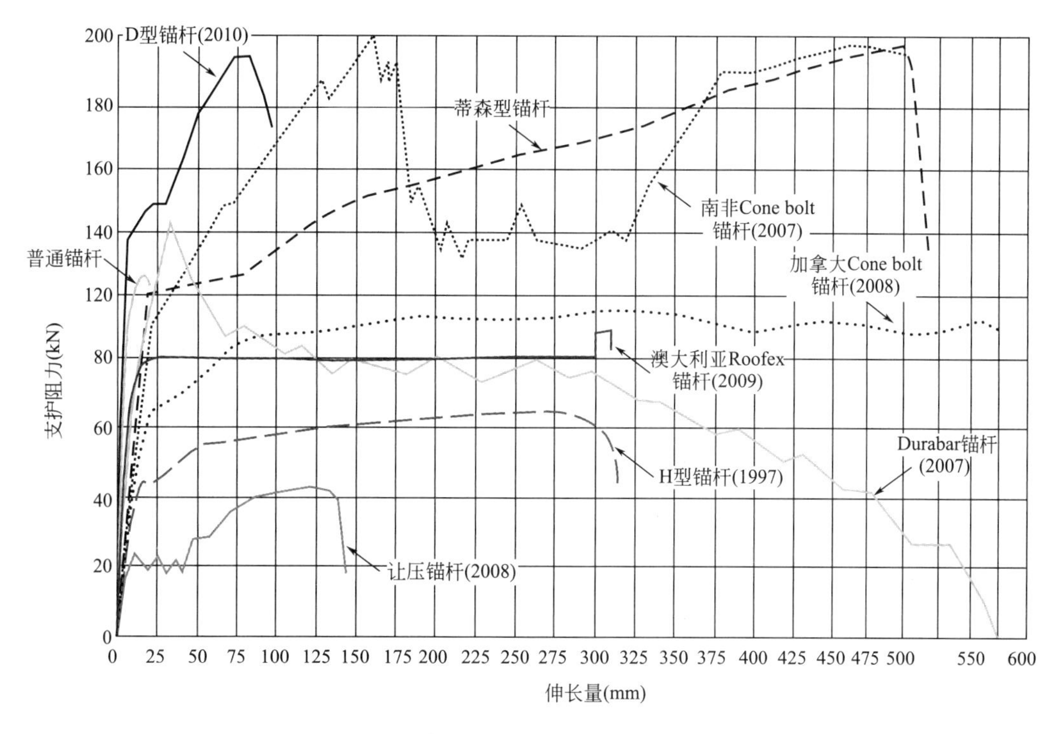

图 1.36　国内外恒阻大变形锚杆力学参数对比

图 1.36 显示，加拿大的 Cone bolt 锚杆和澳大利亚的 Roofex 锚杆表现出了较优的力学恒阻特性，并且变形量相对较大，但是由于其不能同时提供理想的高恒阻力和稳定的大变形量。因此，有待进一步的改进与优化。

1.3 矿体储量核查三维地质建模方法研究现状

矿体的储量计算常用方法多数是通过 $Q=V\cdot D$（储量等于体积与矿石密度之积）这一基本公式最终获得储量数值[35-38]。动态储量计算，实质上就是能够获得矿石体积动态变化情况和矿石品位的动态变化情况。因此，国内外研究人员主要集中于金属矿山动态三维地质建模技术、矿山品位的空间差值技术、金属矿山储量计算技术及急倾斜破碎矿体开采技术的研究。

1.3.1 三维数据模型及建模方法研究现状

在过去的几十年，国内外学者对三维数据模型进行了大量深入的研究，针对不同的空间对象研究了不同的建模方法，提出了多种三维数据模型。由于现实世界的复杂性和应用领域的特殊性，很难提出一个通用的三维数据模型，往往根据研究对象的特点或功能要求进行特别考虑而设计出各具特色的三维数据模型。三维地质建模主要涉及地质界面建模和地质体建模，所采用的数据模型不同，则建模方法也不同，三维地质建模方法划分为 3 种类型：基于面的建模方法、基于体的建模方法和混合建模方法[39]。

1. 基于面的建模方法

基于面表示的模型侧重于三维实体的表面表示，它借助微小的面单元或面元素描述物体的几何特征，侧重于 3D 空间实体的表面表示，如地形表面、地质层面、构筑物（建筑物）及地下工程的轮廓与空间框架。所模拟的表面可能是封闭的，也可能是非封闭的。基于表面的模型主要包括以栅格数据的网格（Grid）模型、形状（Shape）模型和多层 DEMs 模型，以适量数据描述的不规则三角网（TIN）、边界表示（BRep）、线框（Wire Frame）或相连切片（Linked Slices）、断面（Section）和 TIN 形式多层 DEMs 模型，还有以栅格适量数据集成方式描述的格网-三角网混合数字高程模型（Grid-TIN）。基于采样点的 TIN 模型和基于数据内插的 Grid 模型通常用于非封闭表面模拟（如地形表面建模和层状矿床建模）；形状（Shape）模型通过表面点的斜率描述目标表面；而边界表示（B-Rep）模型和线框（Wire Frame）模型通常用于封闭表面或外部轮廓模拟；断面（Section）模型、断面-三角网（Section-TIN）混合模型及多层 DEM 模型通常用于地质建模[40-50]。李青元[51] 在基于点、弧、多边形的 2D 拓扑关系模型的基础上针对地质构造现象提出了基于点、边、环、面、体元素的，由五组拓扑关系结构组成的 3D 矢量拓扑数据模型，这种模型没有考虑人工勘探工程，只适合互斥、完整体域所形成的自然地质体。陈军[52] 将三维空间实体分为点状实体、线状实体、面状实体和体状实体，在研究三维空间实体的形式化描述以及拓扑关系形式化描述的基础上，建立了顾及空间剖分的三维拓扑数据模型（ER）。2003 年，美国 Brigham Young 大学 EMR 实验室的 Alan M. Lemon 和 Norman L. Lones[53] 共同探讨了基于钻孔数据，采用用户自定义钻孔剖面图建立三维实体模型的建模方法。Alan 和 Norman 提出的 HORIZONS 建模方法，先根据用户指定钻孔生成钻孔剖面图，再根据剖面图进行三维插值，应归属基于地质剖面图的技术范畴。O. C. Zienkiewicz 等[54] 提出将划分区域分成更简单的子块，然后映射为自然坐标系中的正方形，根据每个方向给定的分级权系数，将自然坐标系中的正方形离散并反向变换回超单元。Qu Xiaoqing 等[55] 提出了一种将体边缘数据转换为表面元数据的三维追踪算法，解决了现有三维建模方法中因密度数据对不均匀三维体有缺陷或追踪多层边缘立体像素表面耗时而不能进行三维中大数据量空间搜索的问题。

2. 基于体的建模方法

基于体表示的模型是用体元信息代替表面信息来描述对象的内部，是基于 3D 空间的体元分割和真 3D 实体表达，侧重于 3D 空间实体的边界和内部的整体表示。体元的属性可以独立描述和存储，因而可以进行 3D 空间操作和分析。体元模型可以按体元的面数分为四面体、六面体、棱柱体和多面体等类型，也可以根据体元的规整性分为规则体元和不规则体元两个大类[56]。规则体元包括 CSG、Voxel、Octree、Needle 和 Regular Block 共 5 种模型。规则体元通常用于水体、污染和环境问题建模，其中 Voxel、Octree 模型是一种无采样约束的面向场物质（如重力场、磁场）的连续空间的标准分割方法，Needle 和 Regular Block 可用于简单地质建模。不规则体元包括 TEN、Pyramid、TP、Geocelluar、Irregular Block、Solid、3D Voronoi、GTP 和 00-Solid 模型。不规则体元是有采样约束的、基于地质地层界面和地质构造的面向实体的 3D 模型[57-73]。

Victor[74] 等人研究了基于四面体的三维数据模型。齐安文、吴立新[75] 提出了基于类三棱柱模型来构建地质体，并进行了三维拓扑研究。2002～2005 年，中国矿业大学的吴立新、齐安文、刘少华等人先后提出了三棱柱模型、类三棱柱模型、广义三棱柱模型、似三棱柱模型，并针对这些模型进行了相应的建模方法研究。程朋根、龚健雅等[76] 人结合地质勘探工程数据的特点，对似三棱柱体为体元的三维数据模型和基本算法进行了研究，并以内蒙古自治区某矿区的实际钻孔资料进行了验证。熊磊、杨鹏等[77] 人通过对不同品位段内部进行三维 Delaunay 划分并抽取其表面形成以不规则四面体为体元的体模型，实现对矿床的仿真。张玲玲[78] 采用广义三棱柱进行三维建模，从地质构造上分有断层和无断层的进行分别建模。刘衍聪、宋哲[79] 提出了一种基于 TEN 的三维 GIS 数据模型，该模型中 TEN 的生成算法是：对输入限定条件的规范化，然后采用边界面细分算法思想逐步加入点，恢复所有的限定线和面，最终生成限定的 TEN。盛业华、刘平[80] 将地学现象所在的三维空间以规则六面体格网形式离散为一个个相互连接的格网单元，运用相应地学模型计算规则六面体各顶点的属性值，再用方法追踪形成等值面，以此表示地学现象的三维空间状态。陈锁忠、黄家柱[81] 等人采用不规则六面体对其进行三维空间离散，以解决孔隙水文地质层受沉积环境影响而在空间分布上的不连续性、厚度的不均匀性与地层顶底界面几何形状的不确定性的问题，最大限度地保证不规则六面体元中水文地质层类型的一元性，提高水文地质模型三维空间离散与三维地下水流模拟的精度，缩短水文地质模型空间离散所需的时间，提高地下水流模拟的时效性。

3. 混合建模方法

基于面模型的建模方法侧重于 3D 空间实体的表面表示，如地形表面、地质层面等，通过表面表示形成 3D 目标的空间轮廓，其优点是便于显示和数据更新，不足之处是难以进行空间分析。基于体模型的建模方法侧重于3D空间实体的边界与内部的整体表示，如地层、矿体、水体、建筑物等，通过对体的描述实现3D目标的空间表示，优点是易于进行空间操作和分析，但存储空间大，计算速度慢。混合模型的目的则是综合面模型和体模型的优点，以及综合规则体元与不规则体元的优点，取长补短。李清泉、李德仁[62]、栾茹[82]等人针对地质、海洋领域建立了基于八叉树与四面体格网的集成模型。何鑫[83]、Jung Y. H.[84]、Carol[85]等人采用正四面体包围盒代替传统的六面体包围实体进行八叉树剖分，直接形成比较规则的四面体网格的剖分方法。穆斌、潘懋等[86]人提出了使用八叉树结构生成三维多边形网格模型的体素，基于投影体积判断体素是否位于模型内部，再利用邻接关系快速准确获得模型内部体素的方法，该方法具有能正确处理内部含有空腔的模型和高效率。马洪滨、郭甲腾[87]提出了基于剖面的面体混合三维地质建模方法，可以建立相应的面体混合三维地质模型："剖面-TIN-块段"模型。

1.3.2 基于剖面的三维地质建模方法研究现状

基于剖面的三维建模方法最先出现在医学领域，后来迅速扩展到其他领域。在医学领域，通过CAT或者MRI等技术，可以获得一系列相互平行的人体切片图像，通过提取对象的边界，采用轮廓线算法，生成三维人体模型。Meyers[88]将轮廓线算法分为4个主要问题：对应问题、构网问题、分支问题和光滑问题。赵德君[89]等人提出通过切割多层DEM生成剖面。明镜、潘懋等[90]人提出基于TIN数据三维地质体的折剖面切割算法，直接利用折切面对三维地质体进行几何层面上的切割。

由于剖面容易获取，而且本身已经包含了地质学家对地质现象的解译，是地质对象表达和地质问题分析中常用的方法。因此，这种基于剖面的三维建模方法同样适用于地质领域。根据剖面组合方式的不同，可分为以下几种类型：

1. 基于平行剖面、平剖面的建模方法

该方法利用一组相互平行的平剖面（共面剖面）进行模型构建。剖面以带拓扑的矢量形式组织，"地质体"对应于"多边形"；然后基于这些多边形，采用轮廓线连接的思想进行多边形之间的三角形构网，形成地质界面，进而封闭形成地质体。

对于地层简单、剖面之间对应较好的情况，该方法自动化处理程度较高，而且对于处理多值问题具有一定优势，因为在该方法中垂向的多值问题转化成了横向的轮廓线构网。但对于地质界面线对应不好的复杂情况，则需要大量的人工干预，而且由于该方法只能利用相互平行的平剖面建模，其他方向的剖面以及折剖面均无法利用，因此使得建模的数据源受到很大的限制。

2. 基于多组任意折剖面的建模方法

陈学工[91]提出了基于多组任意折剖面的方法，即各个方向的剖面都可以参与建模，而且剖面也不局限于平行剖面，可以是折剖面（平剖面是折剖面的一种特殊情况）。具体实现过程中，也是基于多层 DEM 的思想，首先分别提取每一个地质界面上的地质界线，然后三角剖分这些地质界线形成曲面，进而封闭成体。与以前的方法对比，该方法扩大了建模可利用的数据源，但只能对按照时代或岩性划分的简单层状地层进行建模，解决问题的复杂度和实用性有待提高。

3. 基于非平行剖面（但不能相交）和平剖面的建模方法

采用这种方法，剖面可以为非平行剖面，但不能相交。具体实现过程中，还是基于轮廓线的思想，剖面之间进行三角形构网。其不同之处在于该方法是基于“多边形-弧段”之间的包含拓扑关系，由多边形到弧段一层一层处理，而且最后一步是基于弧段（多数情况下非封闭）的连接。该方法突破了平行剖面的限制，建模可利用的数据源有了提高，而且可以处理剖面之间变化较大的复杂问题，但其仍不能处理剖面相交的情况。

4. 基于交叉折剖面的建模方法

在该方法中，各种剖面（面状）资料均可参加建模，例如垂直的纵、横剖面，水平方向的切面资料等。建模思路主要是基于地质界线的追踪，利用各个方向的地质界线在空间中的相交信息及其语意信息（拓扑属性等），追踪出属于某一地质界面的地质界线，进行三角剖分形成曲面，最后形成地质体。

通过以上分析，可以得出以下两点认识：第一，剖面是地质对象表达和地质问题分析中最常用的方法，而且剖面资料相对容易获取（如实测剖面、钻井联绘剖面、各种地球物理资料的解释剖面等），因此应重点研究以剖面为框架的建模；第二，在三维地质建模中，应尽可能利用多源数据，如钻孔、交叉折剖面、等厚图和等深图，以多种类型、多种数据地质图、地形图等进行地质建模。

1.3.3 矿石品位空间插值技术研究现状

在对矿体的研究中，由于矿体内部的观测点数据（矿体的勘探工程数据）有限且多数为离散数据，要对其进行科学、系统的定量研究，一般情况下是依据矿体内部的已知数据对其他区域进行空间数据插值。目前，国内外学者已经研究了很多空间插值方法，这些插值方法凭借各自的优势在地质学领域得到了广泛的应用和研究。依据已知点和已知分区数据的不同，可将空间数据插值分为点的内插和区域的内插。依据空间插值的基本假设和数学本质可将空间插值分类为：几何方法、统计方法、空间统计方法、函数方法、随机模拟方法、物理模型模拟方法和综合方法。其中以几何方法和空间统计方法在地学领域最为常用。例如，几何方法中常用的有距离反比加权插值法方法、Delaunay 四面体剖分方法等，空间统计方法中最有代表性的为克里金方法。表 1.2 为常见空间插值算法优缺点对比结果[92-97]。

常见空间插值算法优缺点对比一览表　　表 1.2

方　法	性　质			
	逼近程度	外推能力	计算速度	适用范围
趋势面法	不高	强	很快	分布均匀
距离反比加权法	分布均匀时好	强	快	分布均匀
Delaunay 剖分法	高	差	慢	分布均匀
样条函数法	不高	强	快	分布密集情况下
克里金法	高	很强	慢	均可，适用性强

1.3.4 储量计算方法研究现状

1. 传统储量计算方法[98]

断面法：断面法是按一定间距将矿体截分为若干个块段（除矿体两端的边缘部分外，各块段均由两个剖面控制），通过对断面上矿体截面面积的测定，计算出断面之间的矿块体积和矿石储量。根据断面的相互关系，可将其划分为平行断面法和不平行断面法。根据断面所处的空间状态，可将其划分为垂直断面法和水平断面法。采用垂直断面或水平断面在计算程序和公式选择上都相同。

算术平均法：矿体面积由求积仪或其他方法确定。厚度、品位根据穿过矿体的坑道和钻孔控制的矿体厚度、品位采用算术平均法来确定。探矿工程所获得的各点矿体厚度是不同的。算术平均法实际上是把厚度和质量不均匀的矿体当作质量均匀、形状规整的板状矿体。

算术平均法可采用下式计算矿体体积：

$$V = S \cdot m$$

式中　V——矿体的体积；

S——矿体的面积；

m——矿体的平均厚度。

式中，当 S 为实际面积时，m 应为真厚度的平均值；当 S 为水平（或垂直）投影面积时，m 应为垂直（或水平）厚度的平均值。这种方法的优点是计算工作比其他方法都要简单，缺点是不能划分出矿石品级和类型。

地质块段法：地质块段法是一种在算术平均法的基础上加以改进的储量计算方法。即根据不同的条件和要求，诸如地质条件、矿产质量、开采技术条件以及勘探研究程度等，把整个矿体划分为若干个块段，分别采用算术平均法计算各个块段的体积和储量。地质块段法消除了“整体”算术平均法的缺陷，适用于层状、似层状矿体、探矿工程较均匀的矿床。

多角形法：仅适用于产状平缓矿体并采用垂直工程进行勘探的情况下。其计算过程是：首先在勘探工程平面图上，作每两个工程连线的垂直平分线面，以这些平分面把矿体划分为许多以工程为中心的多角形柱体，然后再计算每个柱体的体积和矿石储量。其体积即柱体水平面积与工程中见矿厚度的乘积，其平均品位即该工程中的平均品位。计算出每个柱体的储量和平均品位后，再以储量为权系数通过加权平均求全矿体和全矿床的平均品位，而全矿体（床）的总储量则是各柱体内的储量之和。

2. 空间地质统计学方法[99]

地质统计学是以区域化变量理论作为基础，以变差函数作为主要工具，对既具有结构性又具有随机性的变量（如品位值）进行统计学研究。运用该法需有较多的样本个体为基础，充分考虑品位的空间变异性和矿化强度在空间的分布特征，使估算结果更加符合地质规律，置信度更高。近年来，国际上经常运用的国内科研人员研究开发的一些地质统计学矿产资源储量评价软件获得了矿产资源储量管理部门的评审认可，得到了广泛的工程应用。

3. SD 方法[100]

SD 评价法创立于 20 世纪 80 年代初，是一种以 SD 动态分维几何学为理论，以最佳结构地质变量为基础的储量计算方法。它创造性地提出精度概念，能使探矿者了解该类型矿床勘查所需要的最稀工程密度，对所计算的结果以及施工工程数进行预测，该法适于不同矿种及矿产勘查开采各个阶段，是储量计算、矿业评估评审的一种工具。同时实践也证明，SD 评价法能较好地适用于金属矿勘查区的储量计算，所有数据由计算机进行批量处理，降低了勘查成本，提高了工作效率。

1.3.5 三维地质模拟软件与储量计算软件发展现状

自 20 世纪 70 年代以来，国外开发了一些面向矿山、石油等专业领域的三维建模商业软件[101]，如加拿大 Kirkham GeoSystem 公司开发的 MicroLYNX+软件；美国 C Tech 开发公司的 EVS 软件；法国南锡大学开发的 GOCAD 软件；Geo Visual System Limited 为石油工业提供的三维建模和可视化软件 GEOCard；GeoQuest 公司推出的有关地质模型可视化软件 Framework3D、Proper3D 和 FloGridSAND；澳大利亚 MICROMINE 有限公司开发的勘探及开发工作中应用的软件系统 MicroMine 软件（能够进行三维可视化储量计算、开采计划编制等）；美国地质调查局的 Modflow 建模软件；澳大利亚 Encom 公司的 ModelVision（能够在勘探过程中进行三维地质模拟与可视化）；澳大利亚 Maptek 公司的 Vulcano Surpac 软件（专门为矿山地质模拟、储量计算和开采规划的软件，可以实现数字化图形、等值线、网格内插模型等可视化功能）。但由于它们一般都是针对某专业领域开发的，没有从理论上加以系统完整的研究，没有面向通用平台进行设计，而且价格昂贵，在国内的应用具有很强的局限性。

国内三维地质建模软件的开发应用相对滞后，一些科研机构做了一些研究，自主开发或二次开发了一些三维地质建模实验系统或应用系统，例如中国地质大学的 GeoView、北京大学的 GSIS、武汉中地数码公司 MAPGIS 平台的三维扩展模块、中国矿业大学的 GeoMo3D、北京理正设计研究所的理正地质软件等[102-106]。我国目前还没有非常成熟的具有自主版权的三维可视化储量计算软件。

综上所述，国内外相关的研究成果基本具有以下特点：

(1) 钻孔数据是三维地质体建模的主要数据源，把剖面虚拟化成钻孔的数据格式，建立三维地质模型。

(2) 在三维环境下实现了地质体的可视化，可快速浏览数据与感受数据关系，通过进行数据体旋转、切割，可获得最佳的观察数据的角度与位置，从而得到较好的分析结果。

(3) 三维地质体建模软件采用的数据模型都可以归结为面模型、体模型或混合模型，但是在插值运算时，不同的软件采用的方法差别较大。但都能在特定条件下实现三维地质体建模的功能。

(4) 三维可视化储量计算基本都侧重于矿产资源勘探后的储量计算，在生产计划的编制功能中，仍以表格形式的数据和平面图形为主，矿体三维建模以钻孔或类似钻孔的数据作为数据源。

通过上述分析发现，针对金属富集区划和三维建模研究存在如下的不足：

(1) 矿山三维地质建模的数据来源单一，大多采用矿山勘探期间的钻孔数据建模，没有将矿产资源勘探期间形成的垂直剖面与水平剖面数据参与三维建模，导致矿山三维地质建模工作量较大，构建的矿体三维模型的精度不高。

(2) 采用单一的面模型或者体模型构建的矿体三维模型，不能同时反映矿体外形特征和矿体内部品位的空间分布情况。

(3) 支持矿山储量计算的矿体三维模型是利用矿山勘探阶段的钻孔数据构建的三维静态模型，缺乏矿体三维模型的动态更新机制，不能利用矿山生产过程产生的开采和勘探数据动态修正三维矿体模型，不能实时反映矿山储量动态变化。

(4) 国内的三维可视化储量计算软件的研发尚处于起步阶段，没有一套适合金属矿山生产过程中储量动态监督管理的系统软件。

针对伊士坦贝尔德金矿存在的上述关键问题，开展金金属富集区划及自动沉落式采矿方法可行性研究迫在眉睫，从本质上提高伊士坦贝尔德金矿的开采效率，降低采矿成本，为最短时间内完成富集区内金金属资源的安全、高效和可持续开采提供技术支持。

1.4 研究目标、内容和方法

1.4.1 研究目标

首先，通过现场工程地质调查分析和采矿方法现状调研，利用3DMine软件的二次开发，建立“伊士坦贝尔德金矿三维工程地质模型”；其次，基于距离幂次反比理论，结合伊士坦贝尔德金矿西区29副地质勘探线剖面信息，对西区1号、2号、3号、4号、4A号、5号、6号、北矿脉、中间矿脉9条矿脉进行金金属富集区划研究，按照品位t=5、9、12三个等级划分为极富集区、较富集区、富集区和欠富集区4个富集分区；最后，针对伊士坦贝尔德金矿脉陡倾、薄厚不均和围岩破碎的复杂赋存特征，采用自主研发的“具有负泊松比特性的恒阻大变形锚杆/索”、“巷道围岩地质作用力远程监测预警系统”和“恒阻大变形支护桁架”，提出了一种“直立破碎矿体自动沉落式采矿方法”，并对该方法的可行性进行深入研究，从本质上提高伊士坦贝尔德金矿的开采效率，降低采矿成本，为最短时间内完成富集区内金金属资源的安全可持续开采提供技术支持。

1.4.2 矿体直立破碎复杂环境特征

根据长沙矿山研究院完成的《吉尔吉斯斯坦伊士坦贝尔德金矿地下开采采矿方案选择研究》报告内容，证明伊士坦贝尔德金矿矿体属于急倾斜极薄层矿体（近似直立），围岩岩体破碎，难于锚杆支护，其赋存特征如下：

1. 矿体急倾斜极薄特征

伊士坦贝尔德矿床主要褶皱构造为同名受强烈压缩背斜类型的同化褶皱层。矿床范围之内的褶皱交接，起伏程度不大并向东和西方沉没，角度为20°～35°。褶皱核心附近的岩石造成两翼矿层缓倾斜并很快其倾向进而变成为急倾斜（55°～70°），稳定的保持在深度300m以上（钻孔和矿山掘进资料为依据）。伊士坦贝尔德金矿矿体厚度一般为0.4～1m，极个别位置达到5～7m，倾角大多在60°～80°，东部背斜轴部（矿量较少）倾角在30°～50°。按我国矿体的分类，大部分矿体属于急倾斜极薄层至薄层矿体，少部分矿体为倾斜极薄层至薄层矿体。

2. 围岩破碎特征

矿体上下盘围岩主要是角闪斜长片麻岩，围岩节理发育，特别是上下盘矿岩之间均有5～10cm厚的比较破碎的绢云母和绿泥石化的蚀变带，加之断层的影响，岩体稳固性较差，其坚固性系数f=8～10；矿石受蚀变作用的影响，削弱矿体的稳固性，矿体坚固性系数f=6～8；矿岩松散性系数1.5，密度2.75t/m^3；矿体厚度0.2～2.0m，平均1.0m，倾角约50°～90°，属于破碎岩体。

1.4.3 研究内容和技术路线

1. 研究内容

针对以上存在的安全技术问题，结合伊士坦贝尔德金矿直立、破碎、薄厚不均的复杂特征，采用自主研发的“具有负泊松比特性的恒阻大变形锚杆/索”、“巷道围岩地质作用力远程监测预警系统”和“恒阻大变形支护桁架”，提出了一种“直立破碎矿体自动沉落式采矿方法”，主要研究内容如下：

（1）伊士坦贝尔德金矿现场工程地质调查与分析

对伊士坦贝尔德金矿进行现场工程地质调查，根据资源储量估算（1986年）、伊士坦贝尔德金矿地下开采采矿方案（2010年）和矿山勘探的结果（2013年），全面掌握矿山区域地质概况和现状所采用的采矿方案。

（2）构建伊士坦贝尔德金矿三维工程地质模型

根据现场提供的伊士坦贝尔德金矿西区29幅地质勘探线剖面图和地形现状图，利用3DMine二次开发程序，构建“伊士坦贝尔德金矿三维地质模型”，形成一个直观、可视、三维整体概念的地质模型。该模型包含如下信息：地表地形地貌特征、9条主要矿脉的产状、矿脉沿走向长度、矿脉沿着两翼展布长度、两翼相同矿脉分布特征（两翼相同矿脉用同一颜色渲染）、三维地质模型漫游功能、三维地质模型透视功能、主要典型矿脉展布特征。

（3）伊士坦贝尔德金矿金金属储量核算和富集区划研究

依据重构“伊士坦贝尔德金矿三维地质模型”和西区29幅地质勘探线剖面图，开展伊士坦贝尔德矿金金属储量核算和富集区划研究，富集区划研究成果包含以下必要信息：西区1号、2号、3号、4号、4A号、5号、6号、北矿脉、中间矿脉9条矿脉金金属富集区划图（按照品位分段区划）；全部矿脉金金属富集区划图（按照品位t=7分段区划）；全部矿脉金金属富集区划图（按照品位t=5、9、12分段区划）；单个矿脉金金属富集区划（按照品位t=5、9、12分段区划）划分为极富集区、较富集区、富集区和欠富集区4个富集分区；单个矿脉金金属富集区划（按照品位t=7分段区划）；单个矿脉金金属富集区划（按照品位t=5、9、12分段区划）；每个区划包含：矿岩属性、矿石体积、矿石量和金金属量等信息。

(4) 伊士坦贝尔德金矿直立破碎矿体自动沉落式采矿方法研究

针对伊士坦贝尔德金矿脉陡倾、薄厚不均和围岩破碎的复杂赋存特征，采用自主研发的“具有负泊松比特性的恒阻大变形锚杆/索”、“巷道围岩地质作用力远程监测预警系统”和“恒阻大变形支护桁架”，提出一种“直立破碎矿体自动沉落式采矿方法”，并对该方法的可行性进行深入研究，从本质上提高伊士坦贝尔德金矿的开采效率，降低采矿成本，为最短时间内完成富集区内金金属资源的安全可持续开采提供技术支持。

2. 技术路线

本研究的技术路线如图 1.37 所示。

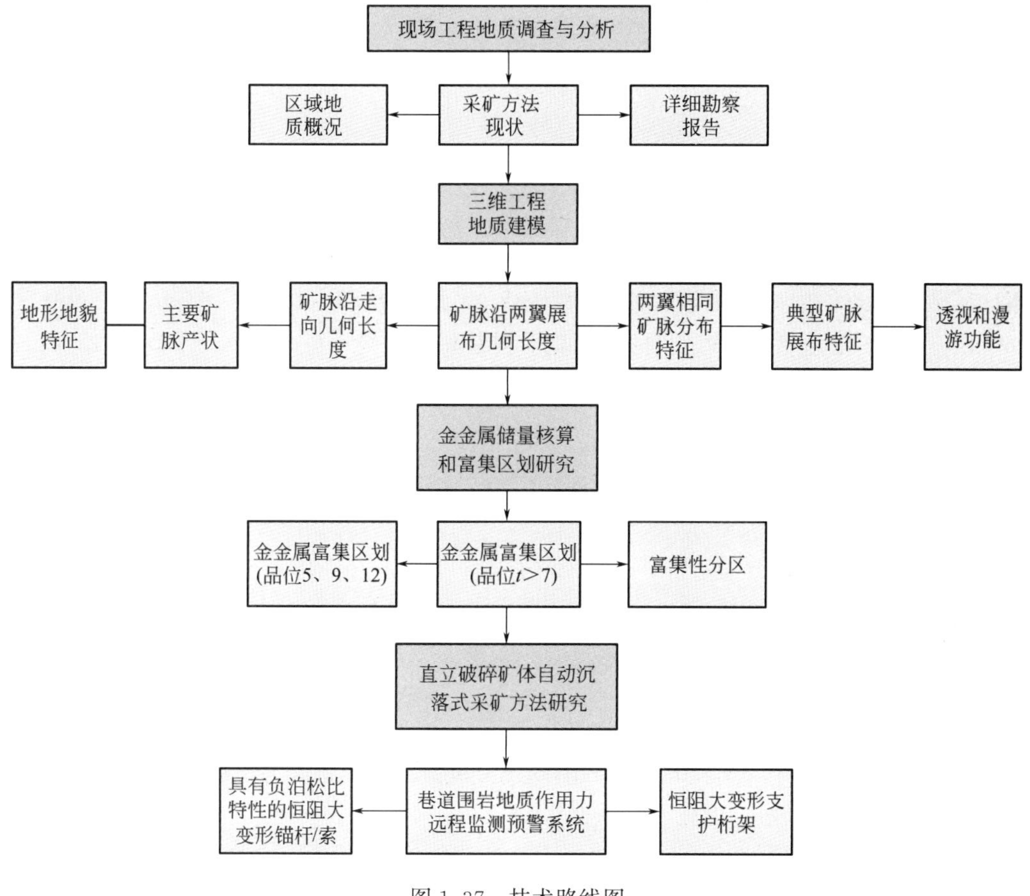

图 1.37　技术路线图

第 2 章　区域地质条件及开采现状分析

2.1 自然地理

伊士坦贝尔德金矿地处恰特卡勒山脉南坡的伊士坦贝尔德河下游、卡桑河的右支流。矿区交通条件尚好，距塔什库门市 193km，距阿拉布卡区中心 67km，距奥什市 260km，距加拉巴特市 226km。乌兹别克斯坦共和国纳曼干市火车站距离矿区 135km。

2.2 地形地貌

伊矿地貌为中山岭，剧烈分裂，局部有悬崖的地区，绝对标高为 1900～2500m，分水界相对山谷高度 400～600m，山坡坡度一般为 25°～30°，局部达 50°～60°，如图 2.1 所示。

图 2.1　伊矿地形地貌

伊矿矿床的北部界限为卡桑河的分水岭，东部界限为伊士坦贝尔德-鲁德尼小溪右岸，南部界限为安达古力小溪的分水界，西部界限为库鲁沙伊小溪。该区气候为典型大陆性气候，干旱少雨，昼夜温差较大，最低温度（12 月～次年 2 月）－20℃，年平均降雨量为 360mm，矿区气候基本为干旱，降雨量大的月份一般为 5～6 月及 10～11 月。冰雪覆盖一般在 11～12 月形成，次年 4 月份融化，土壤冻结深度为 0.5～1.0m。

2.3 地层岩性和地质构造

2.3.1 地层岩性特征

根据《伊士坦贝尔德矿区金矿资源储量估算报告》[107] 发现，伊矿矿区内出露地层主要为下元古界（PR_1）、下志留统（S_1）和第四系（Q）。

1. 下元古界（PR_1）

主要为铁列克岩系，分布于矿区中部、北部广大地区。按成分分为两个分系：下分岩系（PR_1sm_1）和上分岩系（PR_1sm_2）。

（1）下分岩系（PR_1sm_1），厚度 450～500m，表现为石英长石黑云母片岩，个别地段为石榴石片岩薄片，常出现针状电气石片岩，很少有斜长花岗岩的切断体。片岩主要由石英、长石、黑云母、少量绢云母及次生矿物组成，石英含量 30%～60%，长石 20%～40%。岩系分系下部 100～120m 出现斜长花岗片麻岩，厚度大约 8m 左右。在片岩和斜长花岗片麻岩中，细脉状、半透明无矿石英脉发育。下分岩系片岩含金量 0.008×10^{-6}～0.04×10^{-6}，含铜 0.0055%、铅 0.045%、锌 0.01%。矿体大部分分布在此岩体之内。岩层底部因受到交代变质改造及后期破碎，出现石英、石英碳酸盐或石英片岩构成的角砾岩。该分系顶部与上分岩系花岗岩接触带常出现石英片岩，少量砂岩、砂质灰岩，厚度 10～15m。

（2）上分岩系（PR_1sm_2），分为三个分层：第一分层由角闪岩、石英角闪岩组成，岩石中常出现花岗岩厚层、大型角闪岩及石英黑云母片岩，厚度 25～75m，分层内含金量 0.009×10^{-6}～0.03×10^{-6}，含铜 0.004%、铅 0.0008%、锌 0.009%。第二分层为白色-淡红色细至中粒花岗岩，厚度 120～150m。据维诺格拉多夫资料（1971 年），当色米扎斯吉岩系花岗岩含金品位较高，达到 0.03 $\times10^{-6}$～0.05 $\times10^{-6}$ 时，可判断矿体上部有光晕分散元素存在。第三分层为石英长石黑云母和二云母片岩，在伊士坦贝尔德、安达古勒分水界南段见片麻岩状灰色岩石团块，由矽线石、蓝晶石、石榴石组成，分层厚度 500m，含金量 0.001 $\times10^{-6}$～0.02 $\times10^{-6}$，含铜 0.0045%、铅 0.003%、锌 0.009%。

该分系由盖斯（1979 年）从色米扎斯吉岩系里分出。岩石特征与底部片岩相比，变质程度较低，主要由变质砂岩、石英绢云绿泥石片岩、少量二云长石石英片岩组成。此岩层在卡桑河北左岸阿克铁列克段区较发育，里非斯吉沉积层的含金量与克拉尔克品位相近。

区内的花岗岩层，岩石致密，中细粒结构，多为白色，很少为灰色。岩石中含绢云母，有时出现少量炭化物质，上段可见个别角闪石薄层，矽卡岩化较发育，并含厚度不大的斜长花岗岩岩株和岩脉。厚度在 200m 以上，经（1981 年）钻孔（ZK78、ZK80）证实，花岗岩底界以下 100～120m 处发现蛇纹岩化辉石岩。多数花岗岩含金量在 0.005 $\times10^{-6}$～0.007$\times10^{-6}$，很少达到 0.02 $\times10^{-6}$以上（断层区或附近）。除金之外，花岗岩含铜 0.004%、铅 0.003%、锌 0.009%，蛇纹岩化辉石岩含金量在 0.012 $\times10^{-6}$～0.07 $\times10^{-6}$。

2. 下志留统（S_1）

下志留统沉积在矿区西南部、南部较发育，与下元古界沉积为构造接触。岩石由粉砂岩、砂岩、砂砾岩、千枚岩组成，厚度约 800m。下志留统沉积含金品位较高，可达 0.022 $\times10^{-6}$（维诺格拉多夫，1971 年）。

3. 第四系

矿区范围内，各种成因第四纪沉积发育，厚度 0.5m 至 10～15m。卡桑沙依河、伊士坦贝尔德河冲积层为古代采砂金主要对象。

2.3.2 地质构造特征

伊士坦贝尔德矿床位于铁列克卡桑矿区，属卡桑金属成矿带背斜褶皱区卡桑背斜近东西向褶皱的核心部分，矿区地质构造主要为近东西向的断裂构造和褶皱构造，如图 2.2 所示。

1. 伊士坦贝尔德背斜

伊矿矿区褶皱构造主要为伊士坦贝尔德背斜，遭受强烈挤压后的同化褶皱层。矿床范围内褶皱交接、起伏程度不大，并向东和西方向沉没，角度 20°～35°，褶皱核心附近岩石造成两翼缓倾斜矿层很快沿其倾向变为陡倾斜（55°～70°），稳定地保持在深度 300m 以上（以钻井和矿山掘进资料为依据）。类似侧翼的倾斜，不仅在伊士坦贝尔德背斜层如此，同时在总铁列克、大卡桑及其他铁列克-卡桑区背斜层也具有类似特征。

伊士坦贝尔德背斜转折端及其南翼为近东西走向和倾向东北的断层，其中规模最

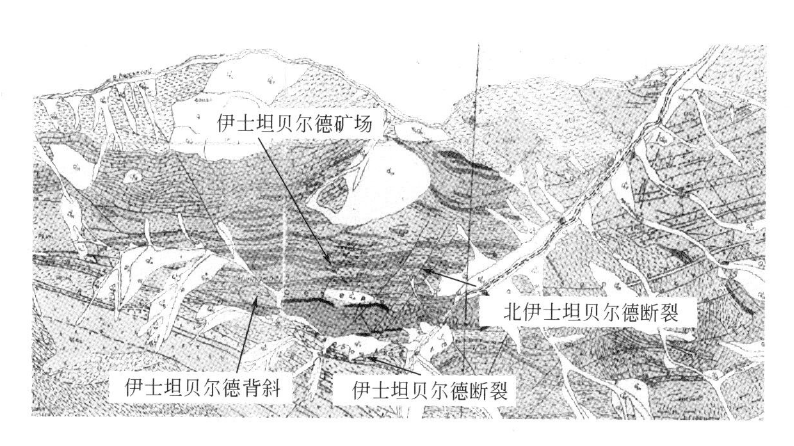

图 2.2 伊矿区域地质构造图

大的断层为伊士坦贝尔德断层、阿克贝尔维尔断层和阿克巴力捷朵斯断层。伊士坦贝尔德断裂为北陡倾斜复杂断层，南翼垂直移动幅度达 100～140m、矿床中心部至 50～80m，东部（南块体缓降）伊士坦贝尔德之外有小型断层北倾，移动幅度不大，均为正断层。

2. 北阿克贝尔维尔断裂

北阿克贝尔维尔断裂位于伊士坦贝尔德断裂南 20～50m，褶皱更加复杂，沿断层移动幅度达 400～500m，在地形较高地带可看到铁列克色米扎斯吉岩系花岗岩出露(南块体矿降落)，阿克贝尔维尔断层向南倾，倾角 65°～80°。阿克贝尔维尔断裂位于北阿克贝尔维尔断裂南 10～15km，向南倾斜，切割第二（花岗岩平面层）、第三（片岩）及色米扎斯吉岩系上下分系岩体。

断裂构造尤其是北倾断层为成矿创造了良好的先决条件，形成初期晕光，主要成矿元素如：金、砷、铜、铅、锌、钴、钨等。背斜层南翼缓减退，靠近穹地部分北伊士坦贝尔德断层向南急倾斜，移动幅度不超过几十米，向北有一列小断层，向南倾斜，幅度不超过 5～8m，断层倾角随着交接远离逐渐变缓。伊矿矿区所在地属地震高发地带，属 7～8 级地震带。

2.4 矿岩物理力学性质分析

伊矿矿体主要为构造蚀变岩型，受构造控制，片理化、高岭土化发育，稳固性差；矿体顶、底板围岩主要为硅质片岩，其次有斜长花岗岩、大理岩、闪长岩、闪长花岗岩等，具有片理化、黏土化和碎裂化特征，硬度系数 $f=4\sim14$，稳固性较差，开采难度相对较大。矿体（脉）和顶底板岩石的工程地质特征及其物理性质如表 2.1 和表 2.2 所示。

岩石物理性质表 **表 2.1**

岩石	比重	密度(g/cm^3)		孔隙率(%)	吸水率(%)	饱水率(%)
		干	饱水			
矿体	2.65	2.60	2.63	1.39～3.14	0.131～0.138	0.136～0.147
硅质片岩	2.60	2.53	2.59	1.69～2.03	0.062～0.156	0.08～0.164

松散系数表 **表 2.2**

岩 石	松散系数	备　注
矿石	1.6	综合整理供参考
硅质片岩	1.7	
斜长花岗岩	1.8	
碎裂岩	1.54	

根据《伊士坦贝尔德矿区金矿资源储量估算报告》可知，伊矿典型岩石的物理力学性质如表 2.3 所示，岩石属于中等强度岩石。

岩石力学试验结果表 **表 2.3**

岩石名称	试验状态	受力方向	平均抗压强度(MPa)	软化系数	黏聚力(MPa)	内摩擦角(°)
斜长花岗岩	饱水	垂直天然水平面	93.00	0.86	0.004	32.33
	风干		118.3			
	风干		191.2			
碎裂岩	饱水	垂直天然水平面	82.3	0.82	0.003	36.3
	风干		91.9			

2.5 水文地质条件分析

1. 伊矿地下水特征

大气降水是伊矿区域地下水的唯一补给来源，但区内干旱少雨，年平均降雨量约360mm，补给量有限。另外该区属中山区，标高1900～2500m，相对高差400～600m，山坡坡度25°～30°，局部达50°～60°，谷底基岩出露较好，大部分降水经地表径流流出山区，补给冲洪积扇，小部分通过裂隙渗入地下，形成矿区基岩地下水。地下水主要受构造控制，并以坑道、自流泉形式排泄。区内仅有的河流为卡桑河，距最近矿体位置约2km，该河流出矿区位置标高1050m，为区内最低侵蚀基准面。核实估算资源储量结果标高为1985～2368m，高于当地侵蚀基准面935m。

2. 含水层分布特征

第四系松散沉积物及基岩风化带含水：第四系松散沉积物主要沿部分沟谷分布，以漂砾石为主，厚0.5～15m；残-坡积物零星分布，多为含碎石的亚黏土，一般厚0.2～0.3m，缓坡低洼处厚0.5～3m。基岩风化带深度一般1～3m，裂隙多被黏土充填。地下水多沿第四系松散层或风化裂隙与完整基岩接触面分布，在低洼处呈下降泉溢出地表，靠大气降水补给，随季节性变化较大，分布范围小，富水性中等，对矿区内矿床充水基本无影响。

3. 构造带含水特征

成矿期前断裂多被辉绿岩、糜棱岩充填，富水性差。成矿期断裂，多被含金石英脉、矿化蚀变糜棱岩等充填，岩石致密坚硬，节理裂隙不发育，且以闭合型为主，富水性弱。成矿后断裂比较发育，分为两种类型：一是断层，厚度约10～60mm，带内多被糜棱岩充填，岩石致密，导水性差，富水性弱；二是破碎带，厚度一般在500mm以上，区内主要有两条，分别为北阿克贝尔堆尔断裂、阿克贝尔堆尔断裂，均位于矿区南部。带内多被构造碎裂岩充填，断裂带间连通性差，带内裂隙发育，导水性较强，但由于补给条件有限，富水中等。

4. 隔水层分布特征

矿区出露地层主要为硅质片岩，其次有斜长花岗岩、大理岩、闪长岩、闪长花岗岩，裂隙发育但多被高岭土充填，相对致密，含水性差，为相对隔水地层。

5. 坑道水文地质特征

目前，矿山生产坑口2256 m、2216 m、2176 m三条水平巷道，涌水量为3.5～5.3m^3/d。

根据以上水文地质条件，依据《矿区水文地质工程地质勘探规范》的划分标准，该区水文地质条件属简单类型。

2.6 矿体特征分析

矿体受伊士坦贝尔德近东西向背斜及断层控制，赋存在背斜南北两翼内，以北翼为主，南翼有零星小矿体，北翼北倾，南翼南倾，倾角在50°～80°之间。矿区内自北向南依次为：北矿脉、6号脉、5号脉、4A号脉、4号脉、1号脉、2号脉、0号脉、2A号脉、3号脉10条。矿体分为三类：亚吻合构造内北倾斜矿体、亚吻合构造内南倾斜矿体、陡倾斜切割矿体，其中，0号脉、1号脉、4A号脉、5号脉、6号脉、北矿体属亚吻合北倾斜构造内矿体，2号脉、2A号脉为亚吻合构造内南倾斜矿体，3号脉和断裂矿体属于陡倾斜切割矿体，鞍形矿层为构造内型矿体，在褶皱转折端处连接亚吻合构造内南倾、北倾矿体。矿体长一般为数百米，最长1300m，属构造蚀变岩型金矿化，常有无矿夹石。

矿体厚度由0.3～0.4m到1.5～2.2m，很少有5～9m，平均为1.0～1.5m，变化系数41%。沿走向矿化分布不均匀，根据水平巷道取样，4号脉、1号脉和北矿体水平巷道2186m金矿化为波浪性质，富矿段与平均矿层交替出现，富金矿段包含较富裕的硫化矿化。其中，金品位由10×10^{-6}至15×10^{-6}～25×10^{-6}，矿体厚度从0.6m至2.0～2.5m，沿倾斜延伸10m至45～50m，平均品位一般为5×10^{-6}～10×10^{-6}。贫矿层品位一般为2.5×10^{-6}～5.0×10^{-6}，沿倾向很少发现这种变化，矿体品位变化系数106%，矿脉分布特征如图2.3所示，巷道内矿体特征如图2.4所示。

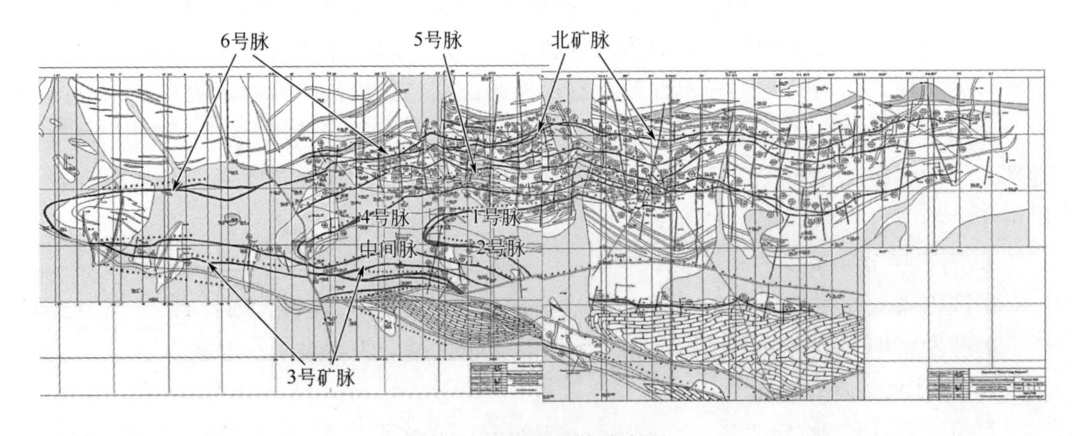

图2.3　伊矿矿脉分布图

图 2.4　巷道内矿体特征

伊矿各矿体基本特征如表 2.4 所示。

伊矿各矿体基本特征表　　表 2.4

矿脉编号	位置	产状		成分	金金属量(kg)	平均品位(10^{-6})	保有金矿石量(t)
		倾角(°)	走向(°)				
0 号	矿区中部，石英黑云母页岩色米扎斯吉岩系下层所构成的褶皱北翼	40～50	260～270	Au($1.00\times10^{-6}\sim25.40\times10^{-6}$)、As(0.5%),伴生 Ag($1\times10^{-6}\sim4\times10^{-6}$)、Cu(0.005%)、Pb(0.003%)	169	4.86	34786
1 号	矿区中部鲁德尼山谷西侧,石英黑云母页岩色米扎斯吉岩系下层所构成的褶皱北翼	60～80	260～265	Au($1.00\times10^{-6}\sim27.40\times10^{-6}$)、As(0.7%),伴生 Ag($1\times10^{-6}\sim3\times10^{-6}$)、Cu(0.005%)、Pb(0.003%)	3633	7.61	476597
2 号	矿区中南部,鲁德尼山谷东侧	65～70(总体)50～60(局部)	250～270	Au($1.00\times10^{-6}\sim20.70\times10^{-6}$)、As(0.7%),伴生 Ag($2.2\times10^{-6}$)、Co（0.0012%）、Cu（0.003）、Pb(0.003%)	2957	4.79	617868
2A 号	2 号脉南部	65～80	175～190	在Ⅵ-Ⅵa 号勘探线及Ⅹ-Ⅹa 号勘探线之间有夹石	2108	5.78	364884
3 号	矿区南部,向西至Ⅱ号勘探线、向东至ⅩⅣa 号勘探线被阿克贝尔堆尔断裂切断,在Ⅵ-Ⅹa 号勘探线、Ⅱ-Ⅴ号勘探线及ⅩⅢ号勘探线附近	—	—	矿体边缘见摩擦黏土,内部多见页岩夹石,Au($1.00\times10^{-6}\sim51.60\times10^{-6}$)、As(0.45%),伴生 Ag($4.0\times10^{-6}$)、Cu(0.009%)、Pb(0.004%)、Zn(0.009%)	1645	7.19	228707
4 号	矿区中北部,1 号矿脉向北约 40～45m	60～70(总体)25～40(向东至ⅩⅤ号勘探线)	260～270	Au($1.00\times10^{-6}\sim32.00\times10^{-6}$)、As(1.0%),伴生 Cu(0.003%)、Pb(0.015%)、Zn（0.008%）、Co(0.008%)、Mo(0.0005%)	4748	10.41	456123

续表

矿脉编号	位置	产状		成分	金金属量(kg)	平均品位(10^{-6})	保有金矿石量(t)
		倾角(°)	走向(°)				
4A号	4号矿脉北部,鲁德尼山谷西侧20～30m	60～70	270～280	主要成分为Au(1.10×10^{-6}～36.60×10^{-6})、As(0.4%),伴生Ag(1×10^{-6}～2×10^{-6})、Cu(0.003%)、Pb(0.015%)、Zn(0.015%)	975	9.97	97813
5号	矿区北部,距4号矿脉向北40～60m	50～70	260～270	Au(1.90×10^{-6}～40.90×10^{-6})、As(0.45%),伴生Ag(2.2×10^{-6})、Cu(0.007%)、Pb(0.004%)、Zn(0.025%)	1856	7.64	242986
6号	矿区北部,距5号矿脉向北30～60m	50～65	265～275	Ⅶ号勘探线-Ⅹ号勘探线、ⅩⅤ号勘探线、ⅩⅦ号勘探线有夹石	1207	8.87	136083
北矿脉	矿区最北部,距5号矿脉向北30～60m	60～75	265～275	ⅩⅢ号勘探线、ⅩⅣ号勘探线附近有夹石	1139	7.30	139665

资料来源:《伊士坦贝尔德矿区金矿资源储量估算报告》(2013年7月)。

2.7 开采现状分析

目前，伊矿采用平硐开拓工艺，现有2256中段、2216中段、2176中段和2136中段。开采中段为2256中段、2216中段和2176中段。现主要开采北矿脉、6号矿脉、5号矿脉、4号矿脉和1号矿脉，如图2.5所示。

图2.5　2256中段平硐

伊矿现有开采方法主要采用无底柱小分段中深孔崩落采矿法。崩落法的特点是随矿石的采出，有计划地强制或自然崩落矿体顶部围岩充填采空区，以控制和管理地压。该采矿方法的优点是作业人员安全性好，矿块生产能力大，回采设备简单，使用维修方便，采矿成本低；但通风效果较差，出矿管理困难，对矿体产状要求高，矿石损失与贫化大，特别是矿体形态不规整时贫化损失更大。

伊矿矿体为急倾斜极薄层至薄层矿脉、形态变化较小、矿岩稳定性差，但围岩较矿脉稳定性稍好，矿脉有黏性、湿胀性，因此崩落法对该类矿体适应性较差，存在贫化损失大的问题。使用该采矿方法，伊矿矿块沿矿脉走向布置，矿块长根据矿岩稳定性、矿体厚度等因素确定，为 40～60m，宽度根据矿脉厚度、倾角、人行设备的要求确定，一般为 1～2m，高等于中段高度，为 40m，如图 2.6 所示。

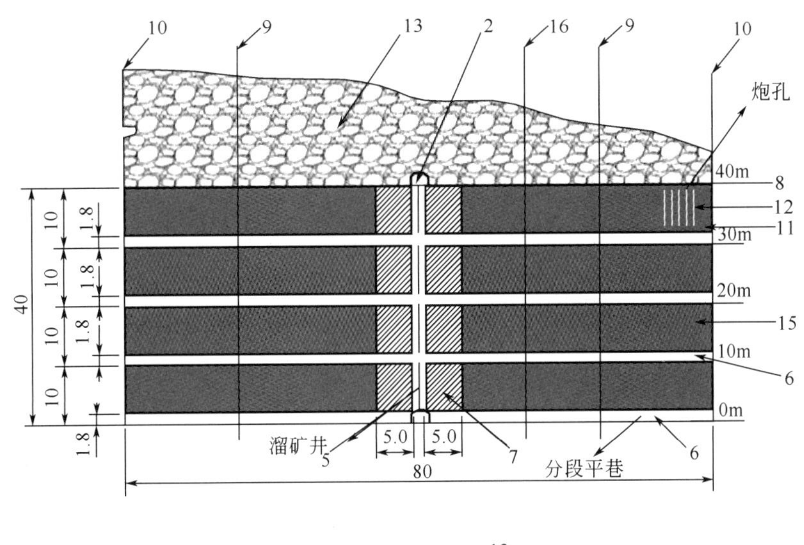

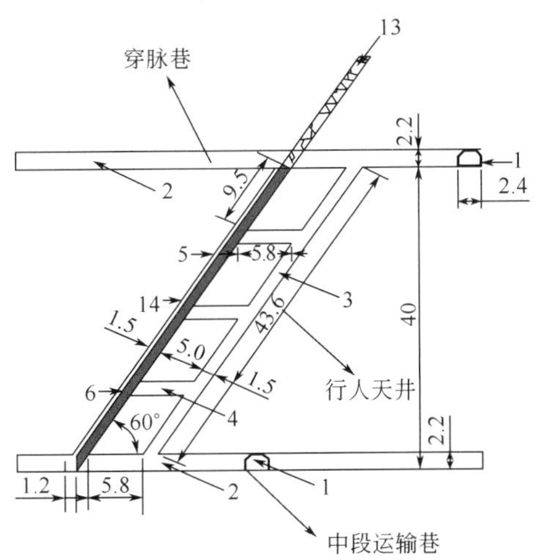

图 2.6　无底柱小分段中深孔崩落采矿法示意图

第 3 章　三维工程地质建模理论及方法

3.1
三维空间数据建模基本理论

3.1.1　三维空间数据模型的特点

数据是描述客观事物的信息载体，三维空间数据模型具有三个基本特征：属性特征、空间特征、时间特征。三维空间数据模型具有三个基本类型：几何类型、属性类型、关系数据类型（元数据和其他数据）。同时具有三种基本联系：已知坐标系中相互位置的拓扑关系、网格节点交线的相关性、非几何属性相关的（定名、定性、定量）数据结构；数据结构的组织方式主要是以点、线、面组成的矢量或栅格两种数据结构的存储、管理、处理过程，可以完整地描述空间实体的编码、位置、类型、行为、属性、说明、关系等信息。

3.1.2　三维空间数据模型的表现

空间数据可视化：利用二维和三维地物轮廓特征及其自然虚拟特征等属性信息，结合图、像、文、表、数和各种软硬件设备等抽象模拟，使得人们对现实世界空间属性关系认识得更加直观、具体、真实。值得注意的是空间数据可视化表现形式与 VR 虚拟和现实景观技术的内涵完全不同。

空间数据导向：通过空间查询、缩放漫游等功能，纵览研究区的全域，从而达到深入研究的目的。

空间数据思维：利用三维空间数据库中存储的信息，通过计算机的分析模拟工具推测与之相关的未知信息领域。

3.1.3 三维地质模型的内容

三维地质模型核心的内容就是地质实体模型的建立，通过三维可视化软件，实体模型可以很好地表达地质实体的空间形态及分布特点。一个矿山完整的地质实体模型，主要包括三维地表模型（包括原始地形及现状地形）、地层、岩体、断层、矿体及其他地质实体、边界（如采空区、氧硫界面等）模型。

地质实体模型包含三个方面的内容，一是开放的数字地形模型（Digitize Terrain Model），或者称为表面模型，它是一个不封闭的、类似层状的表面实体，一般地表、断层和岩层（以层状的形式表达岩石）的建模属于这一类型；二是线框实体模型，它是一个封闭的空间实体或是空心体，一般矿体和岩体（以实体的形式表达岩石）的建模属于此种类型；三是块体模型，指在表面模型和矿体实体模型的基础上，将一个连续的矿体实体模型划分为一系列连续的离散化的三维网格模型，用于记录矿体的品位变化、重度变化等内容。

在一般软件建模中，实体模型与地表模型是基于相似的原理，在三维可视化方面得到了广泛的应用，但三维实体模型是一种比表面地形模型更为复杂的三维体。表面模型是由多条不封闭曲线或直线生成的，它只表示一个面；而实体模型是由多条封闭的曲线生成的，它最大的特点就是具有封闭性。在 3DMine 中，上述曲线表现为三维线框，这些线框就是表面模型或实体模型的框架结构，在建模中通过自动连接而生成所需模型。块体模型的意义在于可以在地表、矿体等可视化条件下对矿床品位进行分类筛选，筛选出满足品位等级要求的矿体品位极富集区、较富集区、富集区、欠富集区等范围。

3.1.4 三维地质模型的意义

三维地质模型可以紧密地结合地质经验理论和地质数据内涵、利用数学统计的方法以及地质体的空间分布关系，可对地表、地层、构造、矿体、品位、储量以及探采矿的工程设计和管理实施等模拟建模，具有真实可靠的数据属性定位分析和通透显示效果，能够直观清晰地表达出人们对地质现象的认识程度，尤其是对于复杂矿床的分析理解，三维地质建模是地质研究和矿床规模预测的依据，同时又是探采矿工程设计和生产经营管理的基础。

三维地质建模可以有效地将计算机高速精确的数据信息处理能力与地质勘查专业技术人员的知识、经验和创新思维理念有机地结合起来，同时又可完美兼容二维（传统）技术方法和数据模型的优点，一眼识别出操作失误、逻辑错误和虚假资料数据，有效控制或降低了地质一线生产施工过程中的不确定因素。而且对于与矿产资源的生产、运营、管理等相关的非地质类专业人员而言，更易实现对当前工作区域的地质环境有一个基本清晰的了解，增强了对地质工作的支持和理解。这有利于集思广益寻求创新和突破点，有利于相关人员和行业之间沟通协作，有利于地勘工作和矿山生产统一、可靠、完美的衔接，从而为矿山事业挖掘无限的潜能。

3.2 建模软件介绍

3DMine 矿业工程软件是按照国际先进的建模方法和构架进行研发，不同于一般二维制图软件，3DMine 软件可以更清晰地将矿床特征、属性信息、工作程度等空间分布的关系表现出来，同时可以将二维和三维界面技术以及其他的办公类软件结合到一起，实现方便快捷又实用的图形和数据之间的转换。

基于国际先进的建模方法，3DMine 软件构架自身的三维空间平台基础。管理和研究人员可以在三维空间平台基础上进行矿床建模、储量计算、采矿设计、矿山生产、打印制图等工作。不同于一般的二维制图软件（AutoCAD）和 GIS 类软件（MAPGIS），3DMine 软件能够清楚地将矿床在空间的位置形态表达出来，并能够在已有勘探的基础上指示找矿探矿的位置和方向。

3DMine 软件通过建立地质数据库，利用三角网建模技术创建矿区地层模型、矿体模型、构造模型或其他类型模型；按照国际矿业领域通用块体模型概念，运用距离幂次反比法或地质统计学估值方法创建品位模型，进行储量估算并完成储量地质模型。通过数据库和三维模型叠加显示，可对矿体空间展布、储量计算、动态储量报告、品位和不同属性的分布特点进行综合运用，为找矿和生产服务。

3DMine 软件地质内容主要由四个模块构成，即三维核心模块、工程数据库模块、建模模块和品位模型模块。

1. 三维核心模块

三维核心模块是一个界面友好、功能强大的三维显示和编辑平台，是完全集成的数据可视化，可以编辑真实环境，使用习惯类似于 AutoCAD 和 Office。三维核心平台可以将多种类型空间数据叠加，实现完全真彩渲染、各个视角静态或者动态剖切、全景和缩放显示等。

三维核心模块的辅助设计模块类似 CAD 功能集，与 AutoCAD 尽可能保持一致，如选择集的使用、各种图元对象的创建、右键功能以及两者间文件互换等。3DMine 软件在辅助设计功能上具有优势，主要是可以在 3D 环境内轻松实现采矿设计功能。核心模块提供了向导式的参数化设计方式，通过填写向导中的参数，就可以快速准确地完成设计任务，极大地提高了工作效率。

三维核心模块是开放性的模型，如图 3.1 所示，可以进行多平台数据共享，为后续的三维动态展示和矿山资源数据查询提供基础数据源。

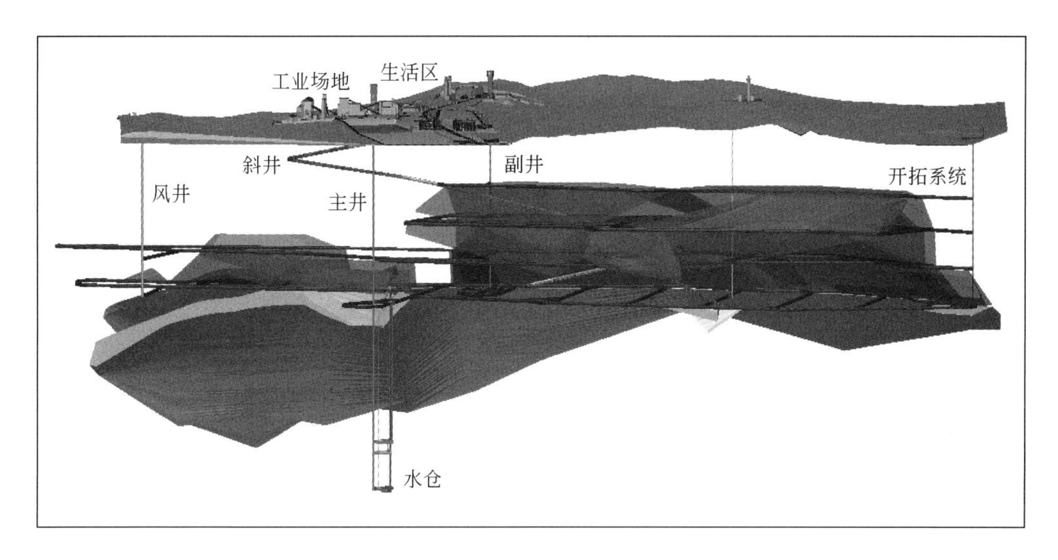

图 3.1　三维核心模块

2. 工程数据库模块

利用地质数据库可以将矿山从勘探到生产阶段的所有探矿工程数据进行存储和管理。地质数据库的一个特点是实现了数据与图形的紧密关联。由数据库中的数据可以快速得到相关的探矿工程的图形，通过三维软件平台可以迅速浏览和查看钻孔和剖面的图形。

地质数据库最基本的四张表格包括：定位表、测斜表、岩性表和化验表，如图 3.2 所示。

	A	B	C	D	E	F	G	H	I	J
1	工程号	开孔坐标E	开孔坐标N	开孔坐标R	最大孔深	轨迹类型	开孔日期	终孔日期	剖面号	
2	ZK1101	33571524.67	3908030.62	3616	387.17	CURVED	2007/9/1	2007/9/11	11线	
3	ZK1102	3357					2007/9/1	2007/9/12	11线	
4	ZK1103	3357					2007/9/1	2007/9/13	11线	
5	ZK1104	3357					2007/9/1	2007/9/14	11线	
6	ZK1105	3357					2007/9/1	2007/9/15	11线	
7	ZK1107	3357								
8	ZK1108	3357								
9	ZK1109	335								
10	ZK1113	3357								

定位表

	A	B	C	D	E
1	工程号	深度	方位角	倾角	
2	ZK717	0	53	-90	
3	ZK717	90	53	-89	
4	ZK717				
5	ZK717				
6	ZK717				
7	ZK718				
8	ZK718				
9	ZK718				
10	ZK1113				

测斜表

	A	B	C	D	E	F
1	工程号	从	至	岩性代码	岩性名称	描述
2	ZK1101	0	232.55	DO	白云质灰	灰色，泥晶结构，中厚层状，泥质胶结。
3	ZK1101	232.55	233.55	SK	矽卡岩	黄褐色、块状结构，硅化和夕卡岩化。
4	ZK1101	233.55	234.39	SK	矽卡岩	黄褐色、块状结构，硅化和夕卡岩化。
5	ZK1101	23				
6	ZK1101	23				
7	ZK1101	27				
8	ZK1101	27				
9	ZK1101	2				
10	ZK1101	27				

岩性表

	A	B	C	D	E	F	G	H
1	工程号	从	至	样号	样长	Cu	品位2	品位3
2	ZK1102	261.08	261.83	10	0.75	0.25		
3	ZK1102	261.83	262.6	11	0.77	0.04		
4	ZK1102	262.6	263	12	0.4	0.08		
5	ZK1102	263	263.59	13	0.59	0.06		
6	ZK1102	263.59	264.36	14	0.77	4.38		
7	ZK1102	264.36	264.8	15	0.44	0.15		
8	ZK1102	264.8	265.59	16	0.79	0.88		
9	ZK1102	265.59	266.5	17	0.91	[illegible]		
10	[illegible]	266.5	267.15	18	[illegible]	[illegible]		

图 3.2　地质数据库界面（一）

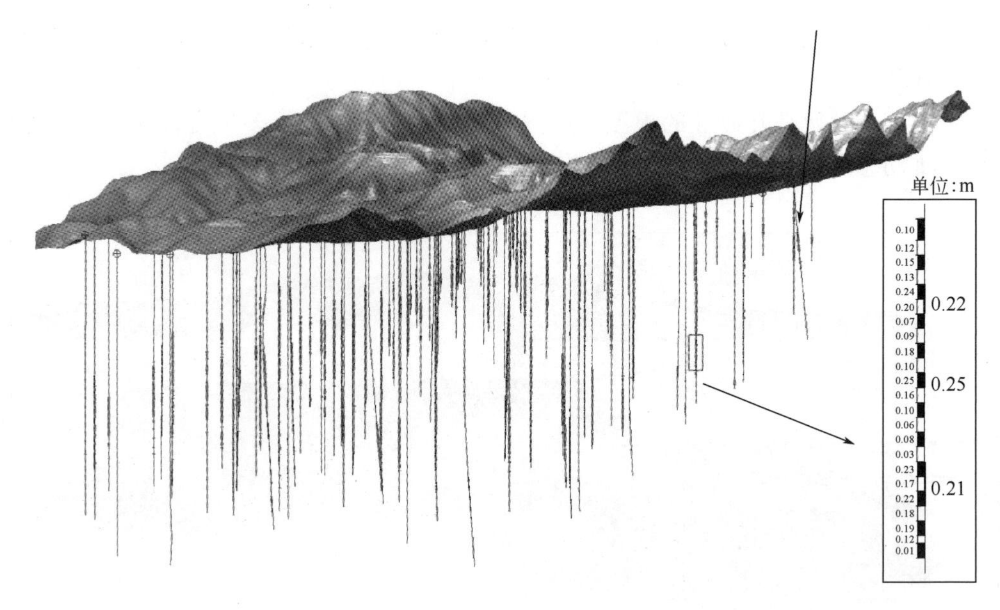

图 3.2 地质数据库界面（二）

3. 建模模块

地质体的形态复杂多变，很难用规则的几何形体来描述，它需要一种简单、快速、更符合工程实际的方法建立复杂地质体的不规则几何模型。线框模型法是国际上构建复杂三维实体的通用方法，线框模型技术的实质是指在构建三维实体过程中，把目标空间轮廓上两两相邻的采样点或特征点用直线连接起来，形成一系列多边形，然后把这些多边形拼接起来形成一个多边形网格，用以描述实体的轮廓或表面，看上去好像是由许多线框围成的，实质上是一系列的三角网。软件构筑的实体模型，也就是模拟的矿体模型，通常也叫线框模型（Wireframe），是一种通常的技术定义，广泛应用在地层带、矿体、煤层和采场设计中。它是由一系列相邻的三角网包裹成封闭的实体。实体是由一系列在线上的点连成的三角网，在三维空间内，任何两个三角网之间不能有交叉、重叠。

4. 块体模型模块

三维块体模型是将矿床划分为许多单元块形成的离散模型。单元块一般是尺寸相等的长方体，用于表达矿体品位变化等内容。以三维块体模型为基础，通过空间插值技术计算矿体储量已成为发展趋势。以三维块体模型为基础计算矿体体积，能够提高体积计算的精度；以三维空间插值技术对矿体任意空间位置的品位进行估值，有助于提高品位估值的精度。

块体模型具有灵活的资源建模功能，每个块的属性可以量化或描述，也可以在任意点增加或者删除块的属性，块体模型通过矿岩属性、比重属性、品位属性、储量级别属性表达矿石的品位、质量、成本，以及物理特征等。块体的属性和图例可以用不同颜色显示。如按照矿石的不同品级用不同的颜色表达块体。

对块体模型的品位插值方法主要有：最近距离法、距离幂次反比法、克立格法（简单克里格、普通克里格、泛克里格、指示克里格）。

3.3 基于 3DMine 的三维工程地质建模

由于伊士坦贝尔德金矿特殊的地质环境和三维建模需求，要求三维建模软件和方法具有如下功能：

（1）能够准确显示地表地形地貌特征；

（2）能够根据 30 余幅勘探线剖面图真实反演伊矿 10 条主要矿脉的产状；

（3）能够自动测量伊矿 10 条矿脉沿走向的几何长度；

（4）能够自动测量伊矿 10 条矿脉沿两翼展布的几何长度；

（5）两翼相同矿脉用同一种颜色渲染；

（6）三维地质模型具有漫游功能；

（7）在三维地质模型上可以从不同视角（含透视功能）观察矿脉展布特征。

为此，对现有 3DMine 矿业软件进行了二次开发，形成适合于伊士坦贝尔德金矿的功能软件，二次开发界面如图 3.3 所示。

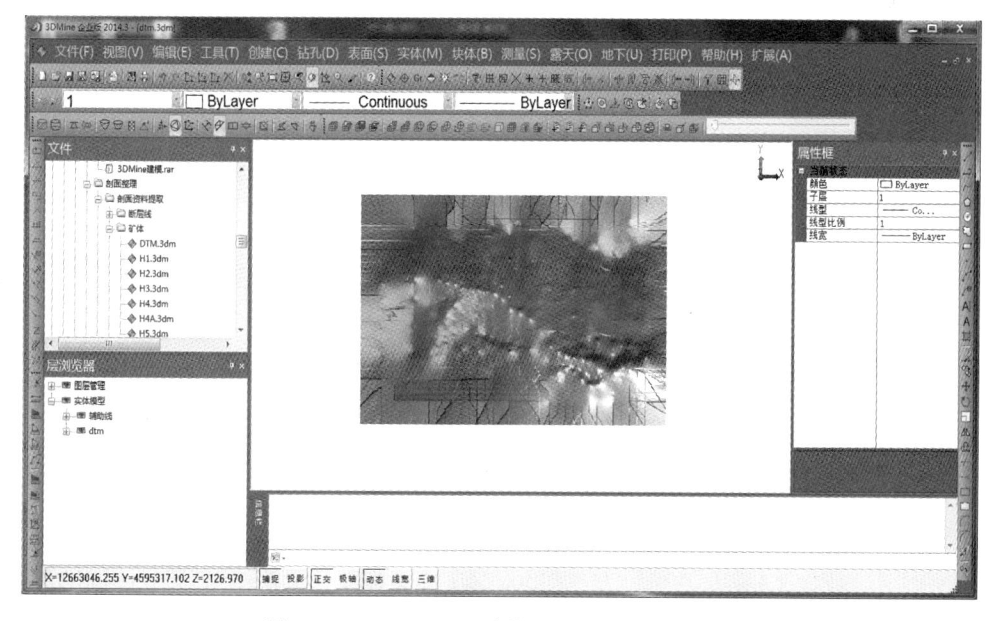

图 3.3　3DMine 三维建模模块二次开发界面图

3.4 地质断面图规范化处理方法

在建立三维地质矿床模型之前，需要对伊矿地质技术资料进行收集并整理。数据主要来源是分层地质平面图和勘探线地质剖面图。通过现场调研共收集到伊矿西区勘探线剖面图 29 幅、地表地形图 1 幅、图纸种类如表 3.1 所示。

伊矿西区勘探线剖面图　　表 3.1

序号	电子图纸名称	电子图纸格式	电子图纸内容
1	3-3 勘探线剖面图	AutoCAD(.dwg)格式	Ⅲ-Ⅲ勘探线剖面图
2	4-4 勘探线剖面图	AutoCAD(.dwg)格式	Ⅳ-Ⅳ勘探线剖面图
3	5-5 勘探线剖面图	AutoCAD(.dwg)格式	Ⅴ-Ⅴ勘探线剖面图
4	6-6 勘探线剖面图	AutoCAD(.dwg)格式	Ⅵ-Ⅵ勘探线剖面图
5	6A-6A 勘探线剖面图	AutoCAD(.dwg)格式	Ⅵa-Ⅵa 勘探线剖面图
6	7-7 勘探线剖面图	AutoCAD(.dwg)格式	Ⅶ-Ⅶ勘探线剖面图
7	7A-7A 勘探线剖面图	AutoCAD(.dwg)格式	Ⅶa-Ⅶa 勘探线剖面图
8	8-8 勘探线剖面图	AutoCAD(.dwg)格式	Ⅷ-Ⅷ勘探线剖面图
9	8A-8A 勘探线剖面图	AutoCAD(.dwg)格式	Ⅷa-Ⅷa 勘探线剖面图
10	9-9 勘探线剖面图	AutoCAD(.dwg)格式	Ⅸ-Ⅸ勘探线剖面图
11	9A-9A 勘探线剖面图	AutoCAD(.dwg)格式	Ⅸa-Ⅸa 勘探线剖面图
12	10-10 勘探线剖面图	AutoCAD(.dwg)格式	Ⅹ-Ⅹ勘探线剖面图
13	10A-10A 勘探线剖面图	AutoCAD(.dwg)格式	Ⅹa-Ⅹa 勘探线剖面图
14	11-11 勘探线剖面图	AutoCAD(.dwg)格式	Ⅺ-Ⅺ勘探线剖面图
15	12-12 勘探线剖面图	AutoCAD(.dwg)格式	Ⅻ-Ⅻ勘探线剖面图
16	12A-12A 勘探线剖面图	AutoCAD(.dwg)格式	Ⅻa-Ⅻa 勘探线剖面图
17	13-13 勘探线剖面图	AutoCAD(.dwg)格式	XⅢ-XⅢ勘探线剖面图

续表

序号	电子图纸名称	电子图纸格式	电子图纸内容
18	13A-13A 勘探线剖面图	AutoCAD(.dwg)格式	XⅢa-XⅢa 勘探线剖面图
19	14-14 勘探线剖面图	AutoCAD(.dwg)格式	XⅣ-XⅣ勘探线剖面图
20	14A-14A 勘探线剖面图	AutoCAD(.dwg)格式	XⅣa-XⅣa 勘探线剖面图
21	15-15 勘探线剖面图	AutoCAD(.dwg)格式	XⅤ-XⅤ勘探线剖面图
22	15A-15A 勘探线剖面图	AutoCAD(.dwg)格式	XⅤa-XⅤa 勘探线剖面图
23	16-16 勘探线剖面图	AutoCAD(.dwg)格式	XⅥ-XⅥ勘探线剖面图
24	17-17 勘探线剖面图	AutoCAD(.dwg)格式	XⅦ-XⅦ勘探线剖面图
25	17A-17A 勘探线剖面图	AutoCAD(.dwg)格式	XⅦa-XⅦa 勘探线剖面图
26	18-18 勘探线剖面图	AutoCAD(.dwg)格式	XⅧ-XⅧ勘探线剖面图
27	18A-18A 勘探线剖面图	AutoCAD(.dwg)格式	XⅧa-XⅧa 勘探线剖面图
28	19-19 勘探线剖面图	AutoCAD(.dwg)格式	XⅨ-XⅨ勘探线剖面图
29	西区地形地质图	MAPGIS(.wl/.wt/.wp/.mpj)格式	伊矿区地形地质图

图纸矿体形态如图 3.4 和图 3.5 所示。

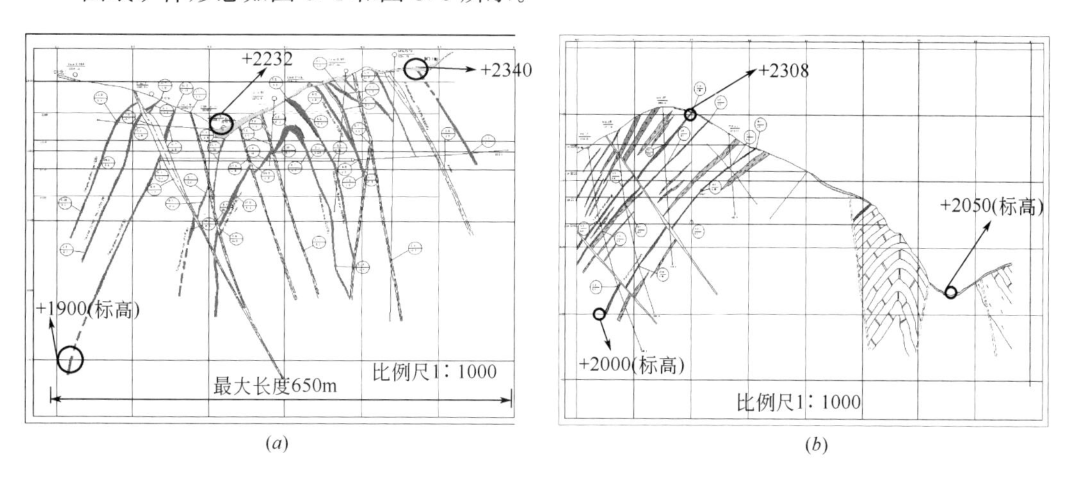

图 3.4　伊矿Ⅹ和XⅧ勘探线剖面图
(a) 伊矿Ⅹ勘探线剖面图；(b) 伊矿XⅧ勘探线剖面图

图纸收集完成后，在检查图和校核图纸时，发现图纸存在以下问题：

(1) 个别图纸中坐标网格准确度不够，坐标网格间距存在一定误差，如 100m 的坐标网格查询距离为 98.94m，这会造成矿体位置误差，如图 3.6 所示。

(2) 多数图纸金矿脉标注厚度与查询厚度不相符，有的地方正偏离，有的地方负偏离。例如 3-3 勘探线剖面上，2 号矿脉背斜后侧矿体标注厚度为 1.3m，图纸量取厚度为 2.45m，如图 3.7 所示。

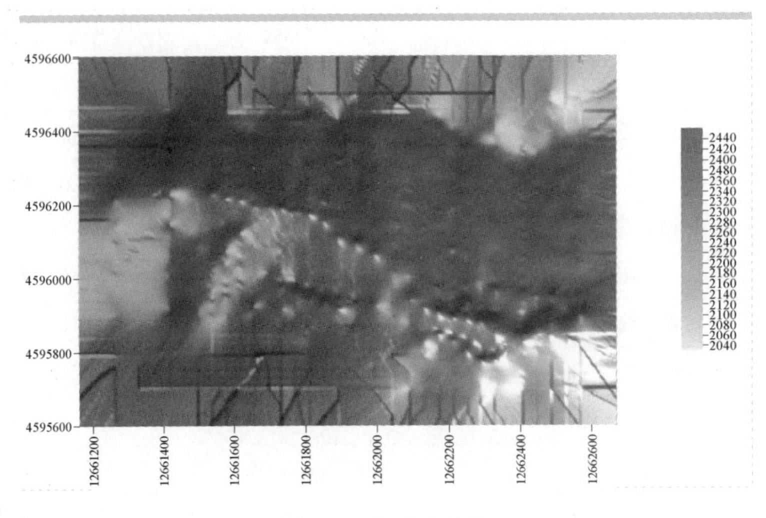

图 3.5　伊矿地形图

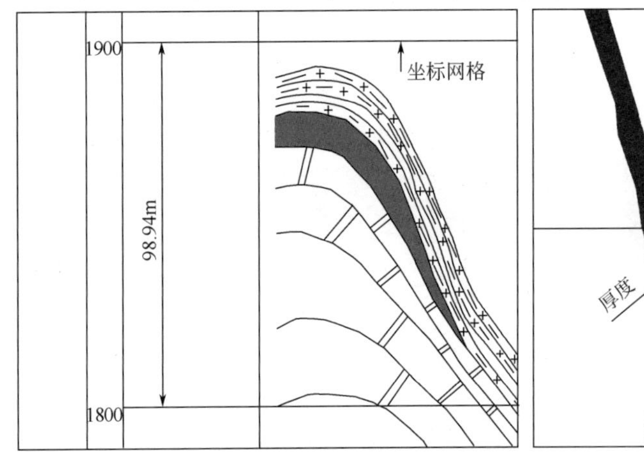

图 3.6　坐标网格间距图

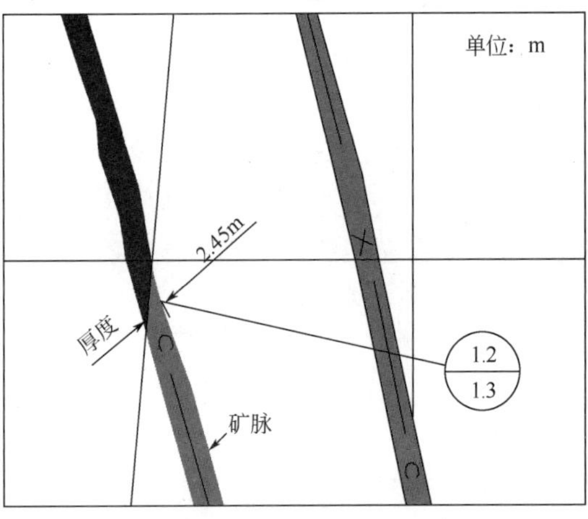

图 3.7　剖面矿脉标注厚度图

(3) 根据国内规范要求，工程未控制的矿脉厚度一般不超过工程实际控制矿体厚度，即在没有钻孔或坑道等探矿工程控制的矿体厚度不会超过探矿工程确定的矿体厚度。但在该一系列图纸中都存在工程未控制矿体厚度超过工程实际控制矿体厚度数值的情况。

对于以上存在的问题，经过与现场工程技术人员的沟通确认，标注数据是正确数据，整套图纸存在制图精度和矿体圈定不规范等问题。为了进一步规范勘探线剖面图，确保储量核算和金金属资源富集区划研究的科学性，组织 20 位工程地质学专业的硕士和博士研究生，按照统一标准对 29 幅西区勘探线剖面图进行修图和规范化处理，处理过程如图 3.8 所示。

图 3.8　勘探线剖面图修图及规范化处理

剖面坐标转换，将收集到的所有图纸统一到一个矿山坐标系中，对不在实际坐标位置的图纸进行三维坐标转换。将平面图通过坐标转换放到实际位置上，将剖面图通过三维坐标转换放到实际的勘探线位置上，如图 3.9 和表 3.2 所示。

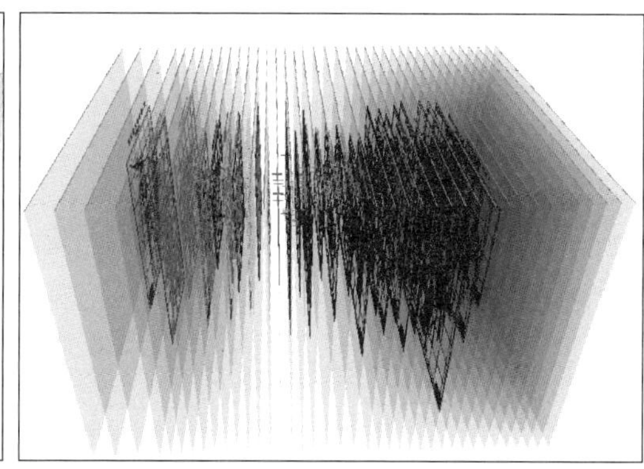
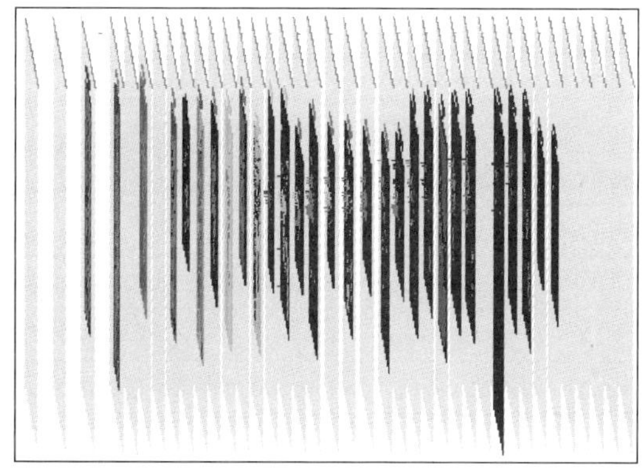
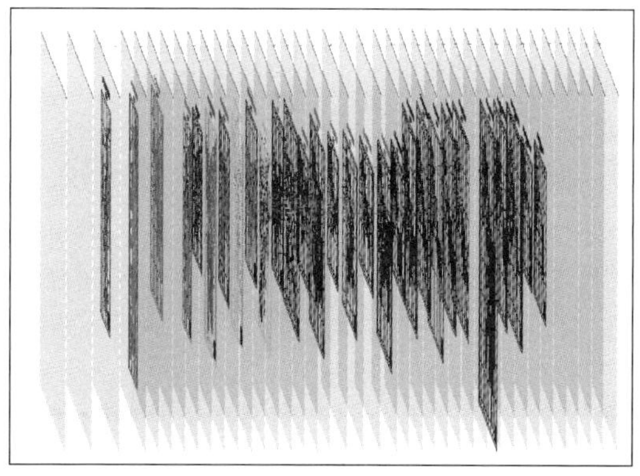

图 3.9　伊矿剖面图与勘察线对应图

伊矿勘探线剖面图坐标转换对照表　　表 3.2

编号	勘探线编号	坐标转换参数
1	Ⅹ-Ⅹ勘探线剖面图	X=1228.580,Y=0.000
		X=1128.580,Y=0.000
		X=12661812.426,Y=4596200.000,Z=0.000
		X=12661812.419,Y=4596300.000,Z=0.000
2	Ⅹa-Ⅹa勘探线剖面图	X=1368.924,Y=0.000
		X=1268.924,Y=0.000
		X=12661851.872,Y=4596200.000,Z=0.000
		X=12661851.892,Y=4596300.000,Z=0.000
3	Ⅺ-Ⅺ勘探线剖面图	X=1438.950,Y=0.000
		X=1338.950,Y=0.00
		X=12661891.448,Y=4596200.000,Z=0.000
		X=12661891.442,Y=4596300.000,Z=0.000
4	Ⅺa-Ⅺa勘探线剖面图	X=1386.194,Y=0.000
		X=1286.194,Y=0.000
		X=12661941.448,Y=4596200.000,Z=0.000
		X=12661941.442,Y=4596300.000,Z=0.000
5	Ⅻ-Ⅻ勘探线剖面图	X=1458.741,Y=0.000
		X=1358.741,Y=0.000
		X=12661991.448,Y=4596200.000,Z=0.000
		X=12661991.442,Y=4596300.000,Z=0.000
6	Ⅻa-Ⅻa勘探线剖面图	X=1445.089,Y=0.000
		X=1345.753,Y=0.000
		X=12662041.439,Y=4596200.000,Z=0.000
		X=12662041.437,Y=4596300.000,Z=0.000
7	ⅩⅢ-ⅩⅢ勘探线剖面图	X=1416.675,Y=0.000
		X=1316.675,Y=0.000
		X=12662091.444,Y=4596200.000,Z=0.000
		X=12662091.440,Y=4596300.000,Z=0.000
8	ⅩⅢa-ⅩⅢa勘探线剖面图	X=1397.131,Y=0.000
		X=1297.253,Y=0.000
		X=12662130.901,Y=4596200.000,Z=0.000
		X=12662130.891,Y=4596300.000,Z=0.000
9	ⅩⅣ-ⅩⅣ勘探线剖面图	X=1428.443,Y=0.000
		X=1328.443,Y=0.000
		X=12662170.438,Y=4596200.000,Z=0.000

续表

编号	勘探线编号	坐标转换参数
9	XIV-XIV勘探线剖面图	X=12662170.437,Y=4596300.000,Z=0.000
10	XIVa-XIVa勘探线剖面图	X=1365.784,Y=0.000
		X=1265.784,Y=0.000
		X=12662209.936,Y=4596200.000,Z=0.000
		X=12662209.936,Y=4596300.000,Z=0.000
11	XV-XV勘探线剖面图	X=3804.194,Y=0.000
		X=3704.194,Y=0.000
		X=12662249.440,Y=4596200.000,Z=0.000
		X=12662249.438,Y=4596300.000,Z=0.000
12	XVa-XVa勘探线剖面图	X=1050.535,Y=0.000
		X=950.535,Y=0.000
		X=12662288.838,Y=4596200.000,Z=0.000
		X=12662288.887,Y=4596300.000,Z=0.000
13	XVI-XVI勘探线剖面图	X=968.278,Y=0.000
		X=868.278,Y=0.000
		X=12662328.442,Y=4596200.000,Z=0.000
		X=12662328.439,Y=4596300.000,Z=0.000
14	XVII-XVII勘探线剖面图	X=1083.895,Y=0.000
		X=983.895,Y=0.000
		X=12662367.950,Y=4596200.000,Z=0.000
		X=12662367.943,Y=4596300.000,Z=0.000
15	XVIIa-XVIIa勘探线剖面图	X=998.984,Y=0.000
		X=898.984,Y=0.000
		X=12662446.862,Y=4596200.000,Z=0.000
		X=12662446.899,Y=4596300.000,Z=0.000
16	XVIII-XVIII勘探线剖面图	X=954.827,Y=0.000
		X=854.827,Y=0.000
		X=12662486.354,Y=4596200.000,Z=0.000
		X=12662486.395,Y=4596300.000,Z=0.000
17	XVIIIa-XVIIIa勘探线剖面图	X=1139.029,Y=0.000
		X=1039.029,Y=0.000
		X=12662525.948,Y=4596200.000,Z=0.000
		X=12662525.942,Y=4596300.000,Z=0.000
18	XIX-XIX勘探线剖面图	X=955.276,Y=0.000
		X=855.276,Y=0.000

续表

编号	勘探线编号	坐标转换参数
18	XIX-XIX勘探线剖面图	X=12662565.448,Y=4596200.000,Z=0.000
		X=12662565.442,Y=4596300.000,Z=0.000
19	Ⅲ-Ⅲ勘探线剖面图	X=455.987,Y=0.000
		X=355.987,Y=0.000
		X=12661259.412,Y=4596200.000,Z=0.000
		X=12661259.412,Y=4596300.000,Z=0.000
20	Ⅳ-Ⅳ勘探线剖面图	X=139.060,Y=0.000
		X=39.060,Y=0.000
		X=12661338.412,Y=4596100.000,Z=0.000
		X=12661338.412,Y=4596200.000,Z=0.000
21	Ⅴ-Ⅴ勘探线剖面图	X=540.602,Y=0.000
		X=440.447,Y=0.000
		X=12661417.412,Y=4596200.000,Z=0.000
		X=12661417.412,Y=4596300.000,Z=0.000
22	Ⅵ-Ⅵ勘探线剖面图	X=400.039,Y=0.000
		X=300.039,Y=0.000
		X=12661496.412,Y=4596100.000,Z=0.000
		X=12661496.412,Y=4596200.000,Z=0.000
23	Ⅵa-Ⅵa勘探线剖面图	X=580.079,Y=0.000
		X=480.079,Y=0.000
		X=12661535.873,Y=4596200.000,Z=0.000
		X=12661535.893,Y=4596300.000,Z=0.000
24	Ⅶ-Ⅶ勘探线剖面图	X=617.084,Y=0.000
		X=517.180,Y=0.00
		X=12661575.347,Y=4596200.000,Z=0.000
		X=12661575.380,Y=4596300.000,Z=0.000
25	Ⅶa-Ⅶa勘探线剖面	X=472.928,Y=0.000
		X=372.937,Y=0.000
		X=12661615.075,Y=4596200.000,Z=0.000
		X=12661615.191,Y=4596300.000,Z=0.000
26	Ⅷ-Ⅷ勘探线剖面图	X=399.209,Y=0.000
		X=299.433,Y=0.000
		X=12661654.420,Y=4596200.000,Z=0.000
		X=12661654.416,Y=4596300.000,Z=0.000
27	Ⅷa-Ⅷa勘探线剖面图	X=1940.618,Y=0.000
		X=1840.618,Y=0.000

续表

编号	勘探线编号	坐标转换参数
27	Ⅷa-Ⅷa勘探线剖面图	X=12661694.430,Y=4596200.000,Z=0.000
		X=12661694.577,Y=4596300.000,Z=0.000
28	Ⅸ-Ⅸ勘探线剖面图	X=1032.449,Y=0.000
		X=932.449,Y=0.000
		X=12661733.404,Y=4596200.000,Z=0.000
		X=12661733.408,Y=4596300.000,Z=0.000
29	Ⅸa-Ⅸa勘探线剖面图	X=1375.464,Y=0.000
		X=1275.464,Y=0.000
		X=12661772.917,Y=4596200.000,Z=0.000
		X=12661772.915,Y=4596300.000,Z=0.000

矿岩边界线的整理与提取严格按照剖面图的工程位置，将剖面图与勘探线一一对应，综合矿带的控矿规律，参考钻孔化验品位，结合矿床的成矿规律，按照地质规范进行各分层地质矿体边界的整理。

提取各剖面的矿带线和夹石线时，按照矿带或夹石的名称形成闭合多边形，并对该多边形命名为矿体或夹石名称，以便建模归类调用。提取矿岩边界线是自然状态下矿体的分布界限，对矿体按照品位划分的矿种分界线不予提取。品级的划分将在块体模型中进行赋值完成。

最终将坐标转换和修订后的29幅勘探线剖面图利用3DMine软件进行不等间距排列（11号勘探线往西勘探线间距40m，11号勘探线往东，勘探线间距50m），为后期三维地质模型的构建奠定基础，如图3.10所示。

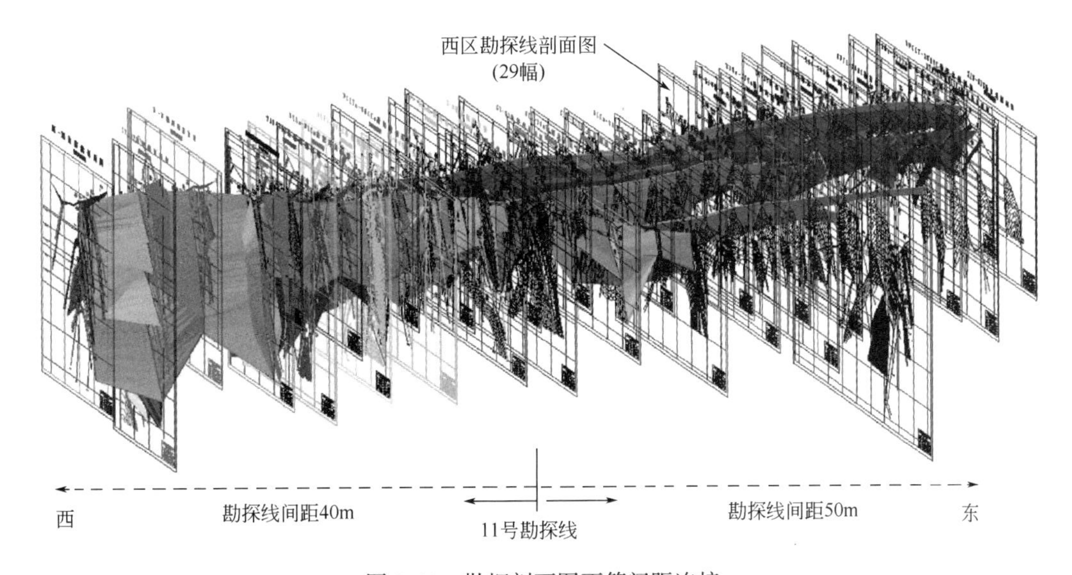

图3.10　勘探剖面图不等间距连接

3.5 三维地质模型构建应用

3.5.1 3DMine 复杂建模方法

矿山地质数据是矿山资源评估和采矿设计的基础，也是矿山生产管理的重点。矿山地质数据一般通过探矿工程运用钻探或坑探的手段直接从地下取得地质样品，然后利用实验室技术对各种地质样品进行实验化验而得到。

地质数据库将不同的地质数据信息如钻孔数据、岩性信息、采样信息以及槽探数据等，按照一定的方式进行有效收录，共同表示钻孔、坑探、槽探等的完整信息。地质数据库的建立不仅可以利用数据库对勘探信息进行一系列的管理操作，如查看、更新、修改等，还实现了勘探数据的三维可视化，为进行矿床实体三维建模和储量计算奠定了基础。

1. 三维数据库基本原理

通过 Excel 将工程（探槽、坑道或钻孔）编录的数据、物化探数据或水文数据和煤质数据按照规则的表格录入，并通过简单的步骤创建和存储在数据库（如 Access）中。3DMine 软件可以将数据库与中心图形系统紧密相联，通过菜单选择或者鼠标右键功能迅速浏览钻孔的图形，通过不同颜色表示不同属性，设置显示单个或多个工程的地质岩性、品位、轨迹和深度等数据信息。在屏幕上可以选择容差范围内的数据，工程沿勘探线形成竖直剖面或按照标高生成平面。轻松辅助用户进行数据查询、矿岩界线（夹石）圈定和剖面品位计算。操作简单直观，错误信息即时呈现。

地质数据库是资源评估和采矿设计的基础，是一种有效的管理数据的工具，可以方便地对数据进行检索、管理。3DMine 将地质数据存放在第三方的数据库软件内，通过 3DMine 数据库引擎访问数据库信息。

3DMine 的数据库模块，能够在保持数据相互联系的前提下生成具有最小数据冗余的数据库。3DMine 吸收了多用户的开放数据库技术的优势，可以定义不同类型的数据库文件，可用 Microsoft Access、Paradox、SQL Server，以及 Oracle 等任一种方式存储和管理地质数据。

数据库中有四个基本表，它们是：定位表、测斜表、化验表和岩性表。钻孔定位表存储的信息包括钻孔的位置及最大深度等，测斜表信息决定钻孔的走向和倾角，化验表和岩性表分别记录了钻孔的取样分析结果。

在地质数据库创建表之后便可加载数据，输入数据的格式一般是文本文件或 Excel 文件。创建好数据库之后可以交互操作数据库中的数据，对数据库的操作包括显示钻孔平面分布，摘取钻孔地质截面，显示钻孔的三维空间形态，指定地质代码的颜色方案，查询样品数据。

数据库的连接方便快捷。数据库和图形的显示紧密相关，可用三维显示方式浏览所有的钻孔信息，生成的钻孔图形能显示出单个或多个钻孔的底层岩性、品位、轨迹和深度等。

2. 数据库的建立

将矿区内钻孔数据按照 3DMine 软件要求格式整理，并建立钻孔数据库。数据库按照定位表、测斜表、样品表分开录入，各表的主要意义如下：

（1）孔口文件（定位表）：记录勘探工程开口位置、轨迹线类型等；

（2）测斜文件（测斜表）：记录勘探工程测斜信息；

（3）化验样品文件（样品表）：记录勘探工程样品化验结果。

文件的主要字段意义如表 3.3、表 3.4 和表 3.5 所示。

孔口文件（定位表）包含的信息表 **表 3.3**

列编号	字段名称	意义	说明
第 1 列	工程号	钻孔编号	钻孔孔口文件主要记录钻孔的开口坐标，是钻孔数据库最重要的组成部分
第 2 列	开孔坐标 E	孔口东坐标	
第 3 列	开孔坐标 N	孔口北坐标	
第 4 列	开孔坐标 R	孔口标高	
第 5 列	最大孔深	终孔深度	
第 6 列	轨迹类型	勘探工程轨迹线类型	
第 7 列	备注	对钻孔备注说明	

测斜文件包含的信息表 **表 3.4**

列编号	字段名称	意义	说明
第 1 列	工程号	钻孔编号	测斜深度记录钻孔的倾斜变化情况，用来校正钻孔
第 2 列	深度	测斜位置	
第 3 列	方位角	测斜段方位角	
第 4 列	倾角	测斜段倾角	

化验样品文件包含的信息表　　表 3.5

列编号	字段名称	意义	说明
第 1 列	工程号	钻孔编号	此文件中包含的是关于钻孔取样信息方面的内容
第 2 列	从	样品起点位置	
第 3 列	至	样品终点位置	
第 4 列	样品编号	样品编号	
第 5 列	样长	样品长度	
第 6 列	Au	硫化验品位	
第 11 列	矿石编号	化验品位所属矿体编号	
第 12 列	勘探线	钻孔所在勘探线	

地质数据库在软件中的三维显示效果如图 3.11 所示。

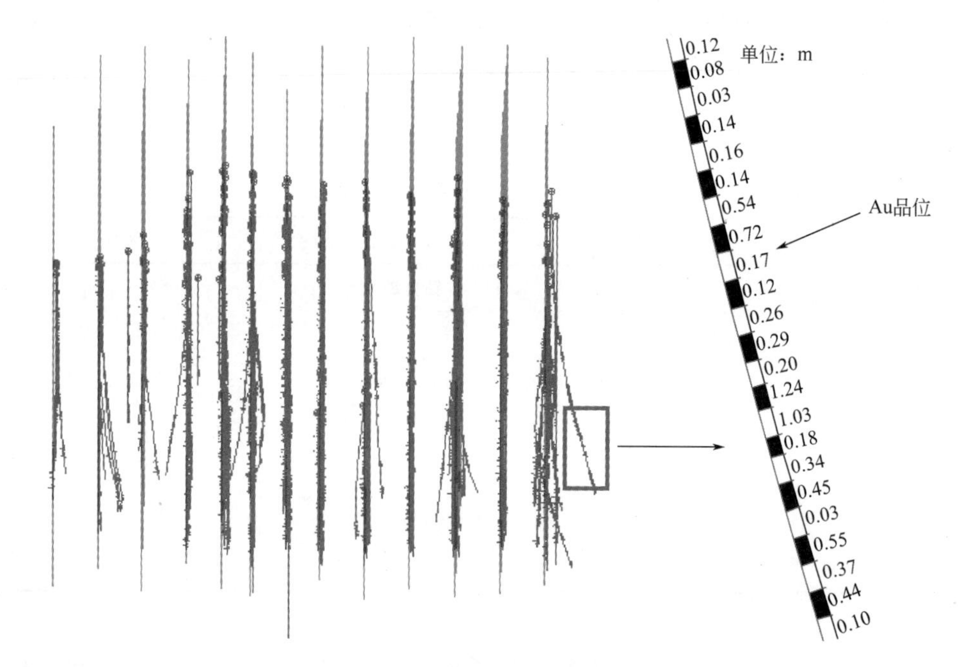

图 3.11　地质数据库三维显示效果图

3. 伊矿矿体模型比较复杂，对于矿体存在大量的嵌套、相邻、分枝、复合、尖灭等现象的数据。在连接三角网前，我们采用多种方法进行三角网建模，如改变三角网的算法，是否使用控制线，是否进行自相交检测，是否使用分区连接等方法进行复杂矿体建模（图 3.12）：

（1）最小表面积：尽量使连接的所有三角网表面积最小；

（2）等角度：尽量使每个三角网的外接圆半径相等；

（3）距离等分法：尽量使距离比值相近的线段相连。

这是不同的三角网连接的算法，没有优劣之分，只有根据实际数据特点确保合理成功连接的需要选择。同时，还需要采取如下措施：

（1）使用坐标转换：当空间中两个或多个需要连接三角网的点线有错位时，连接的三角网往往不准确，这时需要使用该功能，程序会将错位的点线拉近到投影面上，当有很多相对应的点时连接三角网，再将其移动到原始的位置，这样连接的三角网不会产生扭曲的状态。

（2）使用控制线：对于复杂的矿体，连接三角网时需要用户自行控制点与点之间的连接。

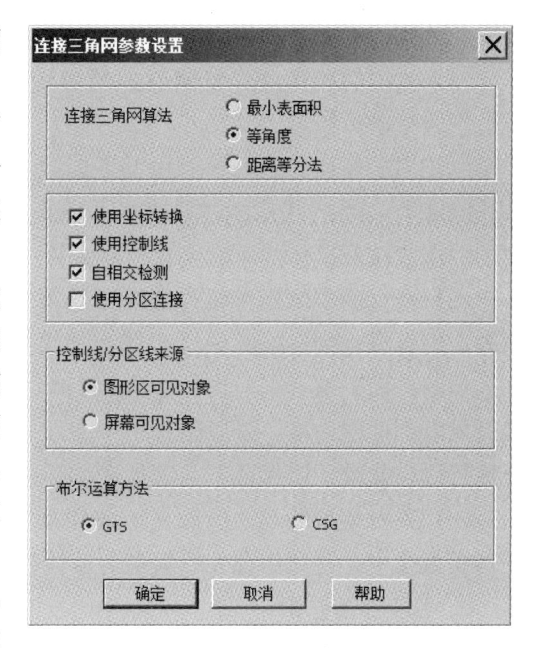

图 3.12　连接三角网参数配置图

（3）自相交检测：检测连接三角网时是否产生自相交。如果不选择检测，可以确保任意线段之间能够连接成功。

（4）使用分区连接：该功能与分区线一起使用，创建分区线后，选择该命令，连接三角网时将开启分区连接。

（5）控制线/分区线来源：有两种来源方式，控制线在屏幕显示区域还是在图形区显示区域。

（6）图形区可见对象：图形区内可见的所有控制线都参与三角网连接。

（7）屏幕可见对象：只有屏幕可见的控制线参与三角网连接，超出屏幕以外的控制线不参与地质建模。

3.5.2　三维建模规范技术要求及方法

为规范伊矿三维地质矿床模型的建立，保证所建立模型的适用性、可靠性，应明确以下相关原则：

1. 矿体连接原则

（1）按照矿体的对应关系，对提取矿岩边界线进行三角网连接。按照矿体对应编号处理矿体边界线，统一进行矿体连接；原则是先连接对应关系明确的矿体，再连接对应关系较差的矿体；先连接主要矿体，后连接次要矿体或夹石；先连接形态简单矿体，再连接形态复杂矿体。

（2）矿体连接顺序：先建立对应关系明确的矿体，再建立有矿体合并、分支赋存情况的矿体，矿体与矿体之间不能互相穿越。

(3) 连接的矿体应尽量紧贴地质界面。当上下矿体发生扭曲或者倾向不一致时，应适当调整矿体边界。

(4) 当矿体独立无上下对应关系时，采用线尖灭外推方式。尖灭线的长度应与矿体长度基本一致；尖灭方向应与矿体倾向、倾角基本一致；尖灭距离应参考勘探线距离的一半或按照矿体的厚度变化自然尖灭。

(5) 建立的矿体模型要与剖面图趋势一致，一般情况下如果矿体产状变化不明显之处，用直线直接连接两分层矿体；如果矿体发生了较大的产状变化，需要在平面间加入辅助平面，结合剖面图特征点进行内插拟合，尽量保证两组数据的相互匹配。建模时要以剖面图为准，可以结合上下水平图并根据剖面图上的矿体走向趋势在平面图上进行适当修改，以保证不与其他矿体穿插错位，并和剖面图保持对应。

(6) 夹石模型的建立应该在矿体模型完全建立之后进行，夹石模型应完全包含在矿体模型之中，避免出现夹石模型与矿体模型交叉的情况。

2. 矿体外推原则

(1) 剖面外推原则

两勘探线间距大于等于该矿体基本工程间距，按照两个勘探线剖面间距的 1/2 进行外推；两勘探线间距小于该矿体基本工程间距，按照勘探线实际间距的 1/2 进行外推。

(2) 无限外推原则

在没有工程控制的位置，按照无限外推原则进行：无限外推的距离为工程网度的 1/2。

3. 伊矿三维建模对象

伊矿三维地质模型构建主要包含地表地形地貌三维模型构建和深部矿体地质三维模型构建两大类。

3.5.3 地表三维模型构建方法

三维表面模型通过点的属性信息和线（边）的连接方向围成的面域定义形体表面，由面的集合定义形体，可以提供可视化效果的光照模拟，同时叠加各种影像信息、地物信息、数值分析信息，形成逼真的三维立体景观模型。

数字地面模型（Digital Terrain Model），简称 DTM，简单理解为利用一个任意坐标系中的已知 X、Y、Z 的坐标点对地面轮廓连续定位的一种模拟表示，或者说 DTM 就是 DEM 属性信息的数字表达，同时可以根据不同需求，通过 X、Y、Z 数值概念的替换方式，脱离地理因子对温度、强度、数量、概率和时间等进行客观表达。

数字高程模型主要的三种表示类型是：规则格网模型、等高线模型和不规则三角网模型，根据不同的需要使用不同的表示模型。

1. 规则格网模型顾名思义就是使用规则网格建立的模型，通常是正方形，矩形、三角形等规则网格。规则网格将空间区域切分为规则的格网单元，每一个格网单元对应一个数值。数学上可以表示为一个矩阵，计算机实现中则是一个二维数组。每一个格网单元或数组中的一个元素对应一个高程值。

2. 等高线模型表示已知高程值的集合，每一条等高线对应一个已知的高程值，这样一系列等高线集合和它们的高程值一起就构成了一种地面高程模型（地形图）。而且可以根据不同需求，通过 X、Y、Z 数值概念的替换方式，脱离地理因子对温度、强度、数量、概率和时间等进行客观表达（等值图）。

3. 不规则三角网模型（Triangulated Irregular Network，TIN），简称 TIN，是一种 DEM 表示方法。TIN 模型可以根据区域内有限的采样点取得离散数据，按照优化组合的原则，离散点采样数据（各三角形的顶点）尽可能使每一个连接三角形为锐角三角形或者三条边长度近似相等的相邻连续的三角面网格区域。不规则三角网数字高程模型由连续的三角面组成，三角面的形状和大小取决于不规则分布的测点或结点的位置与密度，通过在一个三角形表面对高程数据进行插值，可以估计任何位置的高程值。

伊矿地表三维模型的构筑主要是将平面等值线模型转换为不规则三角网模型的过程。通过渲染和透视处理，满足伊矿地表三维模型构建规范技术要求。

伊矿矿区范围图的处理主要采用工具菜单下的等值线赋高程的功能，以矿区范围图的一部分为例，如图 3.13 所示。

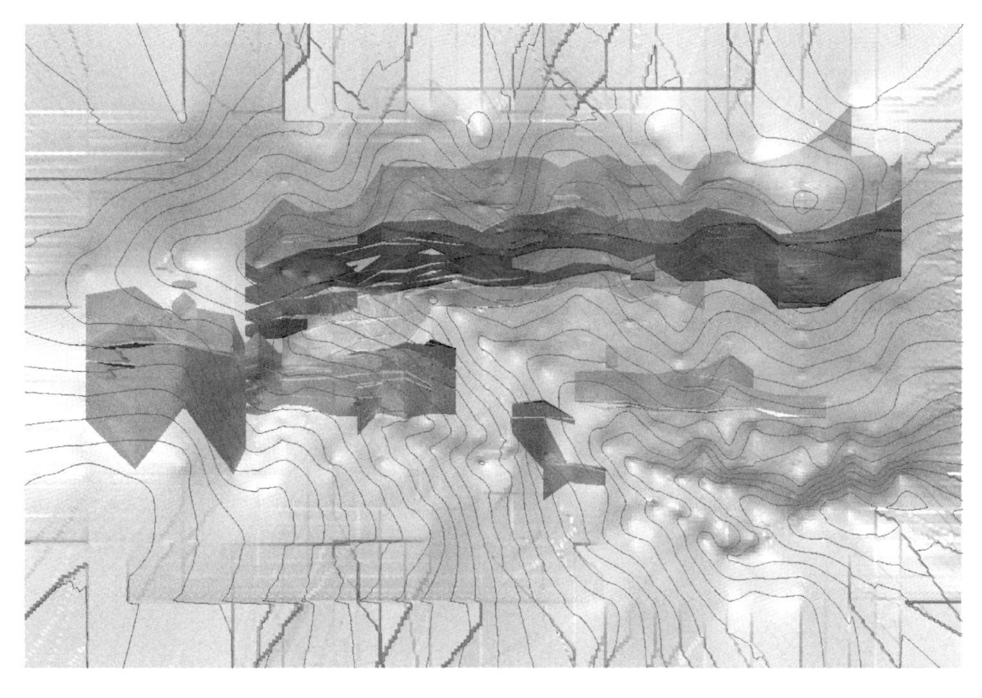

图 3.13　伊矿地形平面图

根据伊矿平面图上已有等高线的高程标记，选择等值线赋高程的功能，设置好初始高度及步距，如图 3.14 所示。

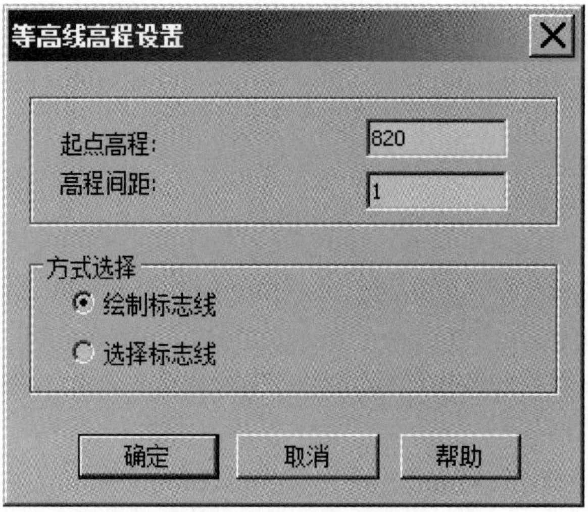

等高线高程设置

起点高程: 820

高程间距: 1

方式选择

绘制标志线

选择标志线

确定 取消 帮助

图 3.14　等值线高程设置

选择确定后，拉线赋值，效果如图 3.15 所示。伊矿其余等高线均可利用此方法操作，建筑物及公路线条可以利用赋 Z 值的功能单独操作。

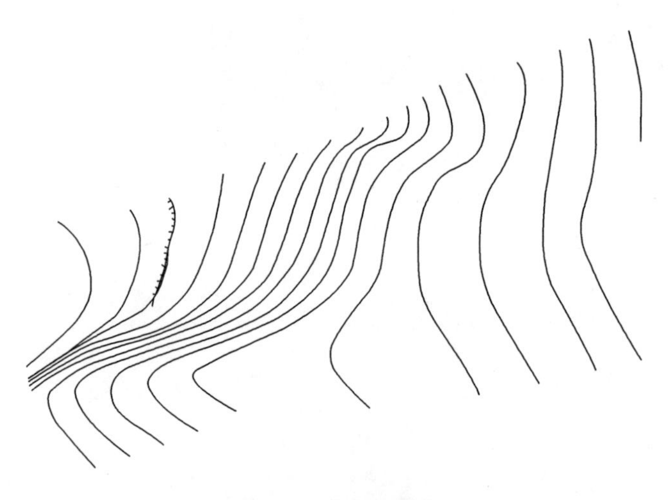

图 3.15　等高线赋值

经修改整理后，使用软件中菜单命令表面——生成 DTM 表面，可以快速生成地表模型，效果如图 3.16 所示。

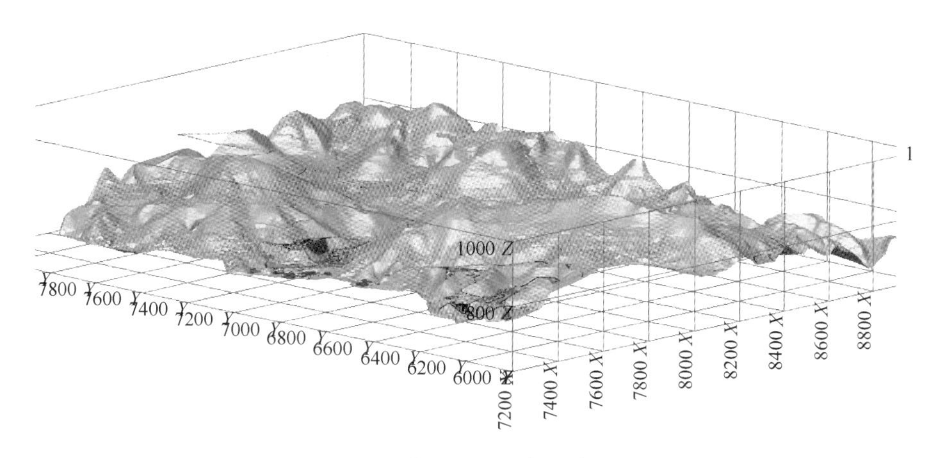

图 3.16　伊矿 DTM 表面效果图

建立后的伊矿地表三维模型与深部勘探线剖面图之间的空间关系示意如图 3.17 所示，伊矿地表三维模型如图 3.18 所示，透视效果如图 3.19 所示。

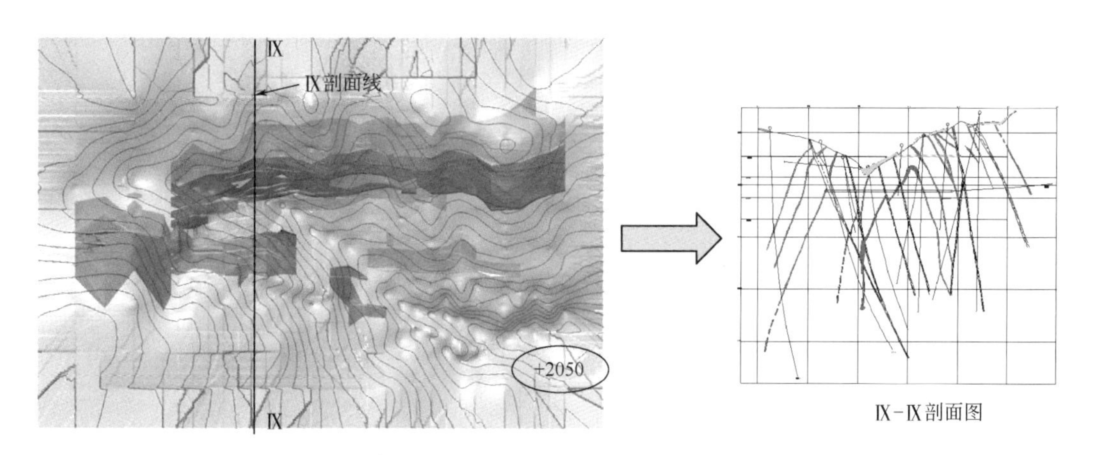

图 3.17　伊矿地表三维模型与勘探线剖面图空间关系

3.5.4　矿脉三维地质模型构建方法

在实体模型的建模过程中值得注意的是，三角网在平面视图观察中虽然会存在交迭，但是在三维空间中任何两个三角面之间不能有交叉和重叠的现象，而且实体内部三角面的边界必须有相邻的三角面，同时三个顶点必须依附在有效点上，否则实体的数学逻辑就是开放或无效的关系。

因此，建模时一定要注意以下几点：

(1) 必须保持两条相邻线段的起点和终点方向一致，实体的界线圈定必须闭合，而且不能出现重复线段和相互交叉的现象。

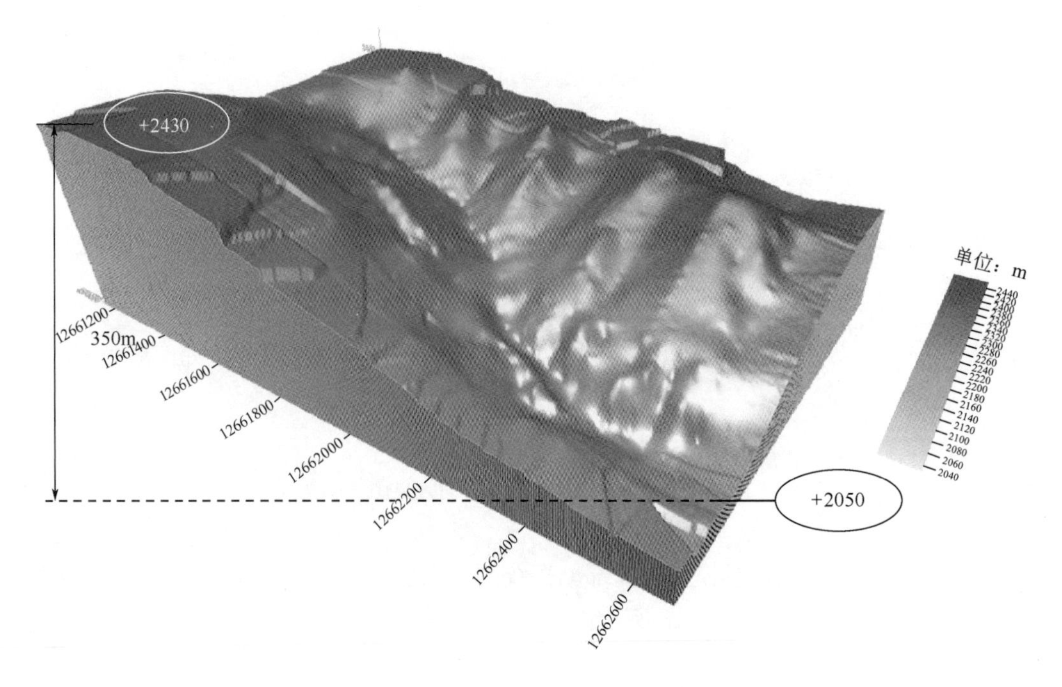

图 3.18　伊矿地表三维模型渲染图

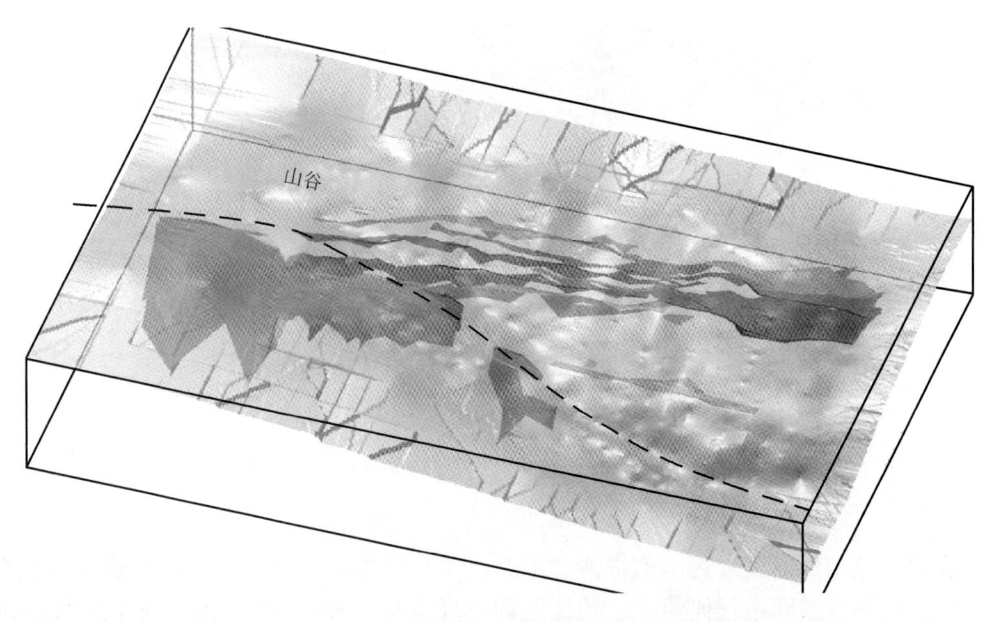

图 3.19　伊矿地表三维模型透视图

（2）当两个需要连接三角网的闭合线条形态相似但线条控制点密度不同，或者空间错位太悬殊时，需要使用坐标转换进行连接。3DMine 软件可以自动按照上下左右对齐方式连接，再将对应连接的模型按照两条闭合线段的真实空间位置自动伸缩扭转，使其表面形态更符合实际空间形态，同时可以按照整体趋势或特征点在两条闭合线中间加入控制线，使得模型的表面形态更加圆滑。

（3）连接实体模型过程中，地质工程师可以利用3DMine软件的控制线参与建模功能，根据地质思想将矿体的赋存情况加以人为控制（例如：规定哪个特征点必须和哪个点相连更合理），两条预连接三角网闭合线之间，可以设置多条控制线，但是不可以有其他影响逻辑判别的点，而且控制线不可相交。

（4）两个剖面之间矿体形态闭合线的变化较大或者矿体出现分枝复合等情况，剖面间连接实体模型时，需要增加分区线或控制线将变化特征划分出来，从而保证实体的合理性。

（5）实体模型需要验证实体的有效性，如果连成实体的网存在自相交、无相邻边、重复边或无效边等，则实体是一个无效的实体，不能进行相关计算。

伊矿深部矿体地质三维模型构建，主要采用勘探线剖面图中提取出来的矿岩边界线，利用不规则三角网建模技术进行连接。连接矿体时既要参考矿体的编号，又要参考水平中段图上矿体的走向，共同对矿体连接方向进行校正，要求10条主要矿脉整体上符合实际矿体产状趋势。

1. 闭合线之间连三角网

闭合线之间连接三角网是最常用也是最基本的三角网连接方式，但要求是在伊矿三维地质模型建立过程中必须严格按照上下水平中段的对应关系进行操作。以X-X勘探线及Xa-Xa勘探线剖面图为例，在图形区调入两个勘探线剖面图的矿体线，选择闭合线之间连三角网功能，弹出如图3.20的对话框。

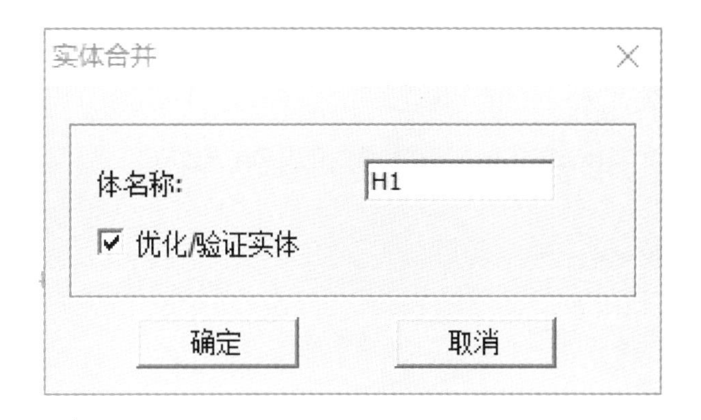

图3.20 闭合线连三角网参数输入界面

体名称指的是为了区分不同的实体类型设置不同的名称或代号，不同的名称用不同的颜色来描述。根据状态栏提示，左键依次单击上下对应的2根矿体线，线段变为虚线，并且在线之间连接起三角网，这些三角网被填充了颜色，形成光滑的表面。

在没有按Esc键或点击鼠标右键结束连接三角网之前，鼠标呈⊕状态，只需要连续点击多根线段，就可以依次连接多个三角网，在此需要注意的是，在连接完某一部分的矿体后，不要隐藏连接好的实体模型，因为已连接好模型的线条及三角网可以对其相邻实体的连接起到控制作用。建议从上至下逐个连接，避免因矿体线条的复杂而产生混乱。对于需要封闭的面，可以选择采用闭合线内连三角网的功能，效果图如图 3.21 和图 3.22 所示。

图 3.21　伊矿矿体线条之间连接三角网

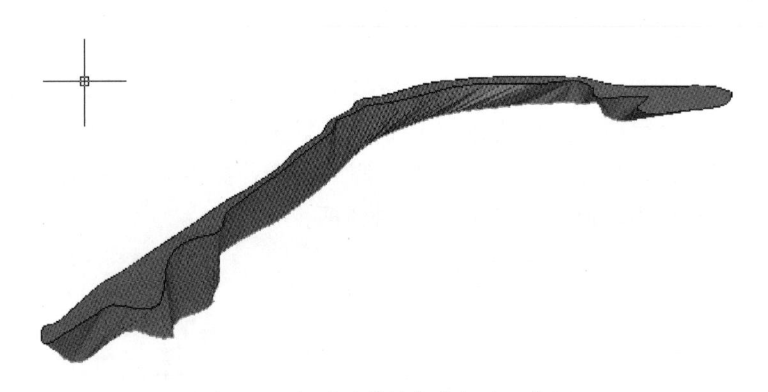

图 3.22　伊矿矿体线条内部连三角网

2. 闭合线到开放线之间连三角网

建立伊矿矿体三维地质模型时，对于暂时没有实测修正的地质平面图需要外推的区域，就要根据地质工程师的经验，可以将矿体尖灭到点或线。

3. 使用分区线连接

对于伊矿两个断面矿体界线的变化较大以及出现分枝复合的情况，连接矿体模型时往往需要人工干预，增加分区线或控制线，从而保证矿体模型的合理性。在实际操作时，该部分较难，不仅需要较好的空间理解能力，而且需要对矿体的特征如分枝复合规律有所了解。如果绘制了分区线，则需要在实体连接三角网参数配置中选择使用分区线连接，如图 3.23 所示。

特别需要注意的是，如果是空间进行分支，将可以选用实体工具中的创建分区线的功能进行创建。分区连接效果如图 3.24 所示。

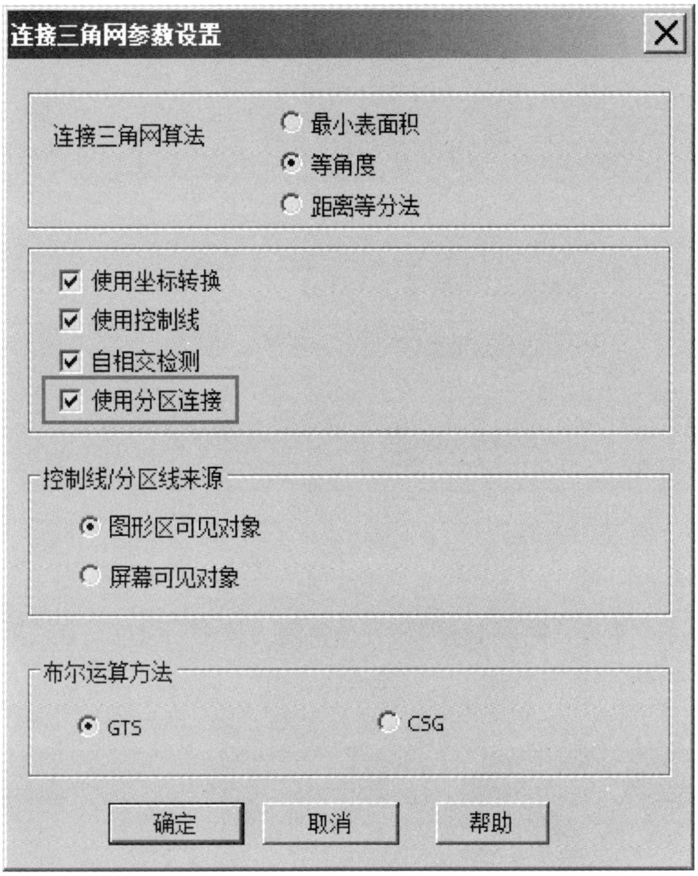

连接三角网参数设置

连接三角网算法
○ 最小表面积
◉ 等角度
○ 距离等分法

☑ 使用坐标转换
☑ 使用控制线
☑ 自相交检测
☑ 使用分区连接

控制线/分区线来源
◉ 图形区可见对象
○ 屏幕可见对象

布尔运算方法
◉ GTS
○ CSG

确定 取消 帮助

图 3.23 使用分区线连接

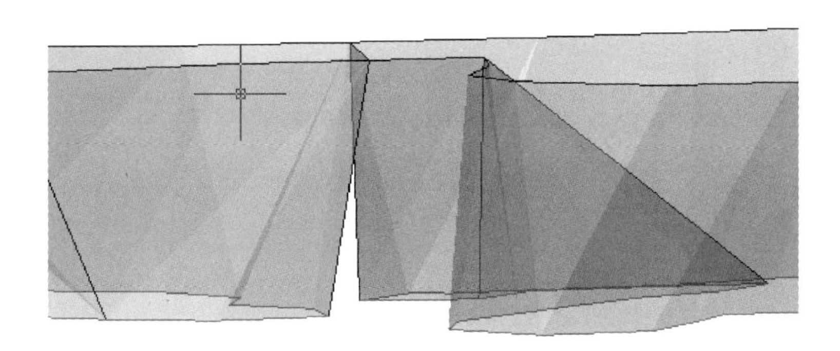

图 3.24 实体分区连接

4. 合并三角网

在构建伊矿三维地质模型过程中，是以勘探线剖面图为基础实现的，每两个勘探线剖面图进行相连，为保证各模型的连续性，展示直观的效果，有时需要将每个剖面图连接的矿体根据地质产状规律进行合并，就需要用到合并三角网这个功能，对于矿的模型，在选择合并时，不勾选“优化/验证实体”这个选项，如图 3.25 所示。

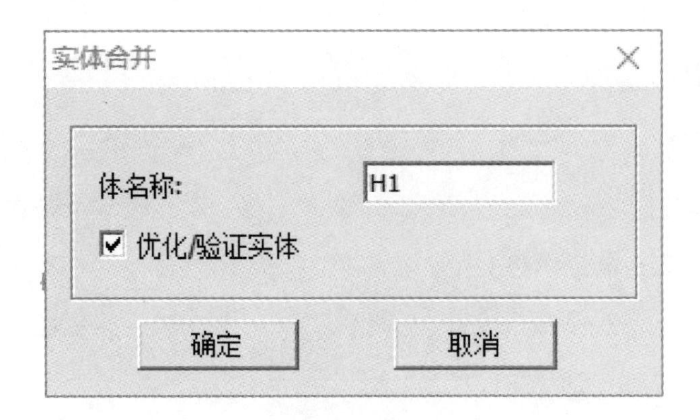

图 3.25　实体合并

图 3.26 显示，未合并的两个水平中段的模型为黄色、绿色，合并后选择洋红色即可看出上下两个分层已经合并成了一个整体。

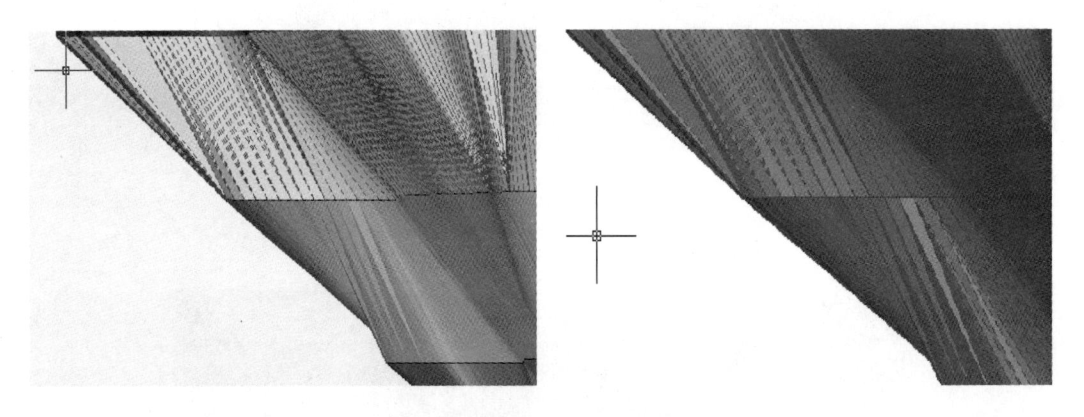

图 3.26　合并三角网前后对照

5. 编辑三角网

“编辑三角网”是用来对已经连接好的三角网进行修改删除。方法包括：删除选择框内的三角片，删除与橡皮线相交的三角片，删除连接在线上的三角片，删除单个线内的三角片，删除连接在点的三角片，删除单个三角片和挪动依附在线上的三角网等。

橡皮线是在图形区由鼠标拖动产生的虚拟的线。图形区中调入矿体线和矿体模型文件，选择删除与橡皮线相交的三角片功能后，根据状态栏提示，在屏幕上拉一根线，确定终点位置，点击左键后，删除与该线相交的三角片，退出操作按 ESC 或单击右键，这是常用和有效的编辑方法。效果如图 3.27 所示。

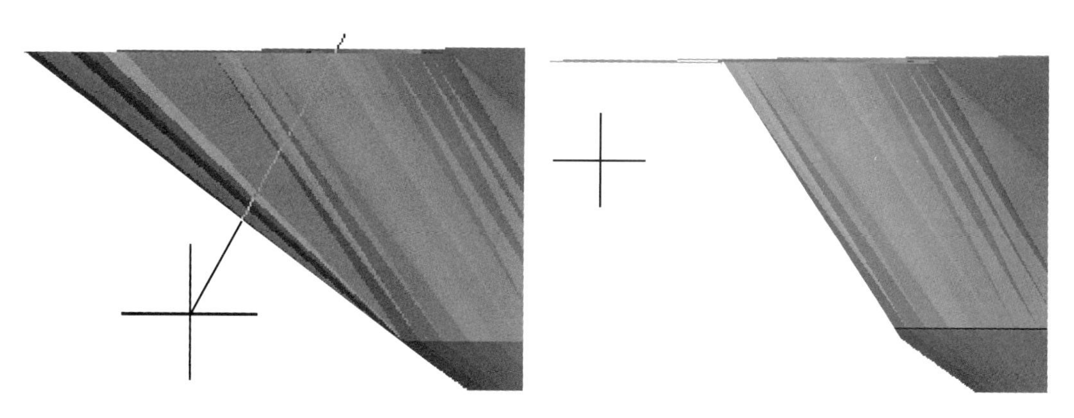

图 3.27 删除与橡皮线相交的三角片前后对照

6. 实体模型的整体效果图

伊矿西区三维矿脉地质模型如图 3.28 和图 3.29 所示。其中图 3.28 为 10 条矿脉用不同颜色渲染形成的三维地质模型；图 3.29 为 10 条矿脉中隶属于同一矿脉但被褶皱切割分布于两翼的矿脉采用同一颜色渲染形成的三维地质模型。

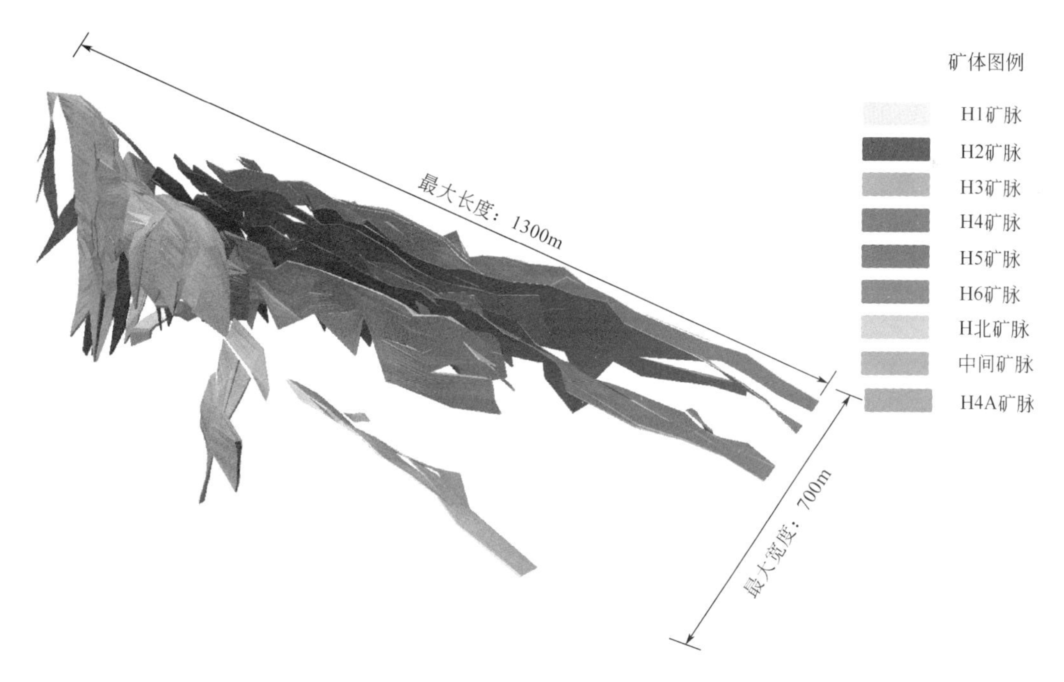

图 3.28 伊矿矿脉三维地质模型（异色渲染）

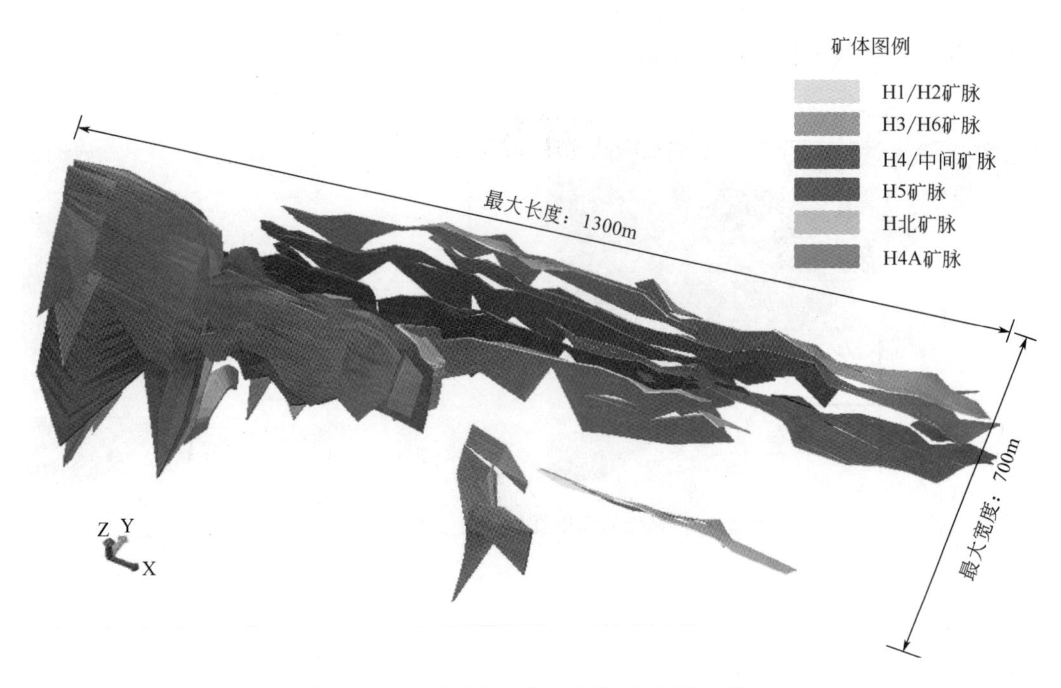

图 3.29　伊矿矿脉三维地质模型（同色渲染）

第 4 章　金金属富集区划理论及方法

4.1 富集区划研究意义及理论

4.1.1 研究意义

由于伊矿矿脉地质赋存环境和产状的复杂性，导致其开采难度大、贫化率高、出矿难、通风难等一系列难题。为了提高开采效率，降低矿石的贫化率，实现短期内收回投资的目标，必须摸清伊矿 10 条矿脉金金属量的富集特性，开展伊矿金金属量富集区划研究，按照一定的规律进行分区。根据区划成果，以伊矿金金属资源极富集区和较富集区为首采区，布置相关开采巷道、溜井、运输平硐、通风井等基建设施。

4.1.2 富集区区划理论

依据重构“伊士坦贝尔德金矿三维地质模型”和西区 29 幅地质勘探线剖面图，开展伊士坦贝尔德矿金金属储量核算和富集区划研究，富集区区划内容如下：

（1）伊矿西区 1 号、2 号、3 号、4 号、4A 号、5 号、6 号、北矿脉、中间矿脉 9 条矿脉金金属富集区划图（按照品位分段区划）；

（2）伊矿全部矿脉金金属富集区划图（按照品位 $t=5$、9、12 分段区划）；

（3）伊矿全部矿脉金金属富集区划图（按照品位 $t=7$ 分段区划）；

（4）伊矿单个矿脉金金属富集区划（按照 $t=5$、9、12 三个品位等级划分为极富集区、较富集区、富集区和欠富集区四个富集分区）；

（5）伊矿单个矿脉金金属富集区划（按照品位 $t=7$ 分段区划）；

（6）伊矿单个矿脉金金属富集区几何分布参数（按照品位 $t=7$ 分段区划）；

（7）伊矿每个区划包含矿岩属性、矿石体积、矿石量和金金属量等信息。

伊矿矿床的矿量、品位及其空间分布是对矿床进行技术经济评价、可行性研究、矿山规划设计以及开采计划优化的基础，是矿山投资决策的重要依据。伊矿金金属富集区划的基础为金金属储量核算，因此伊矿品位估算、矿体圈定和储量计算是一项影响深远的工作，其质量直接影响到投资决策的正确性和矿山规划及开采计划的优劣。

从一个市场经济条件下的矿业投资者的角度看，这一工作做不好可能导致两种对投资者不利的决策：

（1）矿体圈定与品位、矿量估算结果比实际情况乐观，估计的矿床开采价值在较大程度上高于实际可能实现的最高价值，致使投资者投资利润远低于期望值，甚至带来严重亏损的项目。

（2）与第一种情况相反，矿床的矿量与品位的估算值在较大程度上低于实际值，使投资者错误地认为在现有技术经济条件下，矿床的开采不能带来可以接受的最低利润，从而放弃了一个好的投资机会。

然而，准确地估算出一个矿床的矿量、品位绝非易事。大部分矿体被深深埋于地下，即使有露头，也只能提供靠近地表的局部信息。进行矿体圈定和矿量、品位估算的已知数据主要来源于极其有限的钻孔岩心取样。已知数据量相对于被估算的量往往是一比几十万乃至几百万的关系，即对一吨岩心进行取样化验的结果，可能要用来推算几十万吨乃至几百万吨的矿量及其品位。可以不过分地说，矿量、品位的估算是世界上最大胆的外推。因此，矿体圈定与矿量、品位估算不仅是一项十分重要的工作，而且是一项极具挑战性的工作。做好这一工作要求掌握现代理论知识与手段，并应用它们对有限的已知数据进行各种详细、深入的定量、定性分析；同时也要求从事这一工作的地质与采矿工程师具有科学的态度和求实的精神。

本次伊矿金金属富集区划研究主要利用 3DMine 软件的储量核算功能模块进行区划研究，采用的计算方法为距离幂次反比法，计算流程如图 4.1 所示。

4.1.3 矿脉品位差值算法

距离 N 次方反比法（Inverse Distance Method）在多边形法和最近样品法中，只有一个样品参与单元块品位的估值，如果落入影响范围的样品都参与单元块的品位估值，估值结果会更为精确。然而，由于各样品距单元块中心的距离不同，其品位对单元体的影响程度也不同。显然，距离单元块越近的样品，其品位对单元体品位的影响也就越大。因而在计算中，离单元体近的样品的权值应比离单元体远的样品的权值大。距离 N 次方反比法就是基于这一思想产生的。在此法中，一个样品的权值等于样品到单元块中心距离的 N 次方的倒数（$1/d^N$）。

距离 N 次方反比法的一般步骤如下：

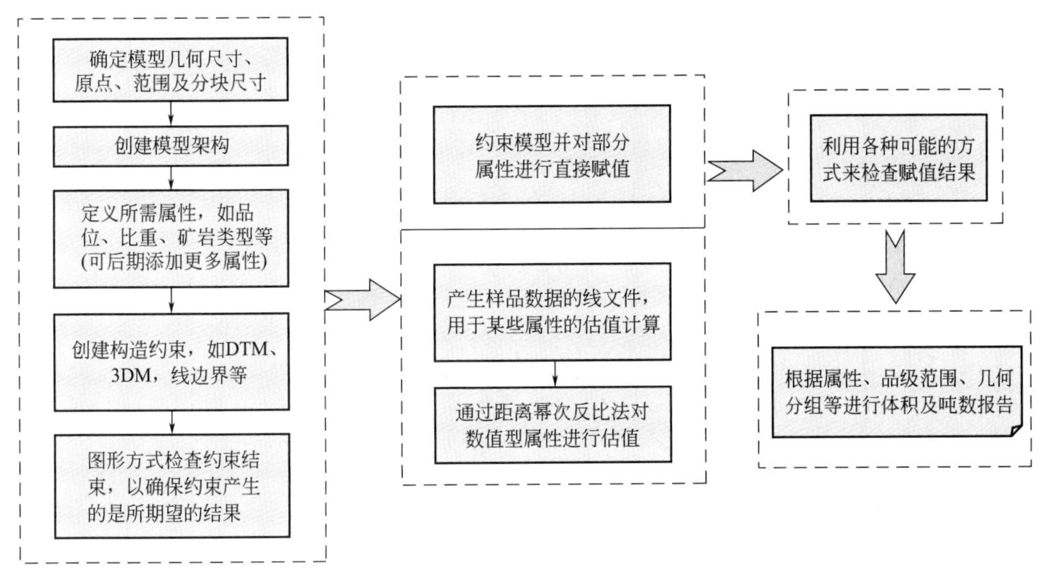

图 4.1 伊矿富集区划研究方法流程图

(1) 以被估单元块中心为圆心、以影响半径 R 为半径做圆，确定影响范围（在三维状态下，圆变为球）。

(2) 计算落入影响范围内每一样品与被估单元块中心的距离。

(3) 利用式 4.1 计算单元块的品位 X_b：

$$X_b = \sum_{i=1}^{n} \frac{X_i}{d_i^N} \Big/ \sum_{i=1}^{n} \frac{1}{d_i^N} \tag{4.1}$$

式中 X_i——落入影响范围的第 i 个样品的品位；

d_i——第 i 个样品到单元块中心的距离。

在实际应用中，有时采用所谓的角度排除，即当一个样品与被估单元块中心的连线与另一个样品与被估单元块中心的连线之间的夹角小于某一给定值 α 时，距单元块较远的样品将不参与单元块的估值运算（如图 4.2 中的 $G3$ 与 $G5$）。α 值一般约 15°。如果没有样品落入影响范围之内，单元块的品位为 0。

式（4.1）中的指数 N 对于不同的矿床取值不同。假设有两个矿床，第一个矿床的品位变化程度较第二个矿床的品位变化程度大，即第二个矿床的品位较第一个矿床连续性好。那么在离单元体同等距离的条件下，第一个矿床中样品对单元块品位的影响应比第二个矿床小。因此，在估算某一单元块的品位时第一个矿床中样品的权值在同等距离条件下应比第二个矿床中样品的权值小。也就是说在品位变化小的矿床，N 取值较小；在品位变化大的矿床，N 取值较大。在铁、镁等品位变化较小的矿床中，N 一般取 2；在贵重金属（如黄金）矿床中，N 的取值一般大于 2，有时高达 4 或 5。如果有区域异性存在，不同区域中品位的变化不同，则需要在不同区域取不同的 N 值。同时，一个区域的样品一般不参与另一区域的单元块品位的估值运算。以图 4.2 为例，若 $N=2$，则被估单元块的品位为 0.628。

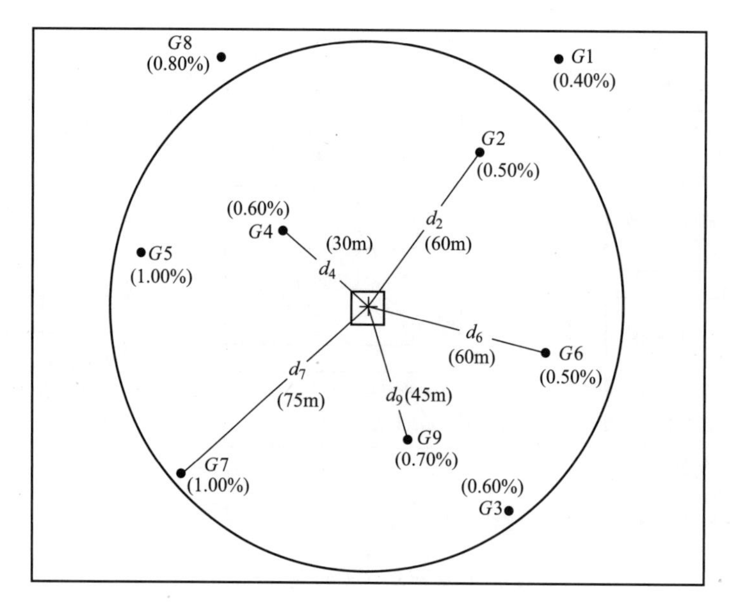

图 4.2　距离 N 次方反比法示意图

4.2
3DMine 地质储量计算方法

4.2.1　地质储量计算理论

矿产资源储量估算是矿山生产中的重要环节，估算方法可分为两大类，一类是传统的基于几何计算的方法，由于计算体积的方法不同和划分计算单元的方法差异，形成了不同的资源量计算方法；一类是基于地质统计学的三维空间资源量估算方法，将建模空间分割成 3D 网格来表示矿体品位属性，有助于更好地理解矿体空间信息和地质构造特征，提高估算精度和工作效率，减少开采风险。

1. 传统几何图形储量估算方法

传统的储量估算方法按计算体积的方法不同和划分计算单元的方法差异，可分为算术平均法、地质块段法、开采块段法、多角形法、断面法及等值线法等。

（1）地质块段法

地质块段法是在算术平均法的基础上加以改进的资源量计算法，其原理是将矿体投影到一个平面上，根据矿石的工业类型、品级、资源量级别等地质特征将矿体划分为若干个不同厚度的理想板块体，然后在每个块段中分别用算术平均法求出各块段的资源量，各部分资源量的总和即为整个矿体的矿产资源储量。地质块段法应用简便，可按实际需要计算矿体不同部分的矿产资源储量，通常适用于勘探工程分布比较均匀、矿产质量及开采条件比较简单的层状、似层状矿床。若工程分布不均匀，矿化不均匀，则计算误差较大。

（2）断面法

断面法又称截面法或剖面法，是矿床勘探中应用最广的一种资源储量计算方法。它利用勘探剖面把矿体分为不同块段，除矿体两端的边缘部分外，每一块段两侧各有一个勘探剖面控制，还可根据矿产质量、开采条件等条件再划分若干个小块段。根据块段截面积及剖面间的垂直距离即可分别计算出块段的体积和资源量，各块段资源量的总和即为整个矿体资源量。断面法借助勘探剖面表现矿体不同部分的产状、形态、构造以及不同研究程度的资源量分布情况，计算简单，适用于任何产状与形状的矿体，所有勘探工程均分布于勘探线或勘探网上，水平、缓倾斜矿体常用垂直断面法；陡倾斜矿体、矿柱、网脉状矿体常用水平断面法。

2. 块体模型方法

三维块体模型是将矿床划分为大量单元块形成的离散模型。单元块一般是尺寸相等的长方体。随着计算机在矿山的普及应用和计算机性能的不断提高，三维块状模型在国际上得到越来越广泛的应用。三维块状模型不仅广泛用于品位、矿量计算，也用于露天矿最终开采境界优化和开采计划优化。实际上，许多优化方法是由于三维块状模型的引入而产生的，而且当今矿山优化界正在进行的各种优化方法的研究绝大多数以三维块状模型为基础（图 4.3）。

将矿床分为单元块后，需要应用某种方法对每一小块的平均品位进行估计。常用的方法有三种，即最近样品法、距离 N 次方反比法和地质统计学法（即克里金法）。三者均基于样品加权平均的概念，即对落在以单元块为中心的影响范围内的样品品位进行加权平均求得单元块的品位。三种方法的根本区别在于所用权值不同。

传统储量计算方法采用简单的几何平均法计算矿体体积，用部分化验数据的平均品位代替矿块的整体品位，体积计算方法实质上是以规则块体的体积近似代替不规则实体的体积，体积计算精度难以保证，其品位计算方法没有考虑到矿化过程中成矿元素的空间相关性。随着三维建模理论和三维空间插值技术的不断成熟，以三维矿体模型为基础通过空间插值技术计算矿体储量成为发展趋势，以三维矿体模型为基础计算矿体体积，能够提高体积计算的精度，以三维空间插值技术对矿体任意空间位置的品位进行估值，有助于提高品位估值的精度（图 4.3）。

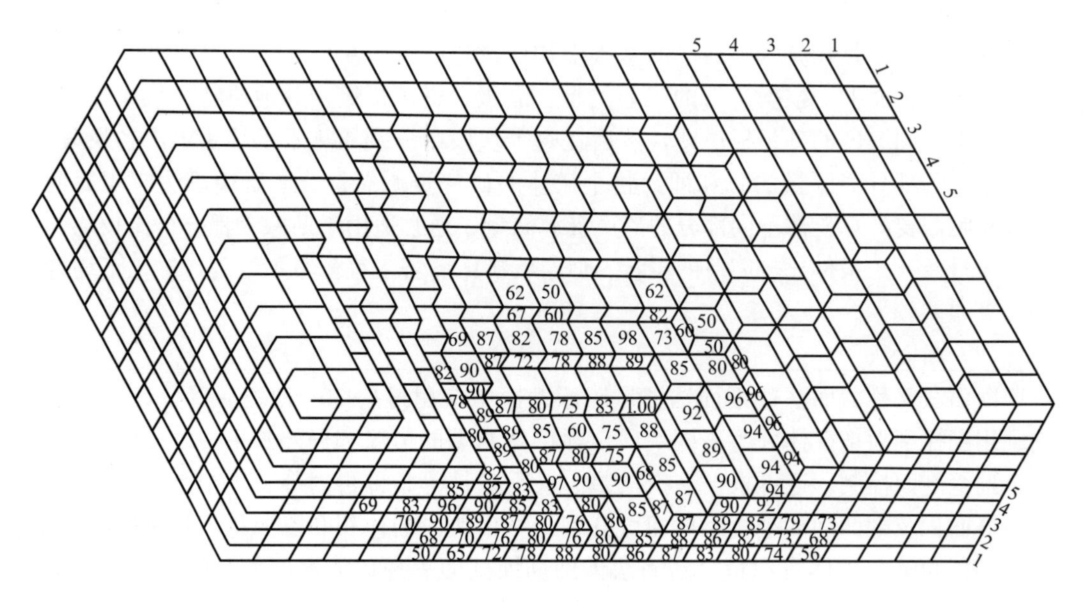

图 4.3　块体模型示意图

本次伊矿资源量的估算方法采用距离 N 次方反比法，利用原始样品数据对品位进行空间插值而计算矿体资源量，以矿体模型的方法为研究手段。

3. 估算参数确定

（1）样品基本分析

鉴于此次样品取样均是单一取样，存在样品厚度值不统一的问题。因此在提取的样品基础上，按照 0.1m 的长度，等长处理样品多段线，以便产生足够多的估值原始样品，并且避免样品厚度不一致造成的估值放大效应。等长组合样品文件将用于距离幂次反比法估值，是空间插值的已知数据来源。

提取每个矿体内部样品的化验数据进行基本统计分析，从而得到矿体内部各元素在矿带内的分布特征，如样品数、平均值、峰度，偏度，变化系数等，针对矿区主要矿体：H1、H2、H3、H4、H4A、H5、H6、H 北、中间矿体等。各个矿体样品 Au 元素统计特征如表 4.1 所示。

各矿体样品 Au 元素统计特征值表　　　　**表 4.1**

矿体号	最小值	最大值	平均值	标准差	变化系数
H1	1.50	27.40	10.23	6.97	0.68
H2	1.00	15.62	6.87	4.22	0.61
H3	1.30	8.30	4.91	2.24	0.46
H4	1.00	43.40	10.08	8.23	0.82
H4A	1.10	35.60	9.36	9.80	1.04

续表

矿体号	最小值	最大值	平均值	标准差	变化系数
H5	1.90	15.90	6.13	2.57	0.42
H6	1.20	33.80	7.65	7.72	1.01
H北	1.30	35.40	8.99	6.68	0.74
中间矿体	1.10	67.50	9.34	15.50	1.66

H1矿体样品Au元素基本统计，结果如图4.4所示。

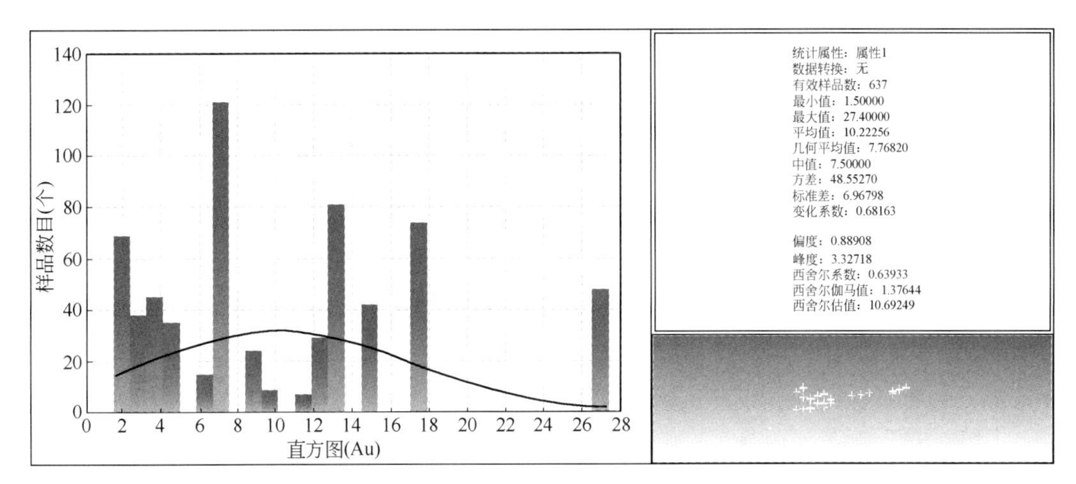

图4.4　H1矿体Au元素基本统计

H2矿体样品Au元素基本统计，结果如图4.5所示。

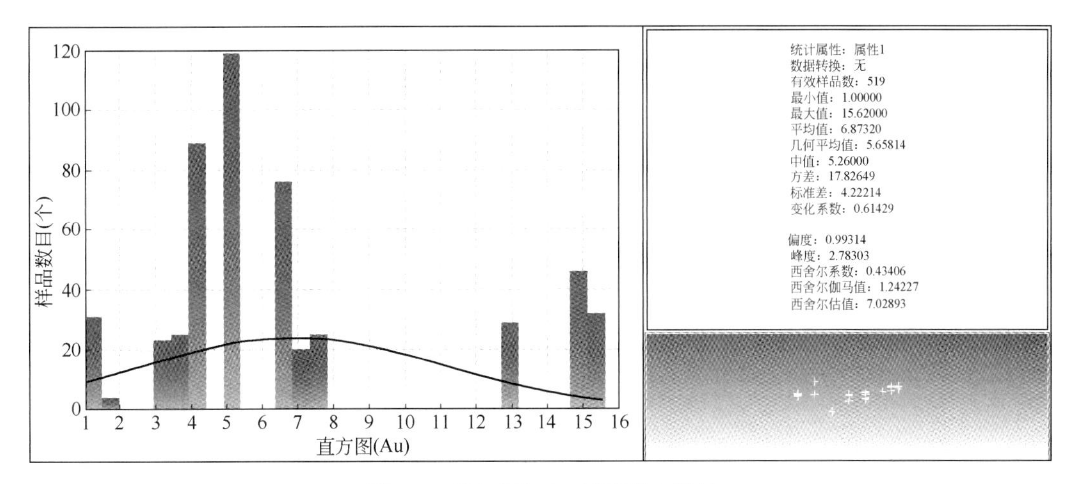

图4.5　H2矿体Au元素基本统计

H3矿体样品Au元素基本统计，结果如图4.6所示。

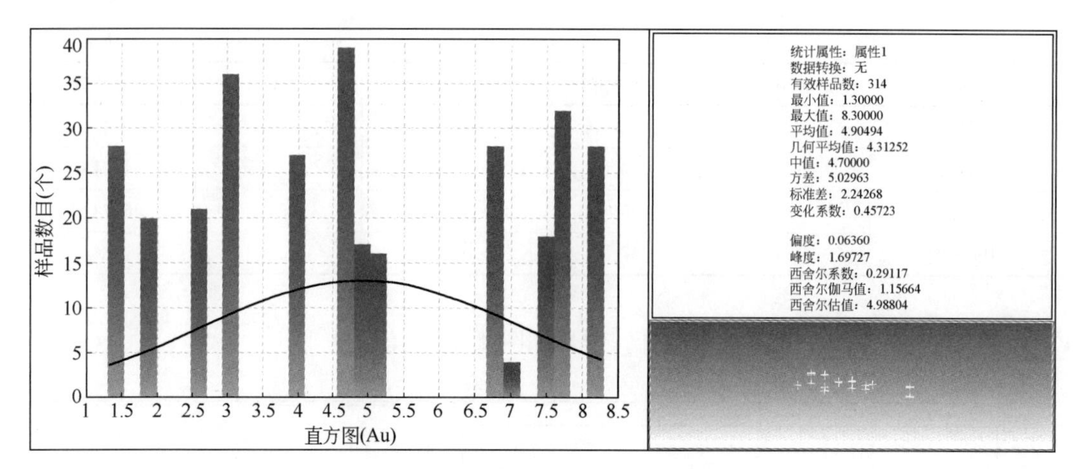

图 4.6　H3 矿体 Au 元素基本统计

H4 矿体样品 Au 元素基本统计，结果如图 4.7 所示。

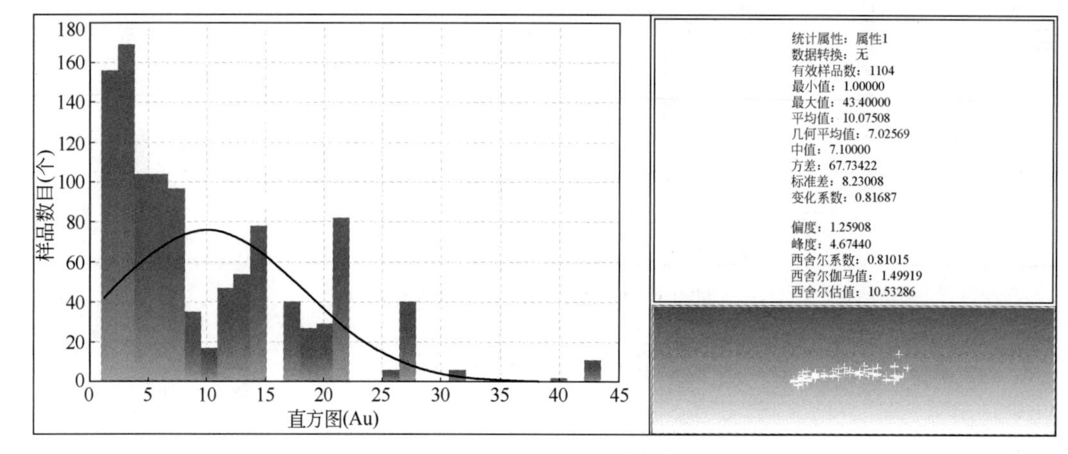

图 4.7　H4 矿体 Au 元素基本统计

H4A 矿体样品 Au 元素基本统计，结果如图 4.8 所示。

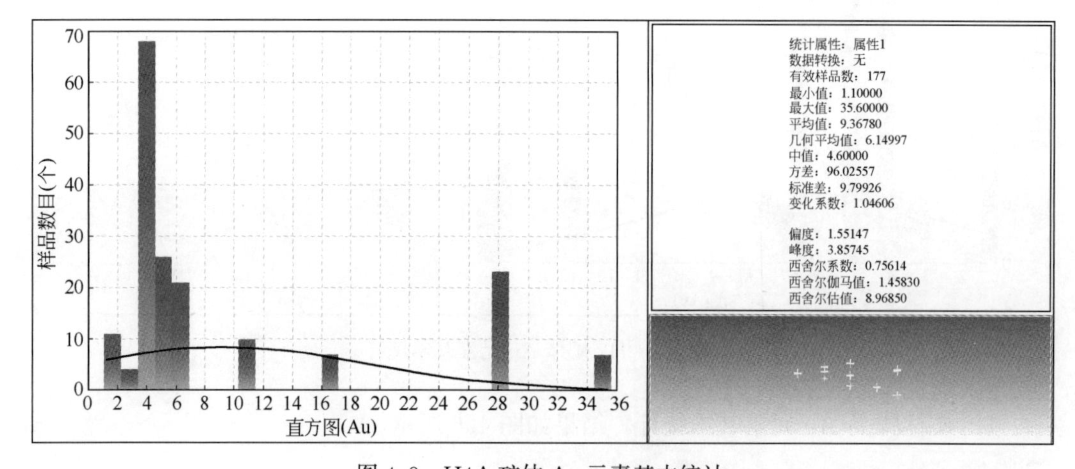

图 4.8　H4A 矿体 Au 元素基本统计

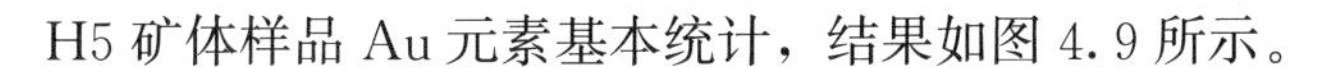

H5 矿体样品 Au 元素基本统计，结果如图 4.9 所示。

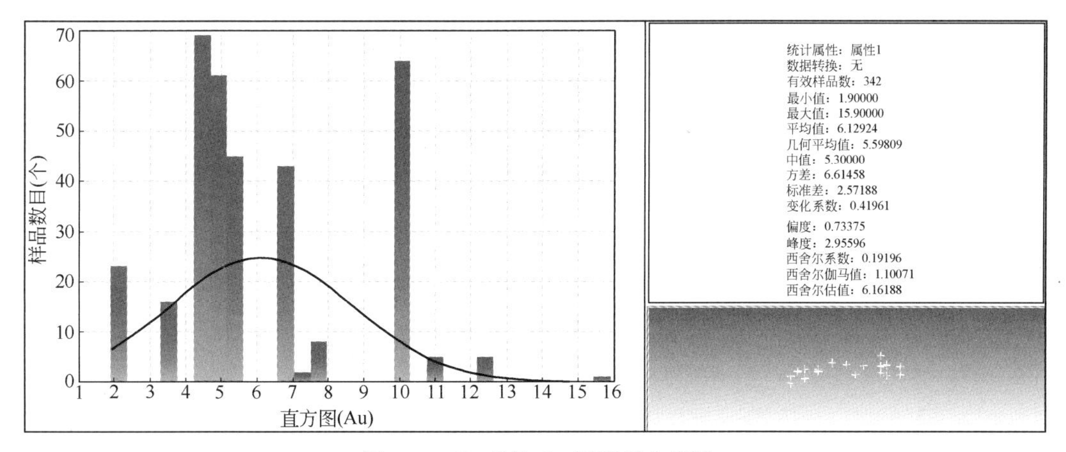

图 4.9　H5 矿体 Au 元素基本统计

H6 矿体样品 Au 元素基本统计，结果如图 4.10 所示。

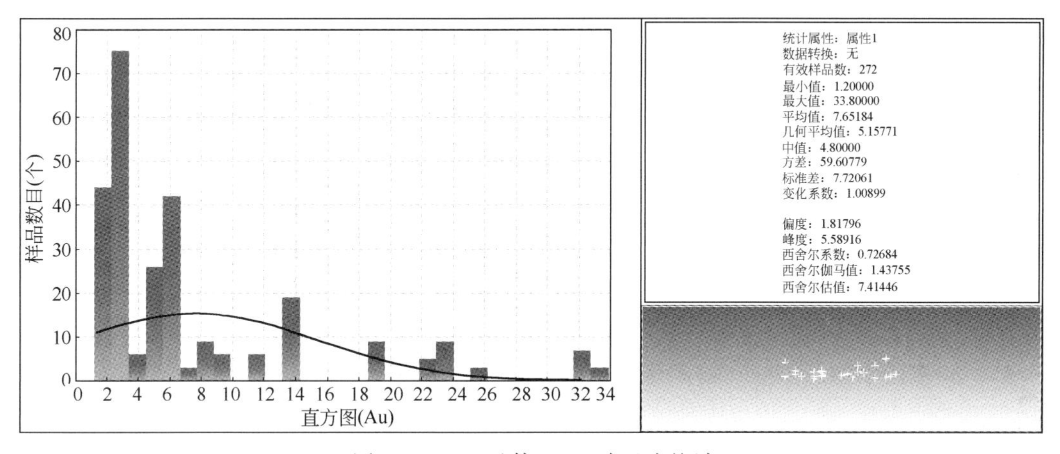

图 4.10　H6 矿体 Au 元素基本统计

H 北矿体样品 Au 元素基本统计，结果如图 4.11 所示。

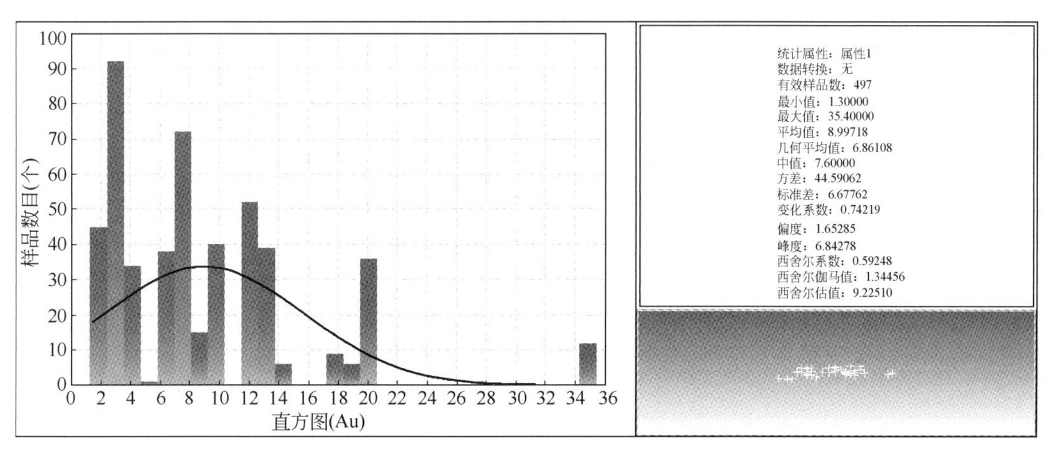

图 4.11　H 北矿体 Au 元素基本统计

中间矿体样品 Au 元素基本统计，结果如图 4.12 所示。

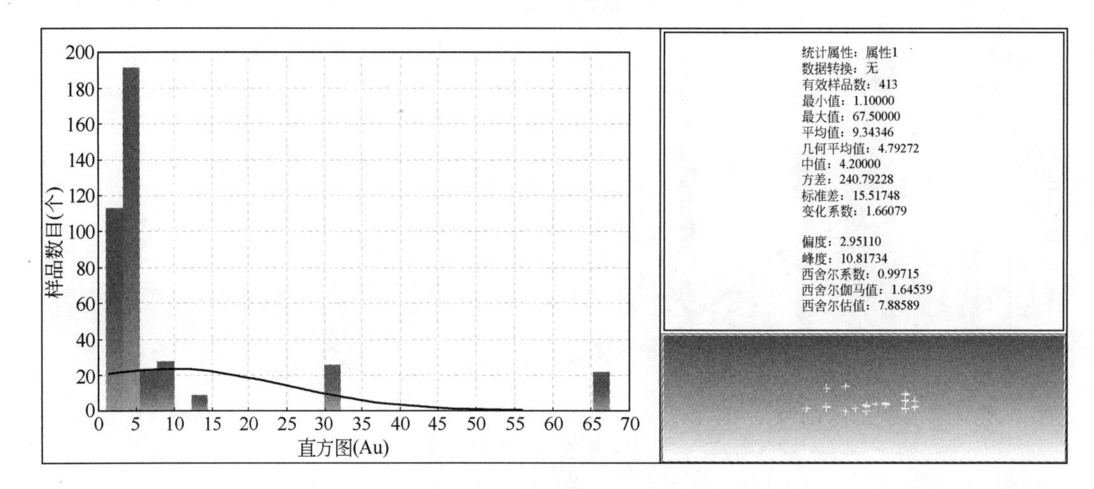

图 4.12 中间矿体 Au 元素基本统计

由各矿体 Au 元素的基本分析结果可以看出，各矿体内部 Au 元素变化系数在 0.4～1.66 之间，说明矿体品位变化较为均匀，矿床较为稳定。其中 H4A、H6、中间矿体的变化系数大于 1，原因是少量样品的数目虽然很小但值很高，在曲线上拖出一个长尾，需要对特高品位进行处理。

（2）特高品位处理

特高品位数据根据矿体变化系数的大小，一般为矿体平均品位的 6～8 倍。以 H4A 为例，H4A 矿体内部 Au 元素最大值为 35.6g/t，H4A 矿体内部 Au 元素平均品位为 9.36，如按照平均品位的 6 倍确认特高品位，特高品位值应为 9.36×6＝56.16g/t，超过了该矿体内部 Au 品位最高值，因此该矿体内部不存在特高品位。

对各个矿体均按照以上方法确认特高品位数值后，发现只有中间矿体内部存在特高品位，中间矿体 Au 元素平均品位为 9.34g/t，品位最大值为 67.50g/t，按照平均品位的 6 倍确认特高品位，特高品位值应为 9.34×6＝56.04g/t，高于 56.04g/t 的 Au 品位为特高品位。

经过与原始数据对比后发现，中间矿体内部特高品位样品为 67.5g/t，利用平均品位数值即 9.34g/t，代替特高品位数值，对特高品位进行剔除。

剔除特高品位后，对样品进行基本统计，中间矿体内部样品基本统计如图 4.13 所示。

在按照特高品位原则处理特高品位后，特高品位造成的拖尾效果明显减少。经过特高品位处理后，以上样品数据可以用来对块体模型的 Au 品位进行品位插值计算，剔除特高品位，在一定程度上避免了特高品位对矿床品位的高估。

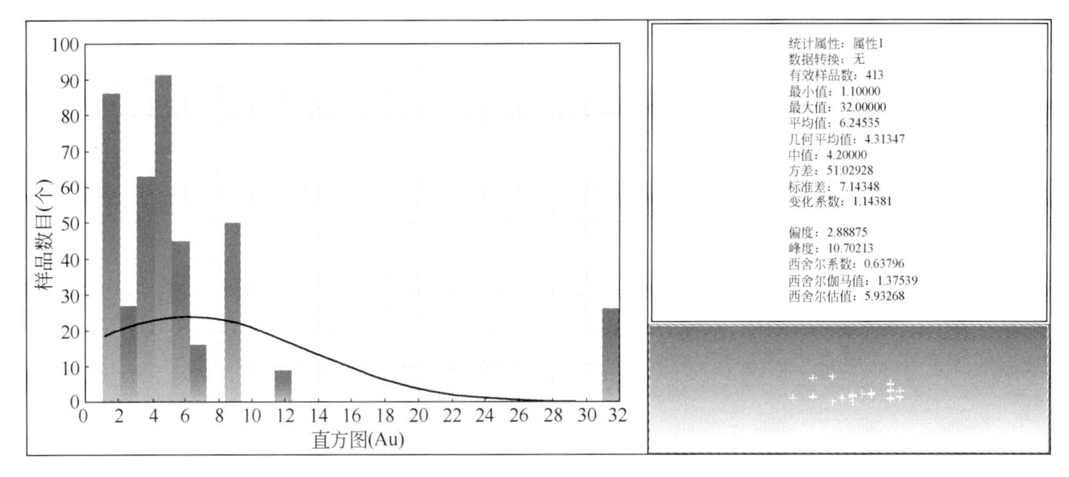

图 4.13　中间矿体内部样品基本统计结果

4.2.2 块体模型的建立方法

目前，估值的品位数据主要来自伊矿提供的 29 幅勘探线断面图。针对伊矿 9 条矿脉的分布特点，需要建立一个旋转块体模型。设置块体尺寸为 2.5m×2.5m×0.5m，次级模块为 2.5m×2.5m×0.5m；旋转角度为 30°，如图 4.14 所示。

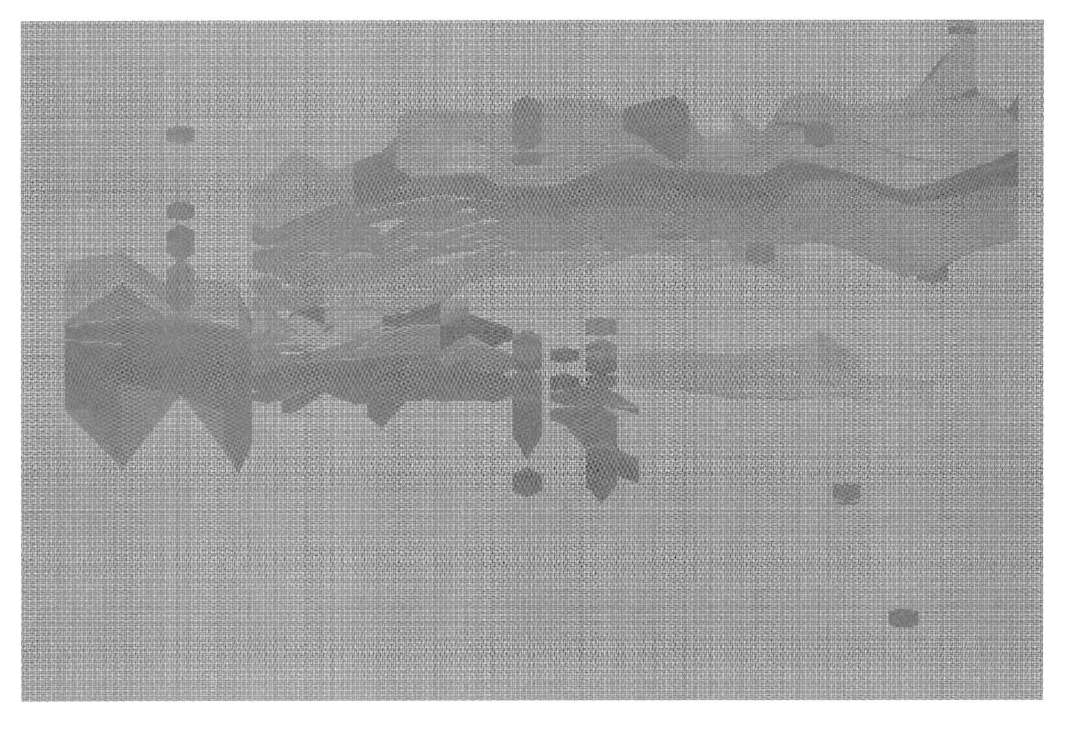

图 4.14　块体模型

块体模型建立时，需要明确块体模型的几个概念：

1. 块体空间范围

建立的块体模型尽可能包含所有矿体和采掘的岩石范围，以便计算出矿岩量，而不仅是矿体范围。

2. 块体尺寸

三维块体模型中单元块的高度等于露天矿台阶高度，单元块在水平方向一般取正方形，其边长视具体情况而定。目前，存在一种错误的认识，认为单元块越小，品位、矿量计算结果越精确。但从地质统计学理论可知，在已知数据（即样品数与样品在空间的分布）一定的条件下，单元块越小，对其品位的估计误差越大。另外，当单元块小到一定程度时，相邻的几个单元块的品位估计值会非常接近，与它们的平均品位相差无几，这种现象称为平滑作用，故用一个大块代替几个小块，品位与矿量的计算结果变化很小。而这样做可以降低对计算机容量的要求，加快计算速度。一般的经验规律是，单元块在水平方向上的边长不应小于钻孔平均间距的 1/4 或 1/5。对于 100m 的钻孔间距，单元块的边长一般取 30m 左右。通常情况下，块体尺寸的大小取决于矿体的类型、规模和采掘方式，例如，脉状金矿或铜矿与层状铁矿的块体尺寸是不同的，并且露天开采与地下开采方式的不同，定义的块体尺寸也是不同的。通常定义为最小勘探间距的 1/4～1/5。

3. 次级模块

多个一定体积的长方体叠加构成了块体模型，然而在矿体边缘（曲面），需要对边缘块体进行分割成更次一级的子块，以期使得矿体边缘的块体更接近于矿体，从而保证了计算的误差在许可范围之内。次级模块的分割以 $1/2^n$ 的几何级数进行，也不能太小。

4. 估值方法

通常根据矿床类型和样品数量选择不同的估值方法。对于详查或勘探级别的矿山而言，数据量往往不多，一般采用距离幂次反比法。对于详细勘探和生产矿山来讲，样品量比较大，可以进行变异函数分析确定哪种方法的使用，根据要求采用的实体样品点赋值的功能更贴合其具体的实际情况，由给定数据及方法定制开发了此项功能。

5. 约束条件

块体模型的部分空间是矿体的组成部分，每一个块均被赋予矿体内部某空间相对应的属性，这个记录是以空间为参照的，每个点的信息可以通过空间点修改，而不仅仅取决于精确测量，空间参照就是一些额外的操作，空间操作的方式是在某个实体的内（外）、表面的上部或下部空间按照块体本身属性的大小等逻辑操作。约束条件包括实体内外约束、表面上下约束、闭合线内外约束、块值约束等。

6. 搜索椭球

搜索椭球是指利用已知样品数据对块体模型进行品位插值时，并不是矿床内所有样品点都参与插值，而是设置一个搜索范围，在该范围内部的样品点参与块体模型插值计算，在该搜索范围外的样品点不参与插值计算。

搜索范围是通过搜索椭球确定的，一般搜索椭球的设置是通过设置椭球主轴、次轴、短轴的大小，以及主轴方位角、倾伏角、次轴倾角进行确定的。搜索椭球设置完成后，应与矿床矿体的走向、倾向、倾角以及矿体形态相一致。如水平分布沉积型薄矿体，椭球设置后也应该是呈现水平分布且主轴短轴比值较大（图 4.15）。

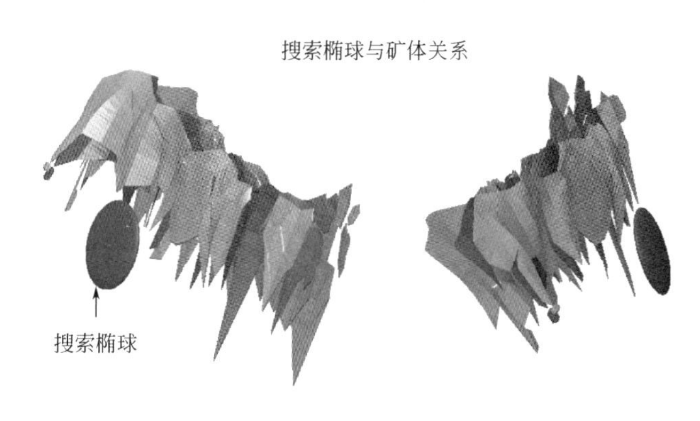

图 4.15　估值搜索椭球设置

4.2.3　块体模型属性赋值方法

对伊矿西区块体模型建立 5 个块体属性值，如表 4.2 所示。

块体属性值列表　　　　**表 4.2**

序号	属性名称	类型	默认值	说明
1	矿岩属性	字符	岩石	记录块体属于岩石或矿体名称
2	Au	浮点	0	记录块体 Au 品位值
3	比重	浮点	2.70	记录块体体重值

4.2.4　块体空间赋值方法

3DMine 矿业软件提供了三种空间插值的方法：最近距离法、距离幂次反比法和普通克立格法。考虑到伊矿西区矿脉资料和分布特点，本次研究采用距离幂次反比法进行插值计算。

距离反比插值基于相近相似的原理，即两个物体离得越近，它们的性质就越相似，反之，离得越远则相似性越小。在进行空间插值时，估测点的信息来自周围的已知点，信息点距估测点的距离不同，它对估测点的影响也不同，其影响程度与距离呈反比。距离幂次反比法插值的一般步骤为：

（1）以被估单元块中心为圆心、以影响半径 R 做圆，确定影响范围（三维状态下，圆变为球）；

（2）计算落入影响范围内每一样品与被估单元块中心的距离；

（3）利用式 4.2 计算单元块的品位 X_b。

$$X_b = \sum_{i=1}^{n} \frac{X_i}{d_i^N} \Big/ \sum_{i=1}^{n} \frac{1}{d_i^N} \tag{4.2}$$

式中 X_i——落入影响范围的第 i 个样品的品位；

d_i——第 i 个样品到单元块中心的距离。

如果没有样品落入影响范围之内，单元块的品位为零。公式中的指数 N 对于不同的矿床取值不同。在品位变化小的矿床，N 取值较小；在品位变化大的矿床，N 取值较大。在铁、镁等品位变化较小的矿床中，N 一般取 2；在贵重金属（如黄金矿床）中，N 的取值一般大于 2，有时高达 4 或 5。如果区域异性存在，不同区域中品位的变化不同，则需要在不同区域取不同的 N 值。同时，一个区域的样品一般不参与另一区域的单元块品位的估值运算。

距离幂次反比法是一种较为快速的插值方法，当数据点的个数很多时，就要根据搜索体选取以待估点为中心的一个区域内的数据点参加插值计算，一般以与矿体走向、倾向一致的椭球体范围内的样品点作为已知点，进而对矿块模型的各个单元进行估值。

根据伊矿矿体取样数据的多少和矿体分布的特点，选择合适的估值参数，参数设置界面如图 4.16 和图 4.17 所示。以下述估值参数为例对块体模型的 Au 属性进行空间赋值：

（1）距离幂次=2；

（2）估值半径：首次估值为 50m，第二次估值扩大一倍为 100m；以此类推；

（3）主/次轴=1.000；

（4）主/短轴=6.000；

（5）主轴方位角=80.000；

（6）侧伏角=0；

（7）主轴倾角=70.000；

（8）最少样品点=6；

（9）最多样品点=15。

距离幂次反比法赋值成功后，矿体约束的每一个块都有相对应的品位值。

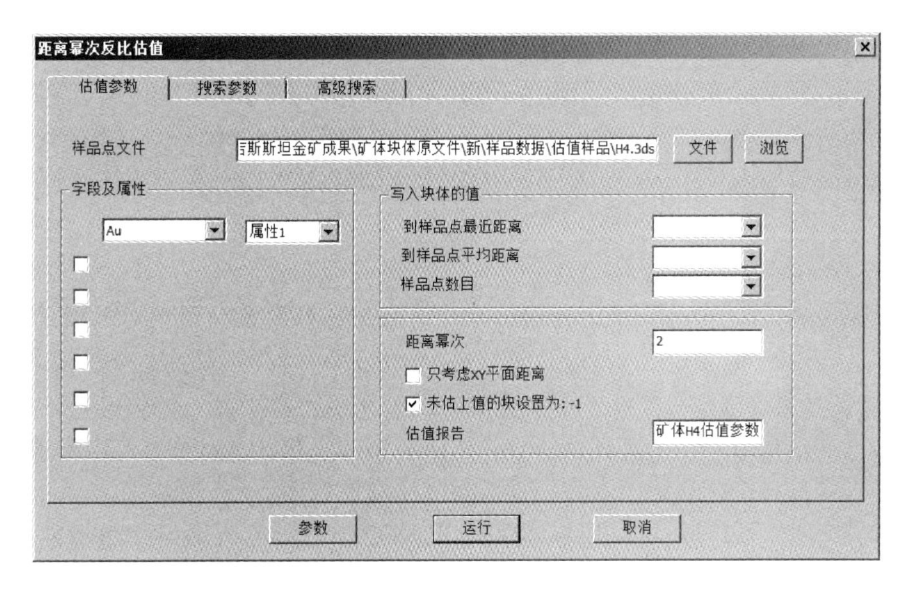

图 4.16　距离幂次反比法赋值参数设置 1

图 4.17　距离幂次反比法赋值参数设置 2

1. 品级划分

伊矿品级划分表 **表 4.3**

序号	富集程度	Au 品位(g/t)
1	极富集区	>12

续表

序号	富集程度	Au品位(g/t)
2	较富集区	>9且≤12
3	富集区	≥5且≤9
4	欠富集区	<5

按照以上约束，分别添加品级相对应的约束，并利用单一赋值对品级进行赋值(表4.3)。

2. 块体着色

品位插值完成后，为了更直观地表达矿体品位的变化，可以对块体模型进行属性设置，如极富集区用红色块体表达，较富集区用绿色块体表达，富集区用黄色块体表达，欠富集区用蓝色表达，具体设置如图4.18所示，着色后的块体模型如图4.19所示。

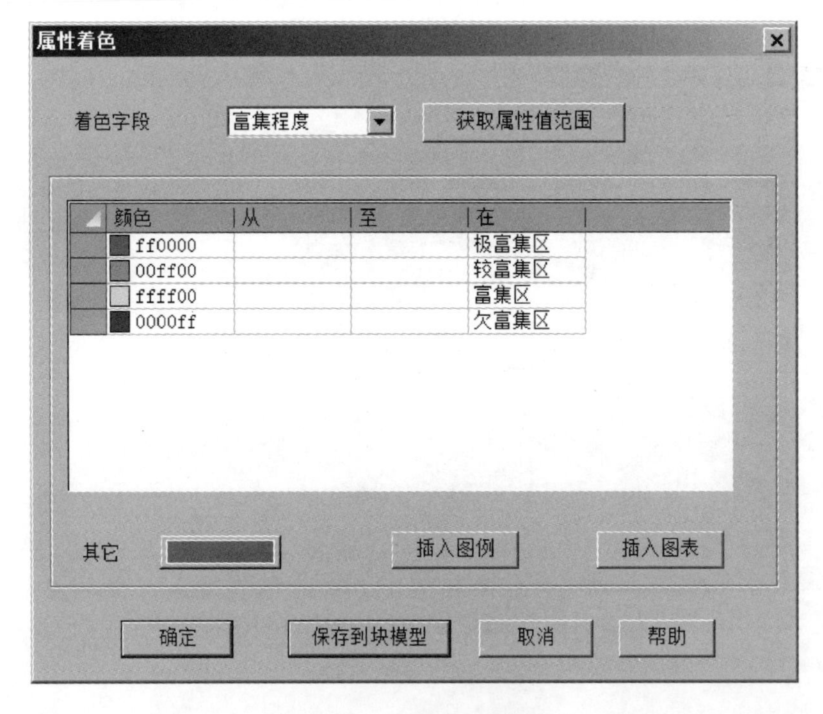

图4.18 块体着色设置

3. 比重赋值

按照伊矿金金属品位比重数据，对相关品位进行约束，并赋值，如图4.20和图4.21所示。

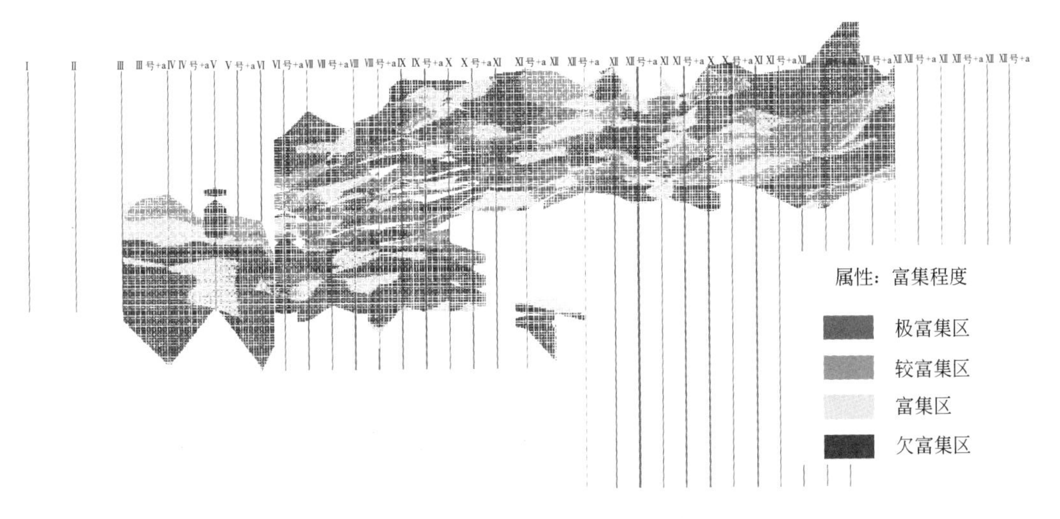

图 4.19　块体着色显示三维图

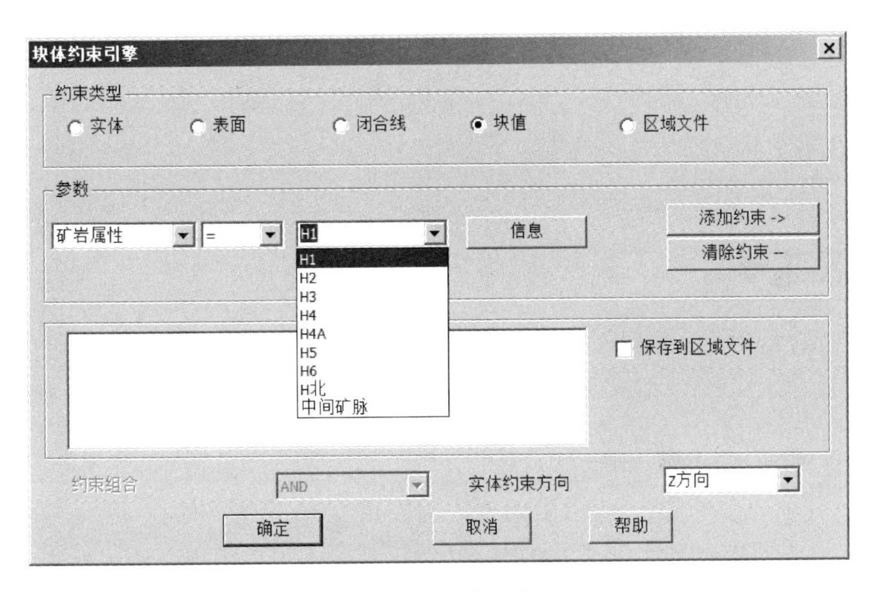

图 4.20　矿体约束

至此，利用 3DMine 软件，地质工作完成了从数据整理、提取、矿体解译，矿体连接、品位估值和储量计算的全部工作。

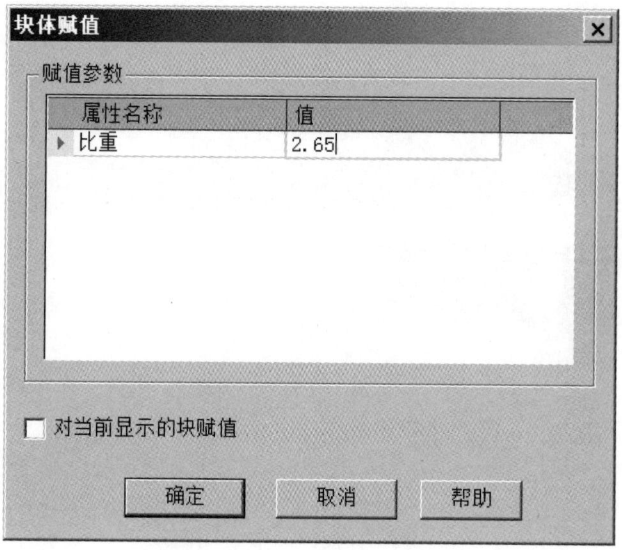

图 4.21　比重单一赋值

4.3 金金属富集分区

4.3.1　区划标准分类

利用 3DMine 软件的二次开发功能，建立了“伊士坦贝尔德金矿三维工程地质模型”。基于距离幂次反比理论，结合伊士坦贝尔德金矿西区 29 幅地质勘探线剖面信息，对西区 1 号、2 号、3 号、4 号、4A 号、5 号、6 号、北矿脉、中间矿脉 9 条矿脉进行金金属富集区划研究，按照 $t=5$、9、12 三个品位等级划分为极富集区、较富集区、富集区和欠富集区 4 个富集分区：

（1）极富集区：金金属品位 $t>12$ g/t，标识：▬；

（2）较富集区：金金属品位 $t\in$ [9，12]，单位：g/t，标识：▬；

（3）富集区：金金属品位 $t\in$ [5，9]，单位：g/t，标识：标识：▬；

（4）欠富集区：金金属品位 $t<5$ g/t，标识：▬；

4.3.2 全部矿脉金金属富集分区

1. 按照 $t=5$、9、12 三个品位等级进行金金属富集分区

利用 3DMine 软件的二次开发功能，建立了“伊士坦贝尔德金矿 9 条矿脉的三维地质模型”，基于距离幂次反比理论，对西区 1 号、2 号、3 号、4 号、4A 号、5 号、6 号、北矿脉、中间矿脉 9 条矿脉进行金金属富集区划研究，按照 $t=5$、9、12 三个品位等级划分为极富集区、较富集区、富集区和欠富集区 4 个富集分区，划分结果如图 4.22 所示。

根据伊矿 9 条矿脉金金属富集区划结果（图 4.22），对每个分区金金属量体积和占总体积的百分比进行统计（图 4.21）：

（1）极富集区金金属体积 21.97×10^4 m^3，占总体积的 11.4%；

（2）较富集区金金属体积 13.19×10^4 m^3，占总体积的 6.8%；

（3）富集区金金属体积 44.72×10^4 m^3，占总体积的 23.2%；

（4）欠富集区金金属体积 113×10^4 m^3，占总体积的 58.6%。

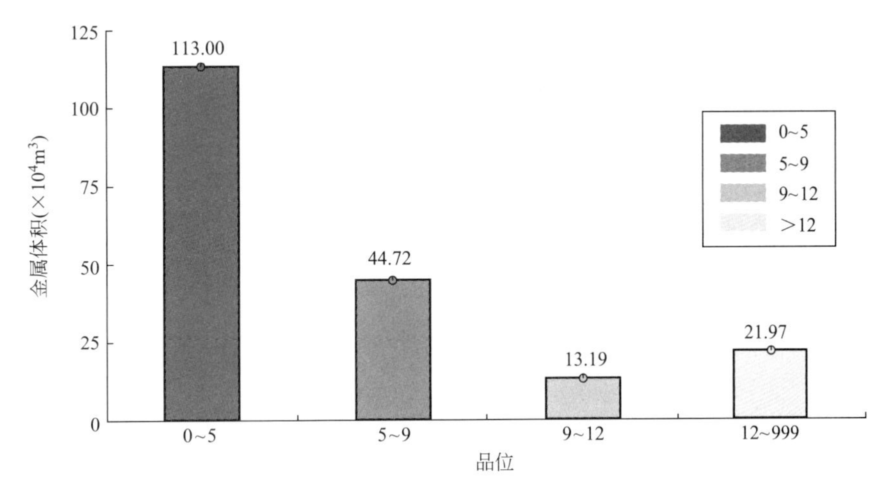

图 4.22 伊矿 9 条矿脉金金属富集分区金金属体积图

2. 按照 $t=7$ 品位等级进行金金属富集分区

利用 3DMine 软件的二次开发功能，建立了“伊士坦贝尔德金矿 9 条矿脉的三维地质模型”，基于距离幂次反比理论，对西区 1 号、2 号、3 号、4 号、4A 号、5 号、6 号、北矿脉、中间矿脉 9 条矿脉进行金金属富集区划研究，按照 $t=7$ 品位等级划分为富集区和不富集区 2 个富集分区，划分结果如图 4.23 所示。红色区域金品位不小于 7g/t，黑色区域金金属品位小于 7 g/t。如图 4.24 显示，伊矿西区 4 号脉、中间矿脉、1 号脉和 2 号矿脉中金金属量富集区域较多。

图 4.23　全部矿脉金金属富集分区图（以 t=5、9、12 为标准划分四个分区）

图 4.24　全部矿脉金金属富集分区图（品位 t≥7）

4.3.3　伊矿 1 号矿脉金金属富集分区

1. 按照 t=5、9、12 三个品位等级进行金金属富集分区

利用 3DMine 软件的二次开发功能，建立了“伊士坦贝尔德金矿 1 号矿脉的三维地质模型”，基于距离幂次反比理论，对西区 1 号矿脉进行金金属富集区划研究，按照 t=5、9、12 三个品位等级划分为极富集区、较富集区、富集区和欠富集区 4 个富集分

区，划分结果如图 4.25 所示。

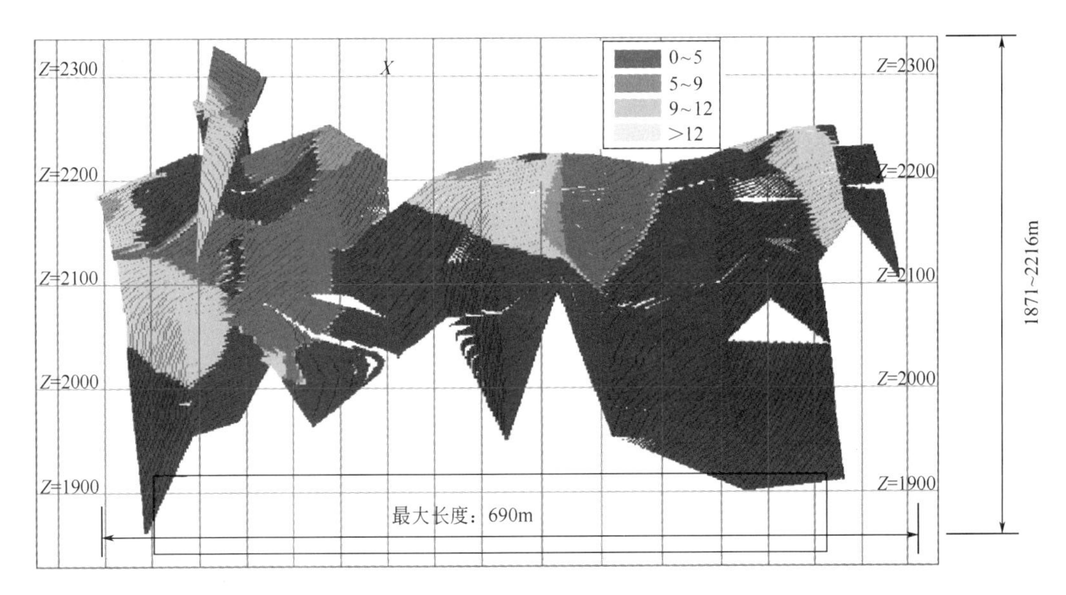

图 4.25　伊矿 1 号矿脉金金属富集分区图（以 t=5、9、12 为标准划分四个分区）

根据伊矿 1 号矿脉金金属富集区划结果，对每个分区金金属量体积和占总体积的百分比进行统计（图 4.26）。

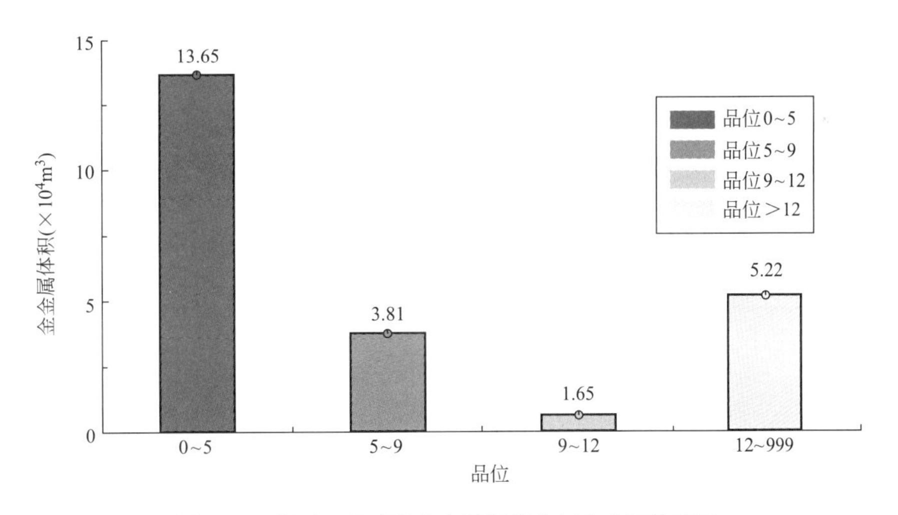

图 4.26　伊矿 1 号矿脉金金属富集分区金金属体积图

（1）极富集区金金属体积 5.22×10^4 m^3，占总体积的 21.5%；
（2）较富集区金金属体积 1.65×10^4 m^3，占总体积的 6.8%；
（3）富集区金金属体积 3.81×10^4 m^3，占总体积的 15.7%；
（4）欠富集区金金属体积 13.65×10^4 m^3，占总体积的 56%。

2. 按照 $t=7$ 品位等级进行金金属富集分区

利用 3DMine 软件的二次开发功能，建立了“伊士坦贝尔德金矿 1 号矿脉的三维地质模型”，基于距离幂次反比理论，对西区 1 号矿脉进行金金属富集区划研究，按照 $t=7$ 品位等级划分为富集区和不富集区 2 个富集分区，划分结果如图 4.27 所示。红色区域金品位不小于 7g/t，黑色区域金金属品位小于 7g/t。

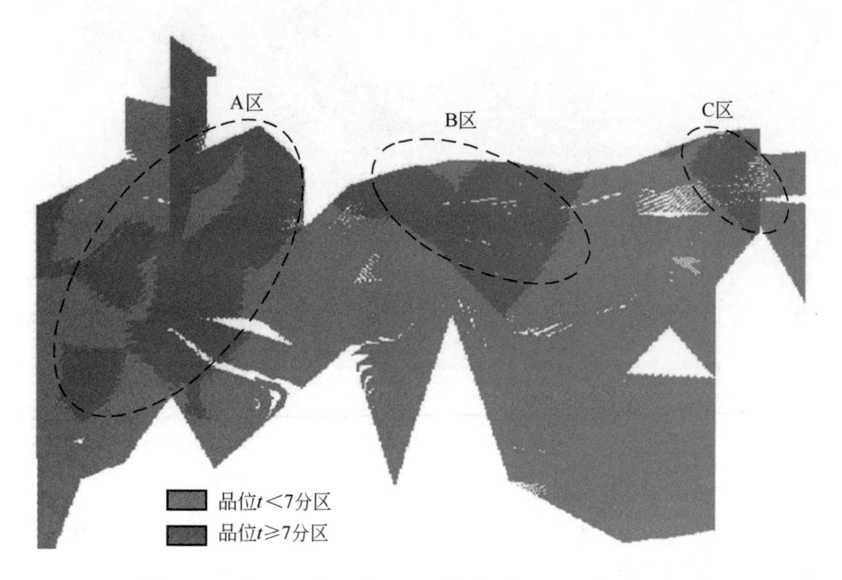

图 4.27　伊矿 1 号矿脉金金属富集分区图（品位 $t\geqslant7$）

根据伊矿 1 号矿脉金金属 $t=7$ 品位等级进行富集区划计算结果，1 号矿脉出现 3 个富集区，分别编号 1-A 区、1-B 区和 1-C 区，每个富集区金金属量体积和质量进行统计，如表 4.4 所示。

伊矿 1 号矿脉富集区金金属体积和质量统计表（品位 $t\geqslant7$）　　表 4.4

矿岩属性	体积(m^3)	矿石量(t)	累计 Au(t)
1-A	45867.35	117879.15	1.68
1-B	10543.51	27096.79	0.28
1-C	2936.25	7546.16	0.05

4.3.4　伊矿 2 号矿脉金金属富集分区

1. 按照 $t=5$、9、12 三个品位等级进行金金属富集分区

利用 3DMine 软件的二次开发功能，建立了“伊士坦贝尔德金矿 2 号矿脉的三维地质模型”，基于距离幂次反比理论，对西区 2 号矿脉进行金金属富集区划研究，按照

$t=5$、9、12 三个品位等级划分为极富集区、较富集区、富集区和欠富集区 4 个富集分区，划分结果如图 4.28 所示。

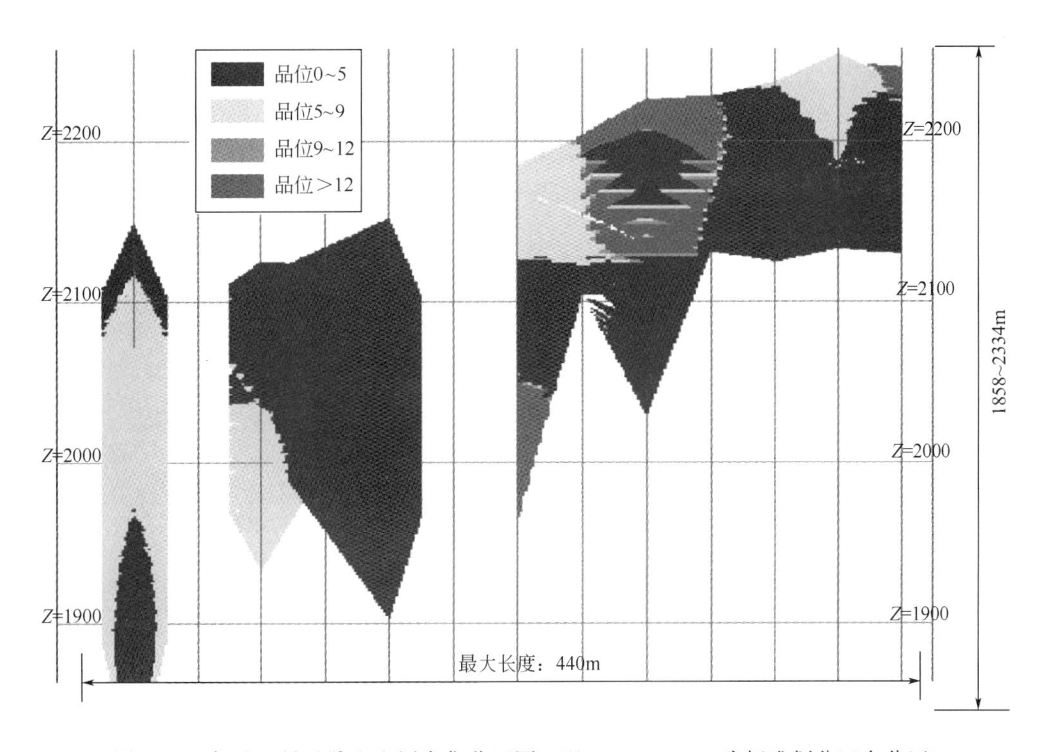

图 4.28　伊矿 2 号矿脉金金属富集分区图（以 $t=5$、9、12 为标准划分四个分区）

根据伊矿 2 号矿脉金金属富集区划结果，对每个分区金金属量体积和占总体积的百分比进行统计（图 4.29）。

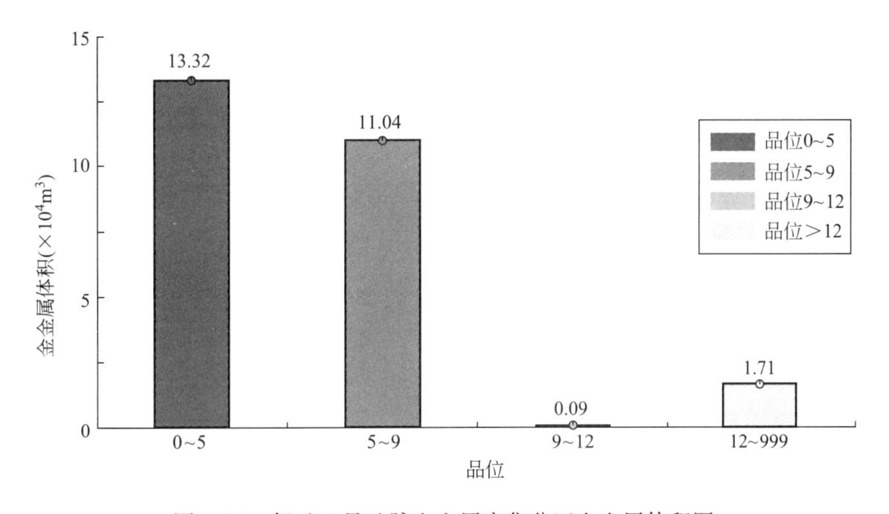

图 4.29　伊矿 2 号矿脉金金属富集分区金金属体积图

(1) 极富集区金金属体积 $1.71\times10^4\ m^3$，占总体积的 6.5%；
(2) 较富集区金金属体积 $0.09\times10^4\ m^3$，占总体积的 0.3%；
(3) 富集区金金属体积 $11.04\times10^4\ m^3$，占总体积的 42.2%；
(4) 欠富集区金金属体积 $13.32\times10^4\ m^3$，占总体积的 51%。

2. 按照 $t=7$ 品位等级进行金金属富集分区

利用 3DMine 软件的二次开发功能，建立了“伊士坦贝尔德金矿 2 号矿脉的三维地质模型”，基于距离幂次反比理论，对西区 2 号矿脉进行金金属富集区划研究，按照 $t=7$ 品位等级划分为富集区和不富集区 2 个富集分区，划分结果如图 4.30 所示。红色区域金品位不小于 7g/t，黑色区域金金属品位小于 7g/t。

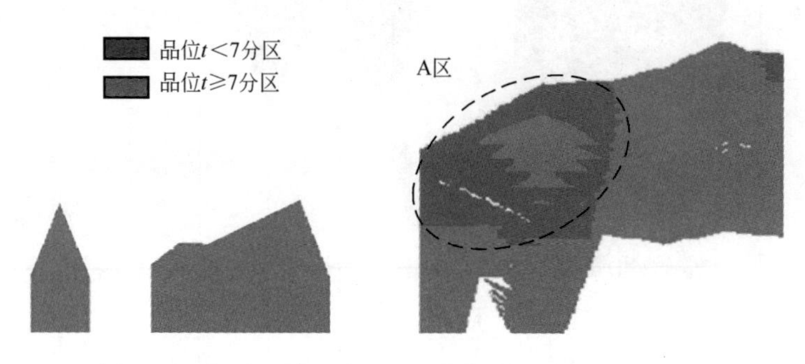

图 4.30　伊矿 2 号矿脉金金属富集分区图（品位 $t\geq7$）

根据伊矿 2 号矿脉金金属 $t=7$ 品位等级进行富集区划计算结果，2 号矿脉出现 1 个富集区，编号为 2-A 区，该富集区金金属量体积和质量进行统计，如表 4.5 所示。

伊矿 2 号矿脉富集区金金属体积和质量统计表（品位 $t\geq7$）　　表 4.5

矿岩属性	体积(m^3)	矿石量(t)	累计 Au(t)
2-A	17246.25	228010.34	3.17

4.3.5　伊矿 3 号矿脉金金属富集分区

1. 按照 $t=5$、9、12 三个品位等级进行金金属富集分区

利用 3DMine 软件的二次开发功能，建立了“伊士坦贝尔德金矿 3 号矿脉的三维地质模型”，基于距离幂次反比理论，对西区 3 号矿脉进行金金属富集区划研究，按照 $t=5$、9、12 三个品位等级划分为极富集区、较富集区、富集区和欠富集区 4 个富集分区，划分结果如图 4.31 所示。

根据伊矿 3 号矿脉金金属富集区划结果，对每个分区金金属量体积和占总体积的百分比进行统计（图 4.32）。

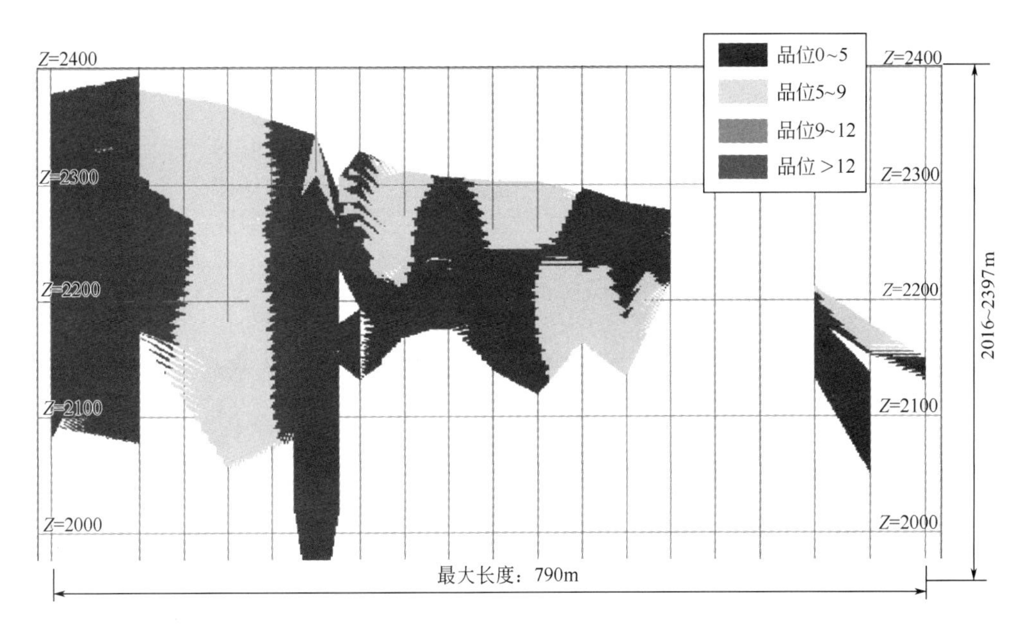

图 4.31 伊矿 3 号矿脉金金属富集分区图（以 t=5、9、12 为标准划分四个分区）

（1）极富集区金金属体积 0 m^3，占总体积的 0%；
（2）较富集区金金属体积 0 m^3，占总体积的 0%；
（3）富集区金金属体积 7.64×10^4 m^3，占总体积的 32.5%；
（4）欠富集区金金属体积 15.88×10^4 m^3，占总体积的 67.5%。

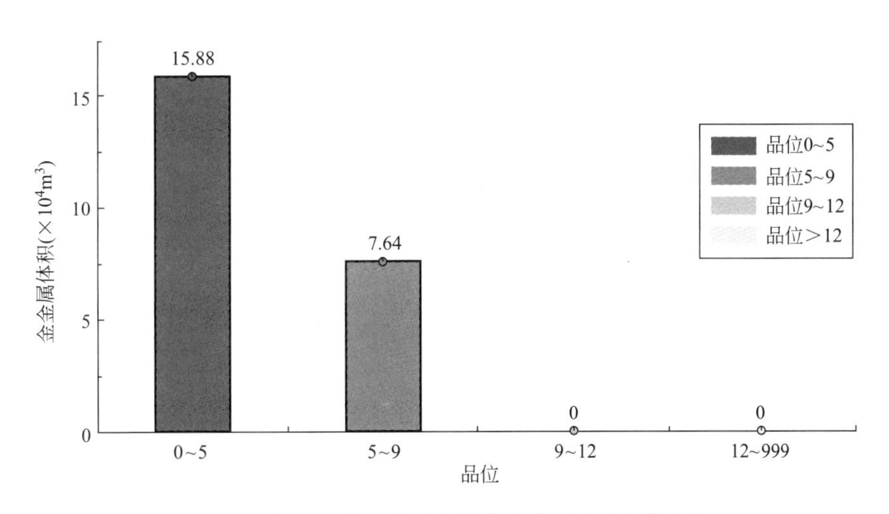

图 4.32 伊矿 3 号矿脉金金属富集分区金金属体积图

2. 按照 t=7 品位等级进行金金属富集分区

利用 3DMine 软件的二次开发功能，建立了“伊士坦贝尔德金矿 3 号矿脉的三维地质模型”，基于距离幂次反比理论，对西区 3 号矿脉进行金金属富集区划研究，按照 $t=7$ 品位等级划分为富集区和不富集区 2 个富集分区，划分结果如图 4.33 所示。红色区域金品位不小于 7g/t，黑色区域金金属品位小于 7 g/t。

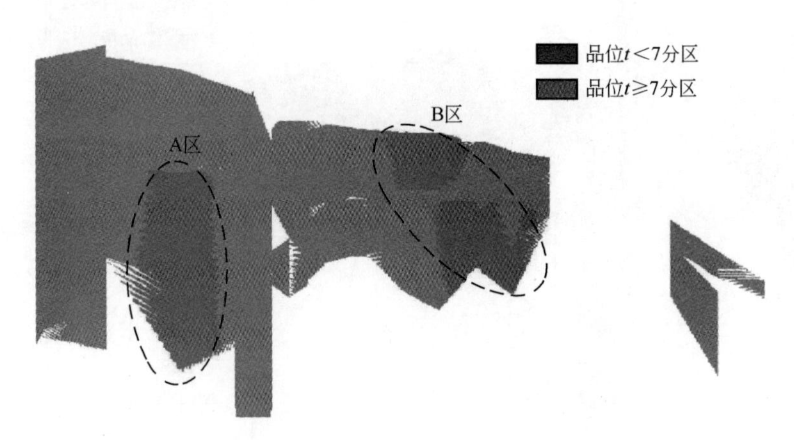

图 4.33　伊矿 3 号矿脉金金属富集分区图（品位 $t\geq7$）

根据伊矿 3 号矿脉金金属 $t=7$ 品位等级进行富集区划计算结果，3 号矿脉出现 2 个富集区，编号分别为 3-A 区和 3-B 区，每个富集区金金属量体积和质量进行统计，如表 4.6 所示。

伊矿 3 号矿脉富集区金金属体积和质量统计表（品位 $t\geq7$）　　表 4.6

矿岩属性	体积(m^3)	矿石量(t)	累计 Au(t)
3-A	16287.75	43651.17	0.33
3-B	15849.01	42475.32	0.34

4.3.6　伊矿 4 号矿脉金金属富集分区

1. 按照 $t=5$、9、12 三个品位等级进行金金属富集分区

利用 3DMine 软件的二次开发功能，建立了“伊士坦贝尔德金矿 2 号矿脉的三维地质模型”，基于距离幂次反比理论，对西区 4 号矿脉进行金金属富集区划研究，按照 $t=5$、9、12 三个品位等级划分为极富集区、较富集区、富集区和欠富集区 4 个富集分区，划分结果如图 4.34 所示。

根据伊矿 4 号矿脉金金属富集区划结果，对每个分区金金属量体积和占总体积的百分比进行统计（图 4.35）。

（1）极富集区金金属体积 1.71×10^4 m^3，占总体积的 6.5%；

（2）较富集区金金属体积 0.09×10^4 m^3，占总体积的 0.3%；

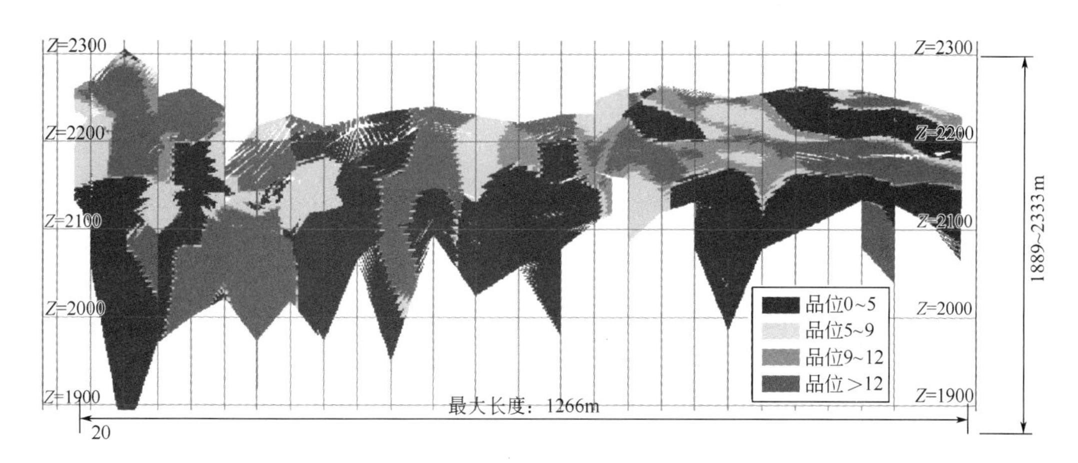

图 4.34 伊矿 4 号矿脉金金属富集分区图（以 $t=5$、9、12 为标准划分四个分区）

（3）富集区金金属体积 11.04×10^4 m^3，占总体积的 42.2%；

（4）欠富集区金金属体积 13.32×10^4 m^3，占总体积的 51%。

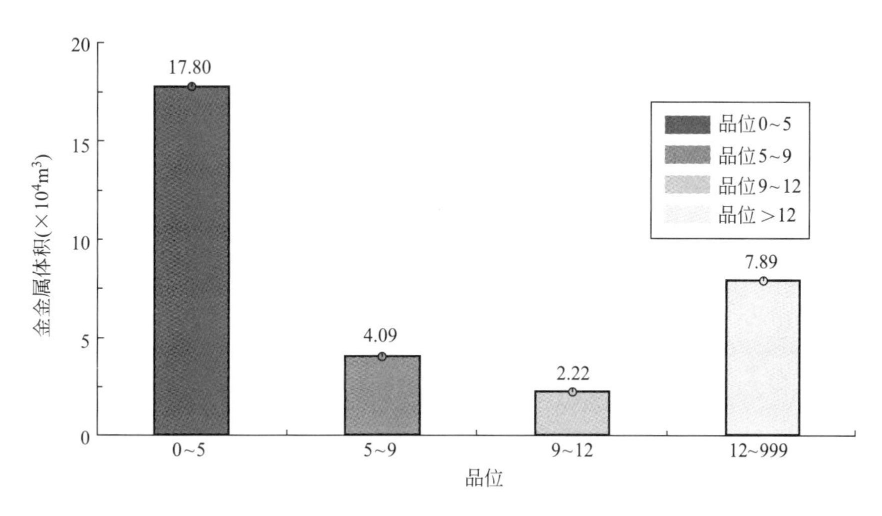

图 4.35 伊矿 4 号矿脉金金属富集分区金金属体积图

2. 按照 $t=7$ 品位等级进行金金属富集分区

利用 3DMine 软件的二次开发功能，建立了“伊士坦贝尔德金矿 4 号矿脉的三维地质模型”，基于距离幂次反比理论，对西区 4 号矿脉进行金金属富集区划研究，按照 $t=7$ 品位等级划分为富集区和不富集区 2 个富集分区，划分结果如图 4.36 所示。红色区域金品位不小于 7g/t，黑色区域金金属品位小于 7 g/t。

根据伊矿 4 号矿脉金金属 $t=7$ 品位等级进行富集区划计算结果，4 号矿脉出现 4 个富集区，编号分别为 4-A 区、4-B 区、4-C 区和 4-D 区，每个富集区金金属量体积和质量进行统计，如表 4.7 所示。

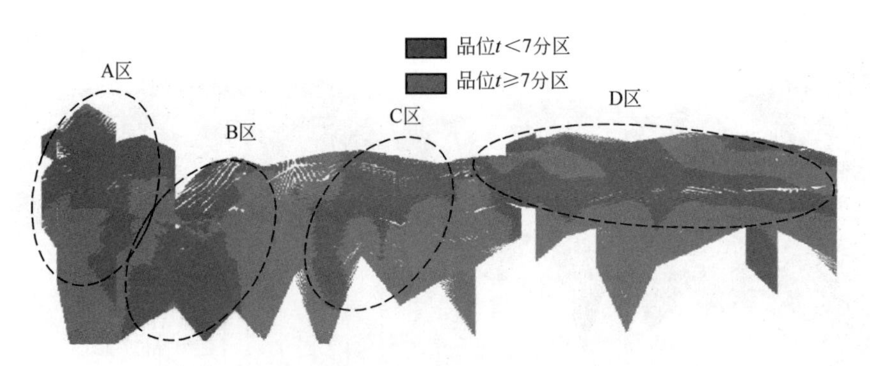

图 4.36 伊矿 4 号矿脉金金属富集分区图（品位 $t \geqslant 7$）

伊矿 4 号矿脉富集区金金属体积和质量统计表（品位 $t \geqslant 7$） 表 4.7

矿岩属性	体积(m^3)	矿石量(t)	累计 Au(t)
4-A	26047.12	69545.82	0.97
4-B	21515.62	57446.72	0.94
4-C	14808.37	39538.36	0.58
4-D	31052.25	82909.51	1.02

4.3.7 伊矿 4A 号矿脉金金属富集分区

1. 按照 $t=5$、9、12 三个品位等级进行金金属富集分区

利用 3DMine 软件的二次开发功能，建立了“伊士坦贝尔德金矿 4A 号矿脉的三维地质模型”，基于距离幂次反比理论，对西区 4A 号矿脉进行金金属富集区划研究，按照 $t=5$、9、12 三个品位等级划分为极富集区、较富集区、富集区和欠富集区 4 个富集分区，划分结果如图 4.37 所示。

根据伊矿 4 号矿脉金金属富集区划结果，对每个分区金金属量体积和占总体积的百分比进行统计（图 4.38）。

（1）极富集区金金属体积 1.15×10^4 m^3，占总体积的 21.4%；

（2）较富集区金金属体积 0.17×10^4 m^3，占总体积的 3.2%；

（3）富集区金金属体积 0.36×10^4 m^3，占总体积的 6.7%；

（4）欠富集区金金属体积 3.69×10^4 m^3，占总体积的 68.7%。

2. 按照 $t=7$ 品位等级进行金金属富集分区

利用 3DMine 软件的二次开发功能，建立了“伊士坦贝尔德金矿 4A 号矿脉的三维地质模型”，基于距离幂次反比理论，对西区 4A 号矿脉进行金金属富集区划研究，按

照 $t=7$ 品位等级划分为富集区和不富集区 2 个富集分区，划分结果如图 4.39 所示。红色区域金品位不小于 7g/t，黑色区域金金属品位小于 7g/t。

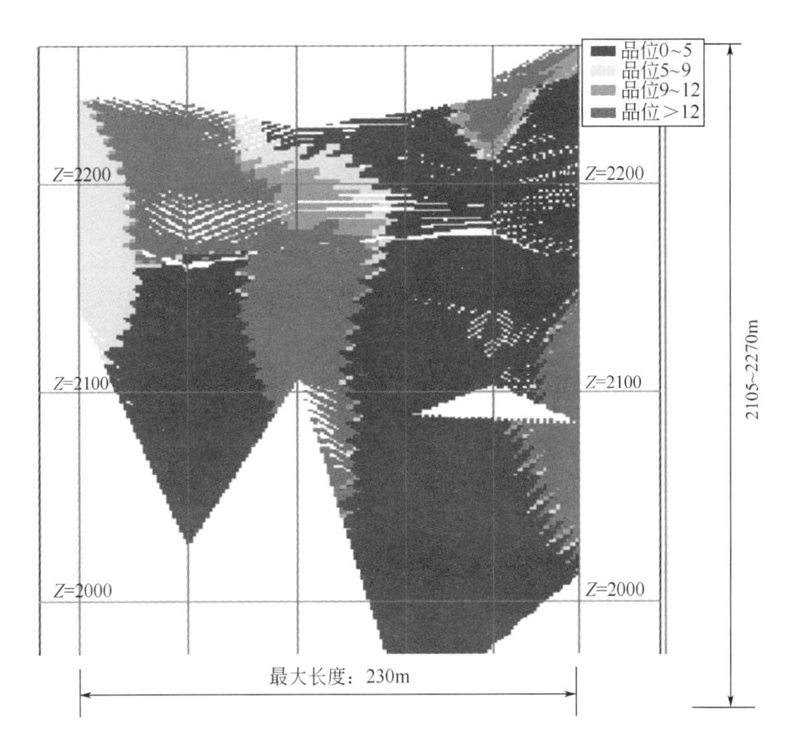

图 4.37　伊矿 4A 号矿脉金金属富集分区图（以 $t=5$、9、12 为标准划分四个分区）

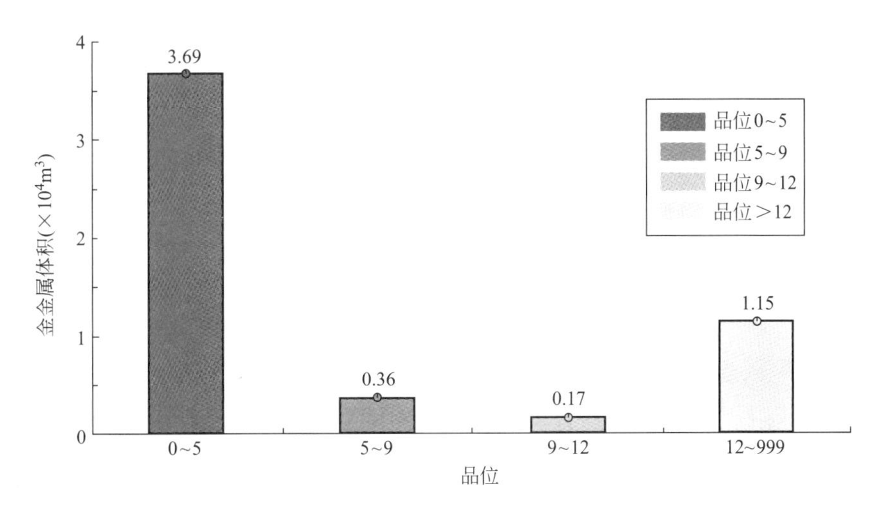

图 4.38　伊矿 4A 号矿脉金金属富集分区金金属体积图

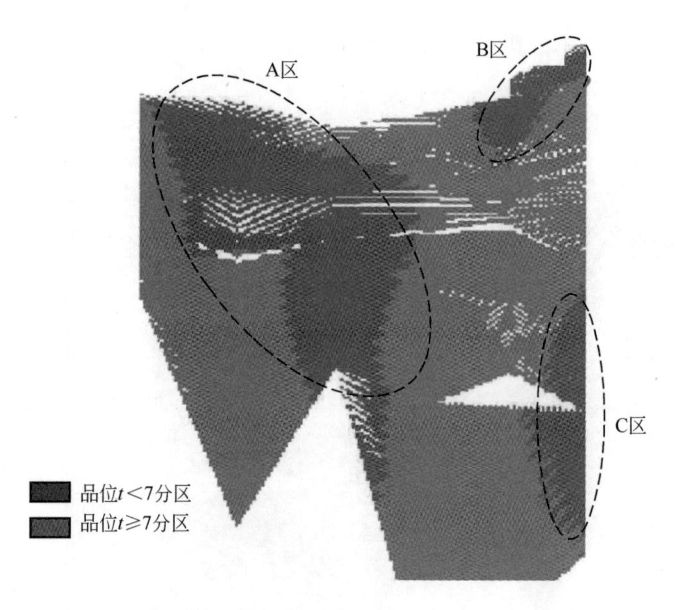

图 4.39 伊矿 4A 号矿脉金金属富集分区图（品位 $t \geqslant 7$）

根据伊矿 4A 号矿脉金金属 $t=7$ 品位等级进行富集区划计算结果，4A 号矿脉出现 3 个富集区，编号分别为 4A-A 区、4A-B 区和 4A-C 区，每个富集区金金属量体积和质量进行统计，如表 4.8 所示。

伊矿 4A 号矿脉富集区金金属体积和质量统计表（品位 $t \geqslant 7$）　　表 4.8

矿岩属性	体积(m^3)	矿石量(t)	累计 Au(t)
4A-A	8131.5	196054.24	5.06
4A-B	973.12	12446.02	0.16
4A-C	1684.12	44087.61	1.19

4.3.8 伊矿 5 号矿脉金金属富集分区

1. 按照 $t=5$、9、12 三个品位等级进行金金属富集分区

利用 3DMine 软件的二次开发功能，建立了“伊士坦贝尔德金矿 5 号矿脉的三维地质模型”，基于距离幂次反比理论，对西区 5 号矿脉进行金金属富集区划研究，按照 $t=5$、9、12 三个品位等级划分为极富集区、较富集区、富集区和欠富集区 4 个富集分区，划分结果如图 4.40 所示。

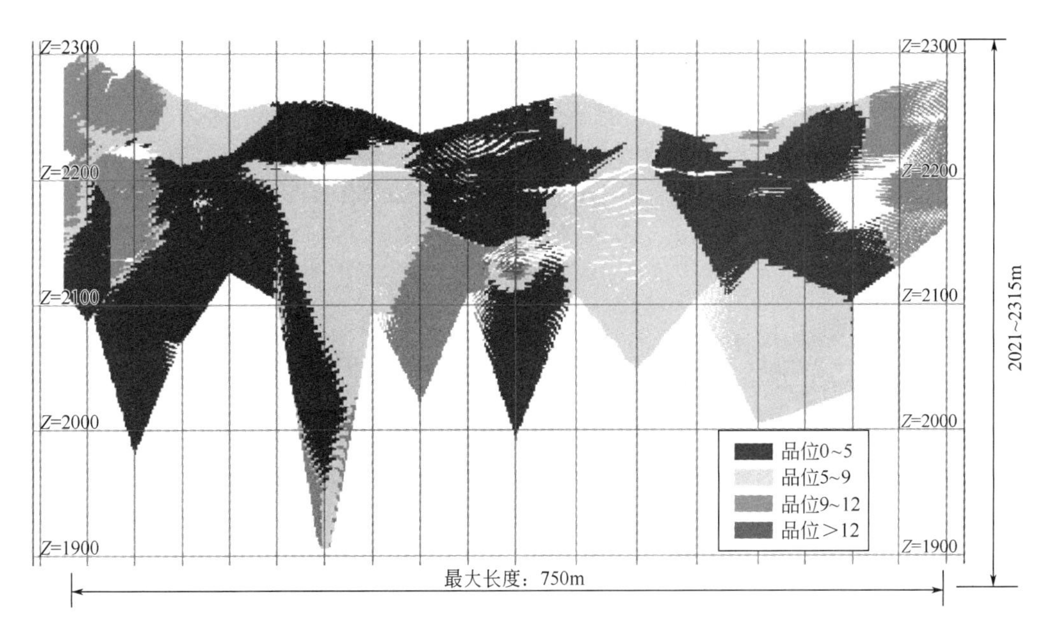

图 4.40 伊矿 5 号矿脉金金属富集分区图（以 t=5、9、12 为标准划分四个分区）

根据伊矿 5 号矿脉金金属富集区划结果，对每个分区金金属量体积和占总体积的百分比进行统计（图 4.41）。

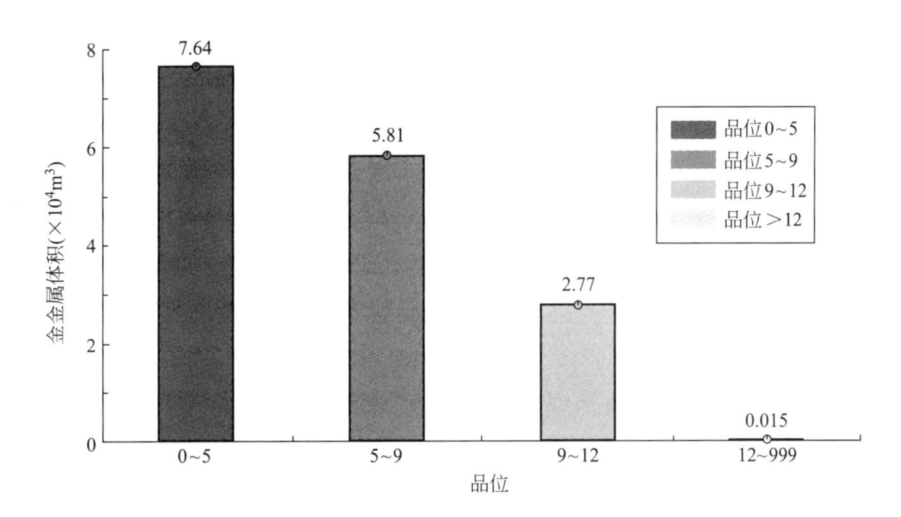

图 4.41 伊矿 5 号矿脉金金属富集分区金金属体积图

（1）极富集区金金属体积 0.015×10^4 m^3，占总体积的 0.1%；

（2）较富集区金金属体积 2.77×10^4 m^3，占总体积的 17.1%；

（3）富集区金金属体积 5.81×10^4 m^3，占总体积的 35.8%；

（4）欠富集区金金属体积 7.64×10^4 m^3，占总体积的 47%。

2. 按照 $t=7$ 品位等级进行金金属富集分区

利用 3DMine 软件的二次开发功能，建立了“伊士坦贝尔德金矿 5 号矿脉的三维地质模型”，基于距离幂次反比理论，对西区 5 号矿脉进行金金属富集区划研究，按照 $t=7$ 品位等级划分为富集区和不富集区 2 个富集分区，划分结果如图 4.42 所示。红色区域金品位不小于 7g/t，黑色区域金金属品位小于 7 g/t。

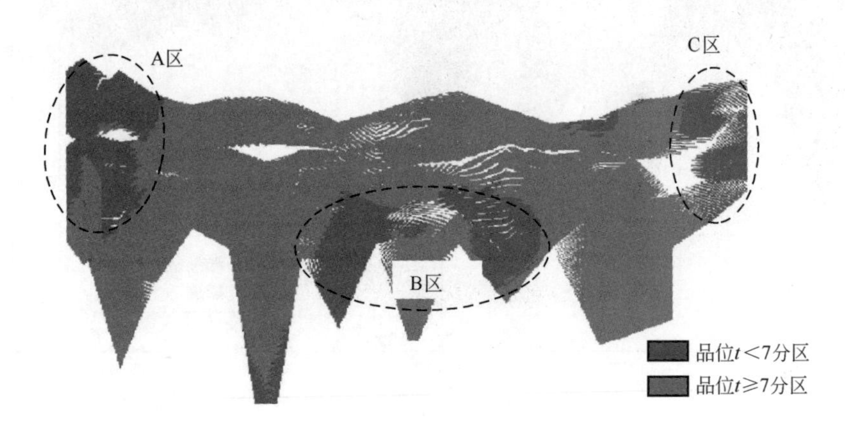

图 4.42 伊矿 5 号矿脉金金属富集分区图（品位 $t \geqslant 7$）

根据伊矿 5 号矿脉金金属 $t=7$ 品位等级进行富集区划计算结果，5 号矿脉出现 3 个富集区，编号分别为 5-A 区、5-B 区和 5-C 区，每个富集区金金属量体积和质量进行统计，如表 4.9 所示。

伊矿 5 号矿脉富集区金金属体积和质量统计表（品位 $t \geqslant 7$） **表 4.9**

矿岩属性	体积(m^3)	矿石量(t)	累计 Au(t)
5-A	13097.25	34707.71	0.32
5-B	10940.62	28992.65	0.26
5-C	4365.12	11567.25	0.12

4.3.9 伊矿 6 号矿脉金金属富集分区

1. 按照 $t=5$、9、12 三个品位等级进行金金属富集分区

利用 3DMine 软件的二次开发功能，建立了“伊士坦贝尔德金矿 6 号矿脉的三维地质模型”，基于距离幂次反比理论，对西区 6 号矿脉进行金金属富集区划研究，按照 $t=5$、9、12 三个品位等级划分为极富集区、较富集区、富集区和欠富集区 4 个富集分区，划分结果如图 4.43 所示。

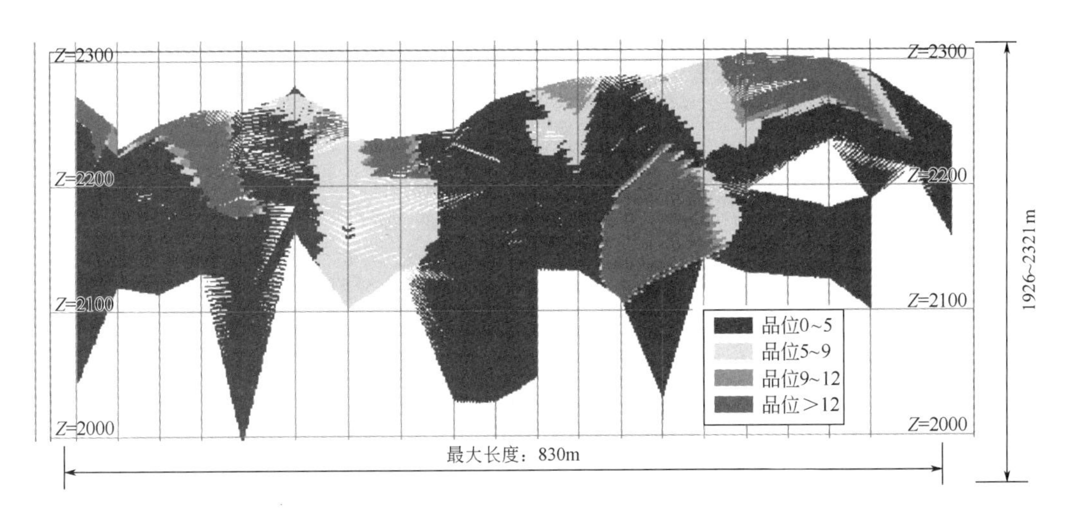

图 4.43　伊矿 6 号矿脉金金属富集分区图（以 $t=5$、9、12 为标准划分四个分区）

根据伊矿 6 号矿脉金金属富集区划结果，对每个分区金金属量体积和占总体积的百分比进行统计（图 4.44）。

（1）极富集区金金属体积 $2.13\times10^4\ m^3$，占总体积的 15.1%；

（2）较富集区金金属体积 $0.33\times10^4\ m^3$，占总体积的 2.3%；

（3）富集区金金属体积 $1.79\times10^4\ m^3$，占总体积的 12.7%；

（4）欠富集区金金属体积 $9.81\times10^4\ m^3$，占总体积的 69.9%。

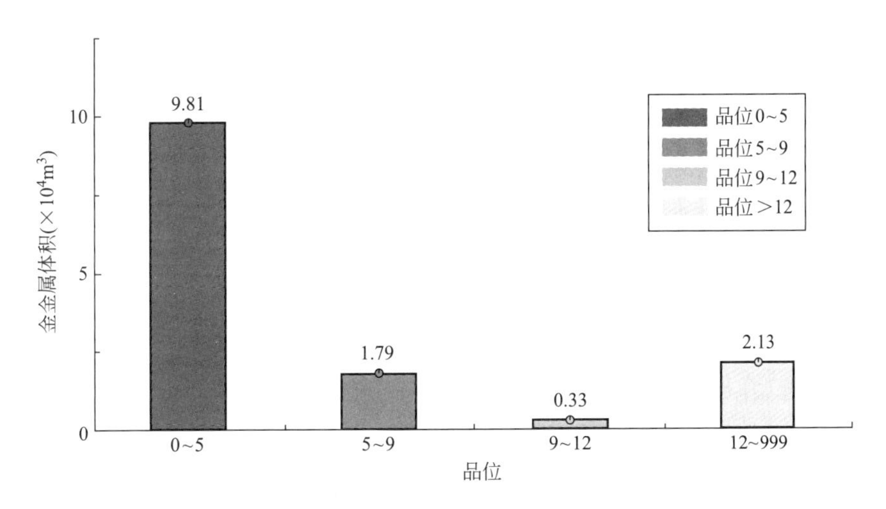

图 4.44　伊矿 6 号脉金金属富集分区金金属体积图

2. 按照 $t=7$ 品位等级进行金金属富集分区

利用 3DMine 软件的二次开发功能，建立了“伊士坦贝尔德金矿 6 号矿脉的三维地质模型”，基于距离幂次反比理论，对西区 6 号矿脉进行金金属富集区划研究，按照$t=7$ 品位等级划分为富集区和不富集区 2 个富集分区，划分结果如图 4.45 所示。红色区域金品位不小于 7g/t，黑色区域金金属品位小于 7 g/t。

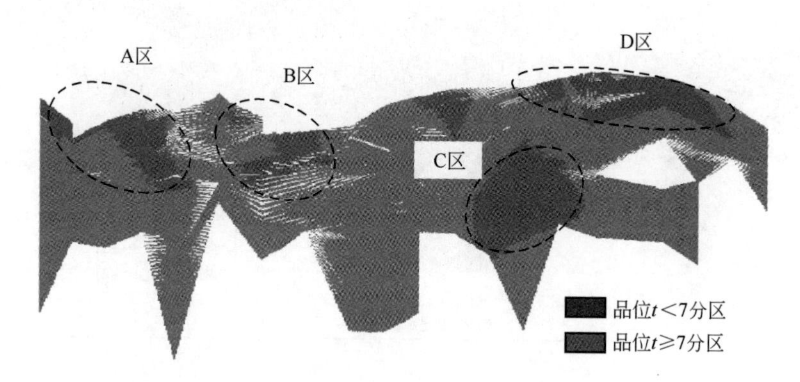

图 4.45　伊矿 6 号矿脉金金属富集分区图（品位 $t\geqslant7$）

根据伊矿 6 号矿脉金金属 $t=7$ 品位等级进行富集区划计算结果，6 号矿脉出现 4 个富集区，编号分别为 6-A 区、6-B 区、6-C 区和 6-D 区，每个富集区金金属量体积和质量进行统计，如表 4.10 所示。

伊矿 6 号矿脉富集区金金属体积和质量统计表（品位 $t\geqslant7$）　　表 4.10

矿岩属性	体积(m^3)	矿石量(t)	累计 Au(t)
6-A	4587.75	12111.66	0.26
6-B	2613.37	6899.31	0.07
6-C	11203.87	29578.23	0.38
6-D	7177.51	18948.6	0.28

4.3.10　伊矿北矿脉金金属富集分区

1. 按照 $t=5$、9、12 三个品位等级进行金金属富集分区

利用 3DMine 软件的二次开发功能，建立了“伊士坦贝尔德金矿北矿脉的三维地质模型”，基于距离幂次反比理论，对西区北矿脉进行金金属富集区划研究，按照 $t=5$、9、12 三个品位等级划分为极富集区、较富集区、富集区和欠富集区 4 个富集分区，划分结果如图 4.46 所示。

根据伊矿北矿脉金金属富集区划结果，对每个分区金金属量体积和占总体积的百

分比进行统计（图 4.47）。

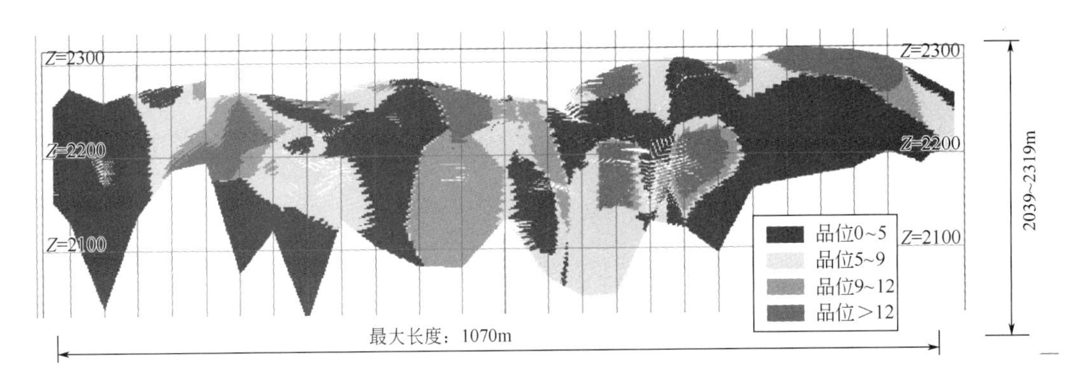

图 4.46 伊矿北矿脉金金属富集分区图（以 $t=5$、9、12 为标准划分四个分区）

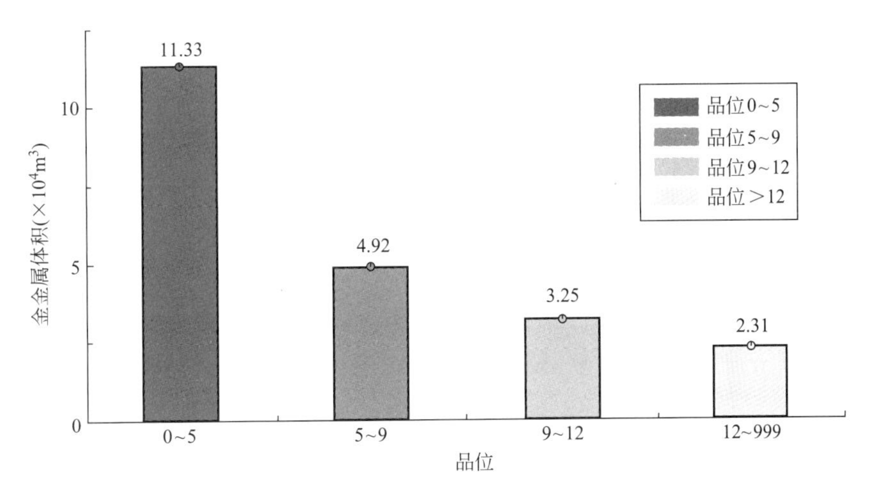

图 4.47 伊矿北矿脉金金属富集分区金金属体积图

（1）极富集区金金属体积 2.31×10^4 m^3，占总体积的 10.6%；

（2）较富集区金金属体积 3.25×10^4 m^3，占总体积的 14.9%；

（3）富集区金金属体积 4.92×10^4 m^3，占总体积的 22.5%；

（4）欠富集区金金属体积 11.33×10^4 m^3，占总体积的 52%。

2. 按照 $t=7$ 品位等级进行金金属富集分区

利用 3DMine 软件的二次开发功能建立了“伊士坦贝尔德金矿北矿脉的三维地质模型”，基于距离幂次反比理论对西区北矿脉进行金金属富集区划研究，按照$t=7$ 品位等级划分为富集区和不富集区 2 个富集分区，划分结果如图 4.48 所示。红色区域金品位不小于 7g/t，黑色区域金金属品位小于 7 g/t。

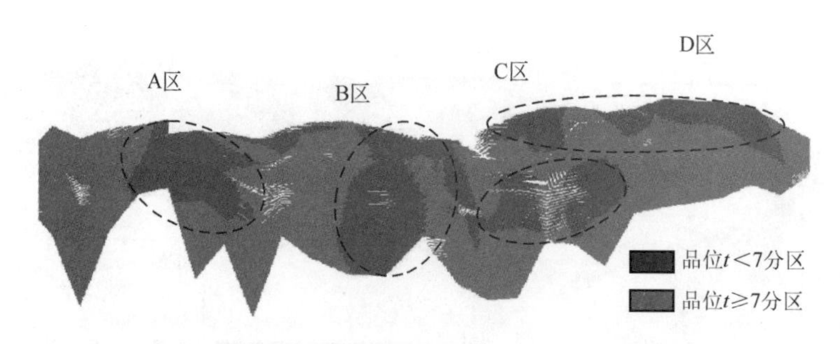

图 4.48 伊矿北矿脉金金属富集分区图（品位 $t \geqslant 7$）

根据伊矿北矿脉金金属 $t=7$ 品位等级进行富集区划计算结果，北矿脉出现 4 个富集区，编号分别为北-A 区、北-B 区、北-C 区和北-D 区，对每个富集区金金属量体积和质量进行统计，如表 4.11 所示。

伊矿北矿脉富集区金金属体积和质量统计表（品位 $t \geqslant 7$） **表 4.11**

矿岩属性	体积(m^3)	矿石量(t)	累计 Au(t)
北-A	15251.62	40416.81	0.41
北-B	18461.25	48922.31	0.59
北-C	12713.62	33691.11	0.44

4.3.11 伊矿中间矿脉金金属富集分区

1. 按照 $t=5$、9、12 三个品位等级进行金金属富集分区

利用 3DMine 软件的二次开发功能，建立了“伊士坦贝尔德金矿北矿脉的三维地质模型”，基于距离幂次反比理论，对西区中间矿脉进行金金属富集区划研究，按照 $t=5$、9、12 三个品位等级划分为极富集区、较富集区、富集区和欠富集区 4 个富集分区，划分结果如图 4.49 所示。

根据伊矿中间矿脉金金属富集区划结果，对每个分区金金属量体积和占总体积的百分比进行统计（图 4.50）。

（1）极富集区金金属体积 1.52×10^4 m^3，占总体积的 5.0%；

（2）较富集区金金属体积 3.71×10^4 m^3，占总体积的 12.2%；

（3）富集区金金属体积 5.25×10^4 m^3，占总体积的 17.3%；

（4）欠富集区金金属体积 19.88×10^4 m^3，占总体积的 65.5%。

2. 按照 $t=7$ 品位等级进行金金属富集分区

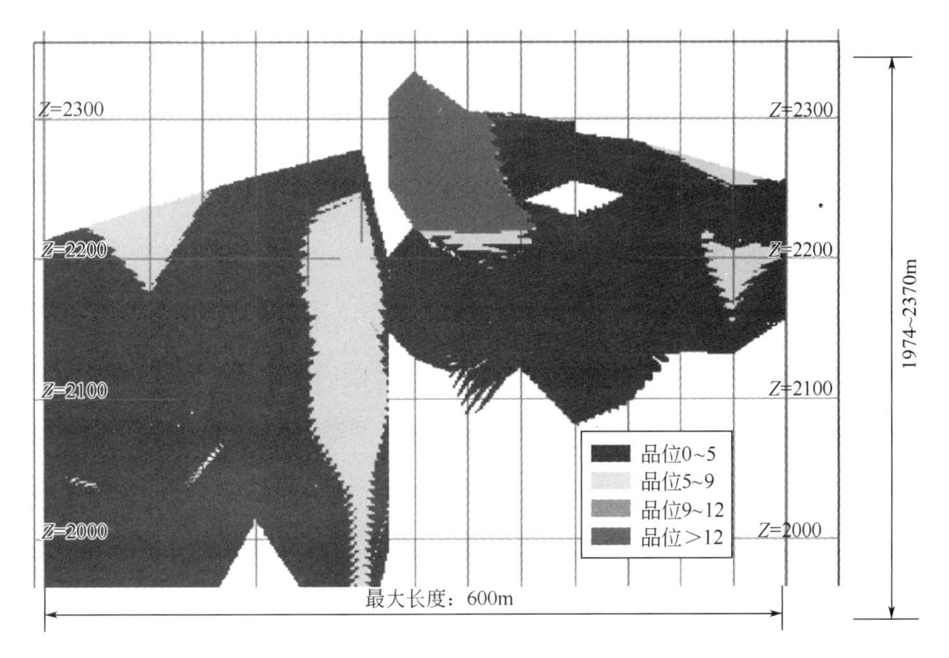

图 4.49 伊矿中间矿脉金金属富集分区图（以 t=5、9、12 为标准划分四个分区）

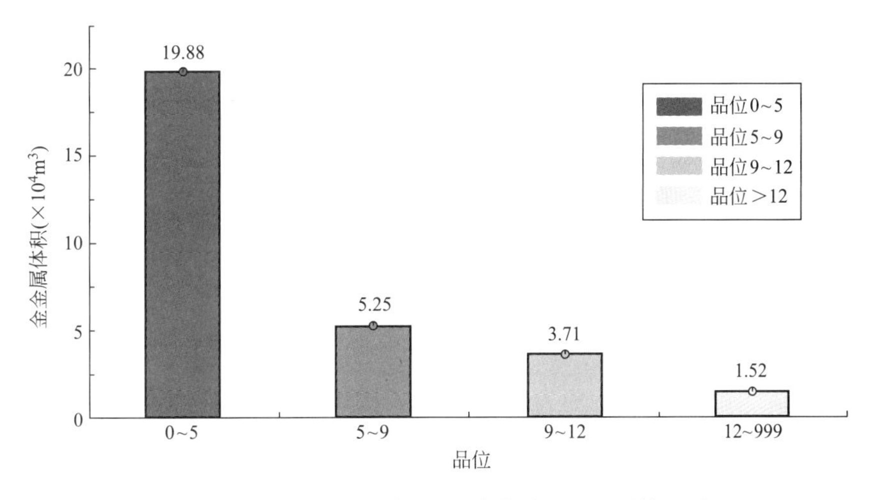

图 4.50 伊矿中间矿脉金金属富集分区金金属体积图

利用 3DMine 软件的二次开发功能，建立了“伊士坦贝尔德金矿中间矿脉的三维地质模型”，基于距离幂次反比理论，对西区中间矿脉进行金金属富集区划研究，按照 t=7 品位等级划分为富集区和不富集区 2 个富集分区，划分结果如图 4.51 所示。红色区域金品位不小于 7g/t，黑色区域金金属品位小于 7 g/t。

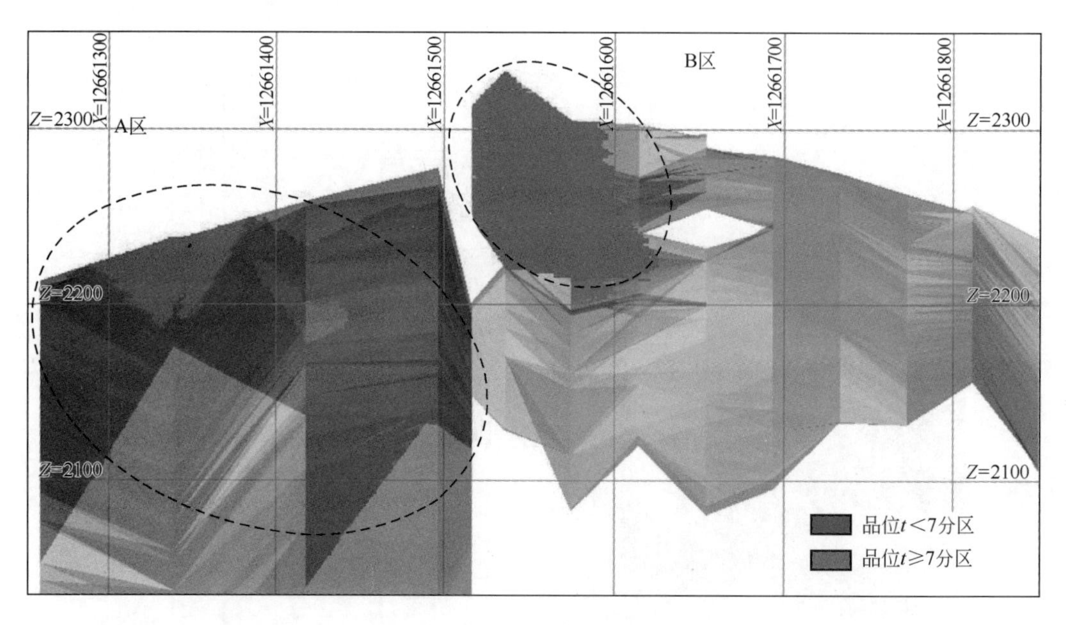

图 4.51　伊矿中间矿脉金金属富集分区图（品位 $t \geqslant 7$）

根据伊矿中间矿脉金金属 $t=7$ 品位等级进行富集区划计算结果，中间矿脉出现 2 个富集区，编号分别为中间矿脉-A 区和中间矿脉-B 区，每个富集区金金属量体积和质量进行统计，如表 4.12 所示。

伊矿中间矿脉富集区金金属体积和质量统计表（品位 $t \geqslant 7$）　　表 4.12

矿岩属性	体积(m^3)	矿石量(t)	累计 Au(t)
中间矿脉-A	57951.21	153570.15	1.39
中间矿脉-B	15538.51	41177.02	1.78

根据 4.2 章节的计算，伊矿西区 9 条矿脉金金属体积和质量统计（按照品位 $t=7$ 为等级划分）如表 4.13 所示。

伊矿 9 条矿脉金金属体积和质量统计表（品位 $t=7$）　　表 4.13

矿脉编号	Au 品位范围	体积(m^3)	矿石量(t)	累计 Au (t)
1号	0～7	153673.87	394941.85	0.55
	≥7	79491.37	204292.83	2.65
	小计	233165.25	599234.67	3.2
2号	0～7	210814.87	558659.44	2.07
	≥7	50788.12	134588.53	1.30
	小计	261603	693247.97	3.38

续表

矿脉编号	Au品位范围	体积(m^3)	矿石量(t)	累计 Au (t)
中间矿脉	0～7	223283.25	591700.63	1.73
	≥7	80502.75	213332.29	3.35
	小计	303786	805032.93	5.08
3号	0～7	199572.75	534854.98	1.61
	≥7	35760.37	95837.80	0.74
	小计	235333.12	630692.79	2.35
4号	0～7	195004.12	520661.03	1.08
	≥7	125257.5	334437.53	4.72
	小计	320261.62	855098.56	5.80
4A号	0～7	39610.12	106155.14	0.23
	≥7	13860	37144.8	0.81
	小计	53470.12	143299.94	1.05
5号	0～7	123035.62	326044.42	1.28
	≥7	39426.75	104480.89	0.97
	小计	162462.37	430525.31	2.25
6号	0～7	111290.62	293807.26	0.62
	≥7	29463.75	77784.30	1.13
	小计	140754.37	371591.56	1.75
北矿体	0～7	145883.25	386590.62	1.12
	≥7	72304.87	191607.92	2.20
	小计	218188.12	578198.55	3.32
总计		1929024	5106922.30	28.21

4.4 各矿脉首采区几何特征

通过4.2章节的富集区划和储量计算，可以确定伊矿西区9个典型矿脉首采区标高和几何尺寸，具体如表4.14所示。

伊矿 9 条矿脉首采区几何参数表　　表 4.14

矿脉编号	富集区高程范围(m)	富集区高度(m)	富集区长度(m)
1号	2000-2216	216	600
2号	2120-2334	214	100
3号	2016-2397	381	400
4号	2000-2333	333	1266
4A号	2000-2270	270	200
5号	2021-2315	294	750
6号	2000-2321	321	800
北矿体	2039-2319	280	1070
中间矿脉	2000-2370	370	400

综上所述，为了提高矿山的开采效率，尽快将前期投入收回，建议伊矿先按照每个矿脉的首采区布置相关的采矿巷道、通风巷道、溜井和运输平硐等设施。

第 5 章　直立破碎矿体自动沉落式采矿方法

针对伊士坦贝尔德金矿矿体围岩特征及矿体赋存产状特征，为解决传统崩落式采矿法在直立破碎围岩自下而上开采时的安全、贫化、低效、出矿难等问题，本次研究提出了自动沉落式采矿方法及配套装备。

5.1 直立破碎矿体自动沉落式采矿方法

自动沉落式采矿方法将传统采矿法自下而上开采改为自上而下开采，使工作人员始终处于支架保护范围内，在很大程度上减轻了安全问题。

5.1.1 工艺流程与关键技术

直立破碎矿体自动沉落式采矿方法整体工艺流程如下：

1. 第一阶段：自动沉陷采矿

(1) 在一定深度矿脉中，掘进一条水平巷道，支架支护，支架之间用恒阻大变形锚杆连接，防止发生错位和脱节，支架上用螺栓连接条形钢板，形成封闭空间，确保下方人员和设备的安全。

(2) 在巷道底板沿矿层巷道方向以不同深度打孔放炮，使支架依次下沉倾斜，成一定角度 α。

(3) 不断加深前排支架下沉深度，从而调整倾斜角度 α 使其大于矿脉岩层内摩擦角 φ。

2. 第二阶段：滑坡自动采矿

支架下部矿层因倾斜角度大于内摩擦角 φ，矿体发生滑动，从而实现自动采矿。

如果想实现上述矿体自动沉落式采矿目标，还需要如下辅助系统：

（1）采矿支架；

（2）支架压力系统；

（3）大数据远程通信系统；

（4）自动溜矿系统；

（5）皮带运输系统。

按照直立破碎矿体产状特征，可以将直立矿体分为以下三类：

（1）直立极薄矿体：极薄矿层厚度 $W<0.8$m，角度 $\alpha=[50°\sim90°]$；

（2）直立薄矿体：薄矿层厚度 $W=[0.8\sim4\text{m}]$，角度 $\alpha=[50°\sim90°]$（图5.1）；

（3）直立厚矿体：厚矿层厚度 $W>4$m，角度 $\alpha=[50°\sim90°]$（图5.2）。

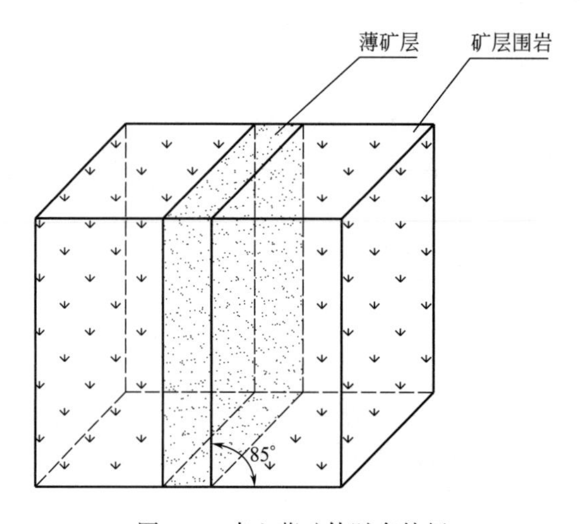

图5.1　直立薄矿体赋存特征

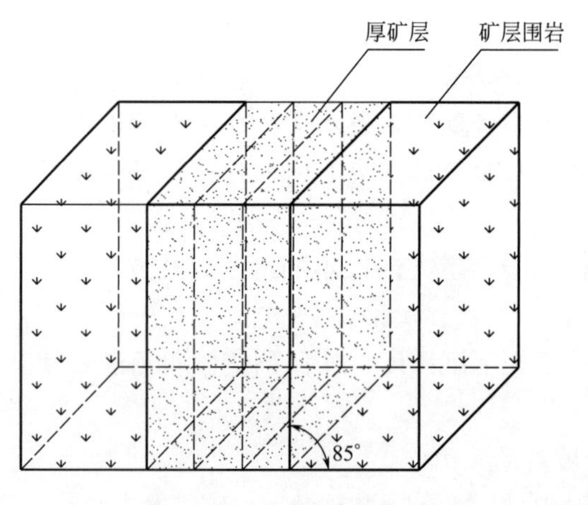

图5.2　直立厚矿体赋存特征

针对常见三种不同类型的直立破碎矿体赋存特征，本次研究设计了直立薄矿体平行开条、直立原矿体联合开条、直立极薄矿体三种不同的开采方法。

5.1.2 直立薄矿体平行开采方法

直立薄矿体平行开采方法实施步骤：

1. 开采表面矿体

针对直立式破碎薄矿体的开采，首先在一定深度的直立薄矿层顶部开拓一条巷道（图 5.3），在巷道内对其地表面矿体进行开采，如图 5.4 所示。

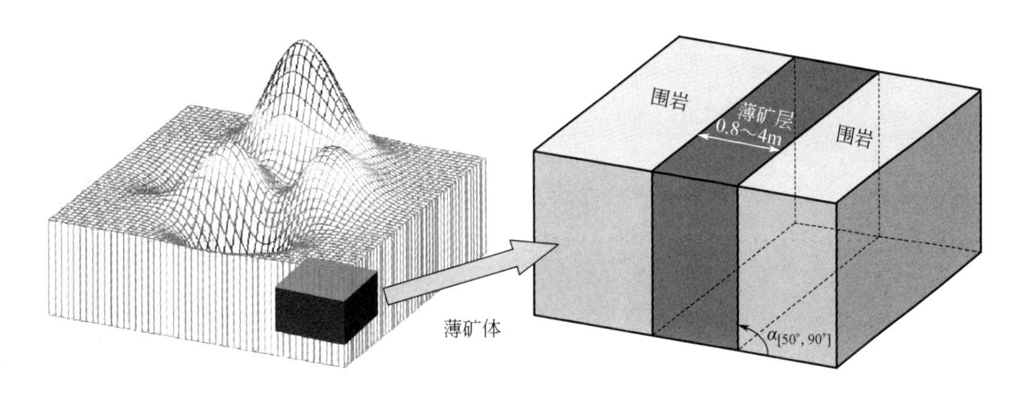

图 5.3 直立薄矿体赋存环境特征

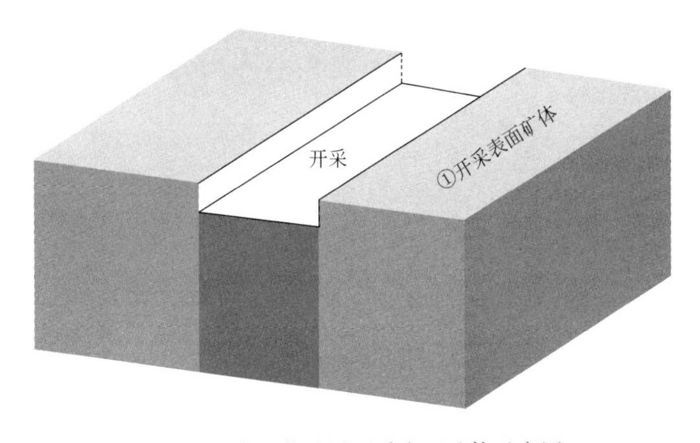

图 5.4 直立薄矿层开采表面矿体示意图

2. 铺设支架

表面矿体开采完毕后，巷道内沿着薄矿层形成一个较大的纵向空间，铺设支架用于支护巷道，支架为 11 号工字钢，如图 5.5 所示。

为了防止支架在自动下沉过程中产生不均匀沉降而造成脱节和错位，支架设计成叠瓦结构，且支架和支架之间用恒阻大变形材料连接，如图 5.6 所示。

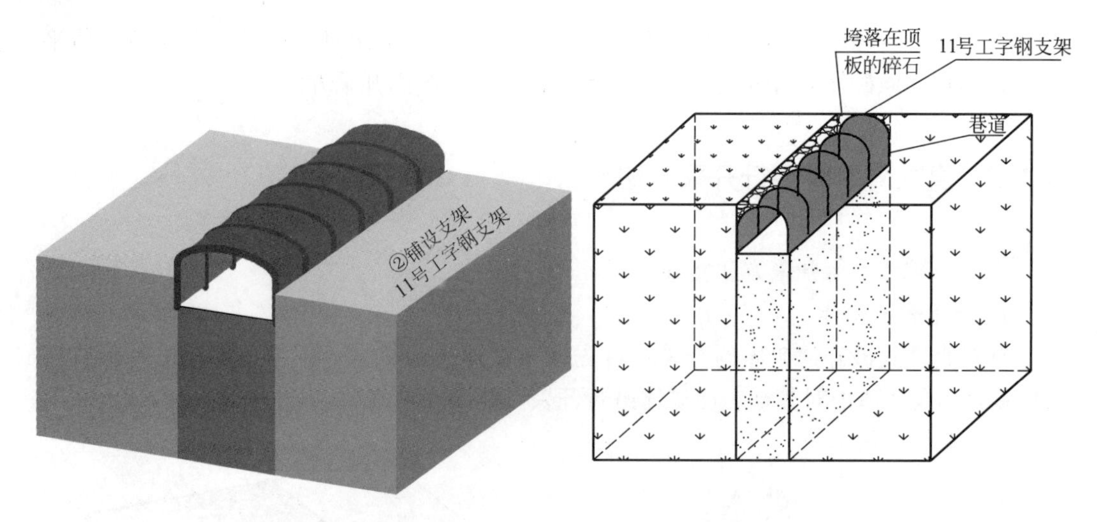

图 5.5 直立薄矿层铺设支架效果图和设计图

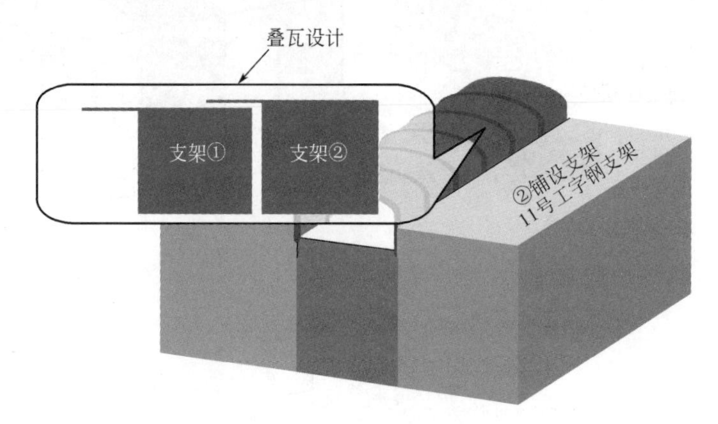

图 5.6 叠瓦结构支架示意图

3. 开采支架下方矿体

在支架下进行采矿作业，开采支架下方矿体，完成支架初步架设（图 5.7）。

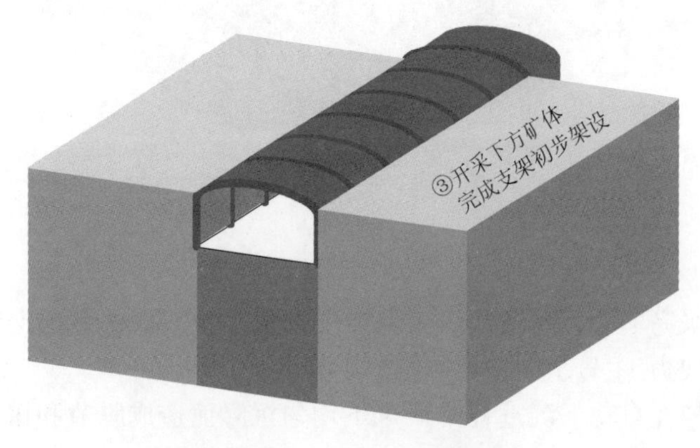

图 5.7 开采下方矿体

4. 封闭顶板

利用支架、恒阻大变形材料和螺栓连接条形钢板封闭开采作业面顶部顶板，确保支架下采矿人员和机械设备的安全。用于每个相邻支架连接的恒阻大变形材料，采用多点连接设计，具有可拉伸和大变形功能，设置如图 5.8 所示，支架之间的大变形可拉伸原理如图 5.9 所示。

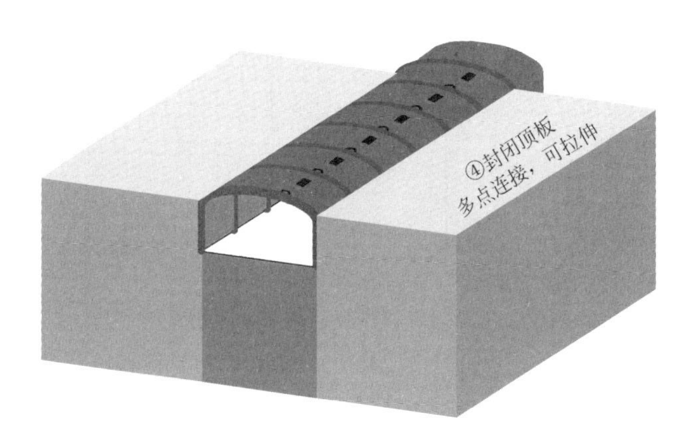

图 5.8　封闭顶板

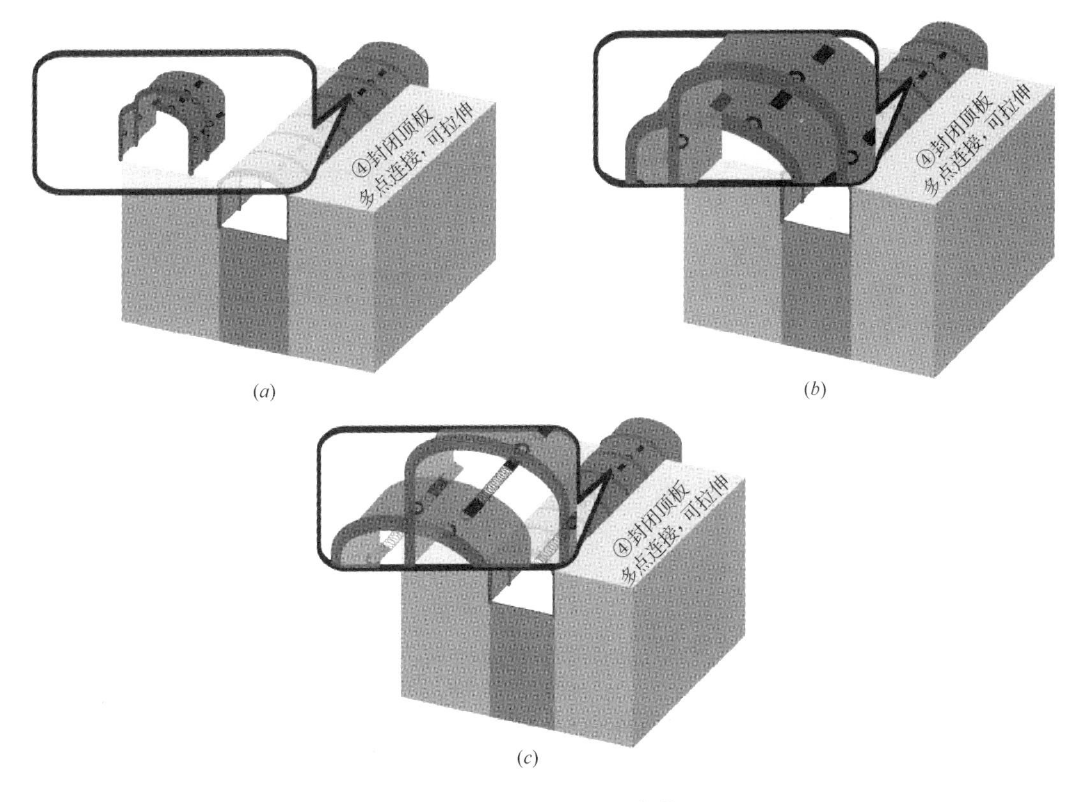

图 5.9　支架之间大变形可拉伸原理

(a) 拉伸前；(b) 拉伸中；(c) 拉伸后

5. 打孔放炮

在支架下钻孔放炮，炮孔深度依次递减，钻孔进尺设计如图 5.10 所示。

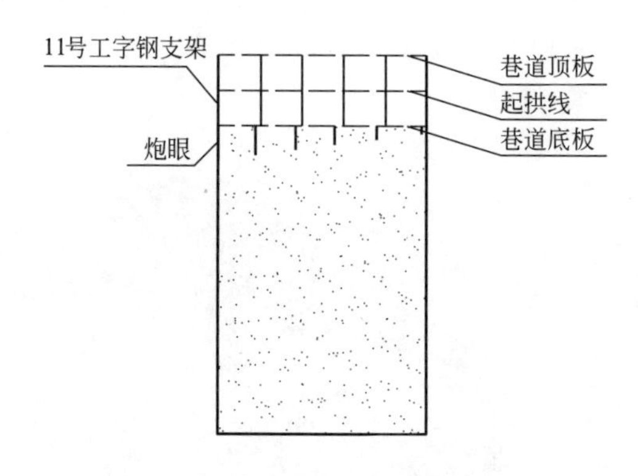

图 5.10　薄矿层底板炮采及钻孔布置图

放炮后，将支架下矿石采出，使各个支架下沉不同深度，巷道形成一定角度 θ，薄矿层自动沉陷开采示意如图 5.11 所示。打孔放炮工艺如图 5.12（a）、图 5.12（b）和图 5.12（c）所示。

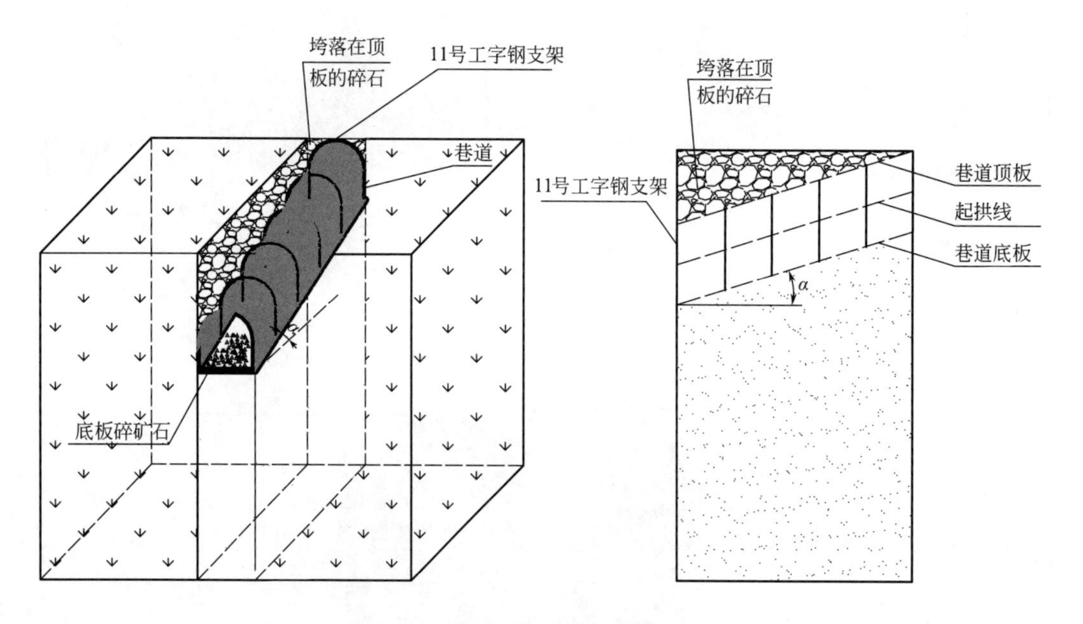

图 5.11　薄矿层自动沉陷开采示意图

6. 底板破碎矿石采出支架自动沉降

在支架下方破碎矿石开采过程中，逐渐加大底板角度，使整个巷道形成倾角 α 大于 φ（φ 为矿层内摩擦角，图 5.13）。此时，人工开采完毕，因倾斜角度大于 φ，上部矿层发生滑动，自动溜矿，即可将矿石从两侧溜井集中采出，开采流程示意如图 5.14 所示。

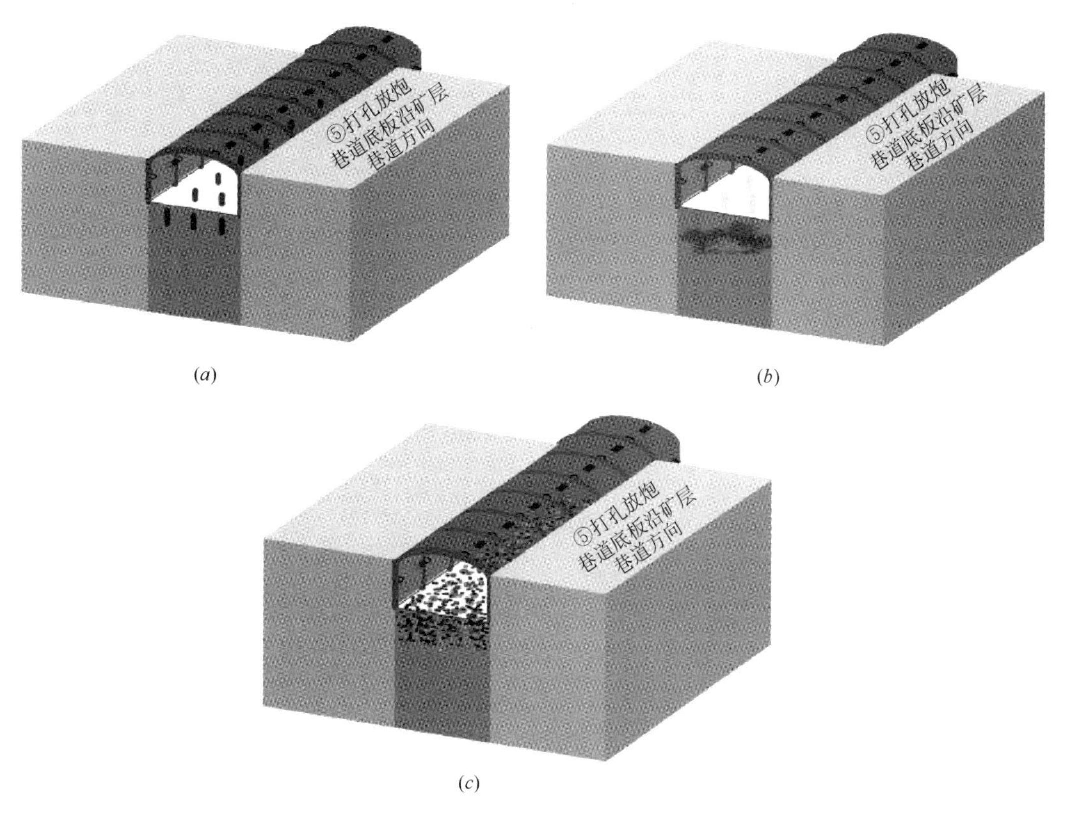

图 5.12　薄矿层底板炮采示意图

（a）钻孔装药；（b）爆破；（c）采矿

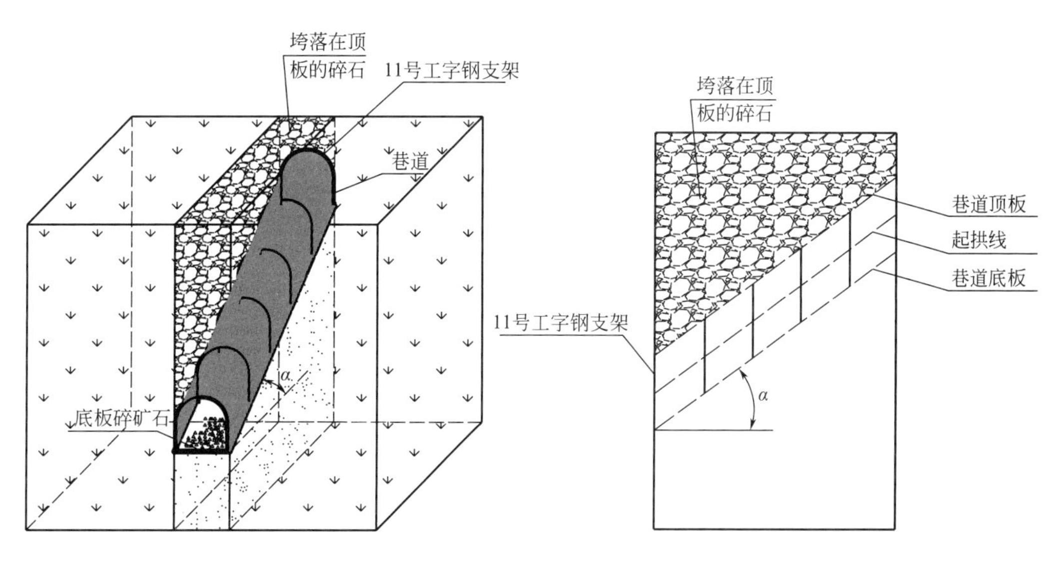

图 5.13　薄矿层自动开采示意图

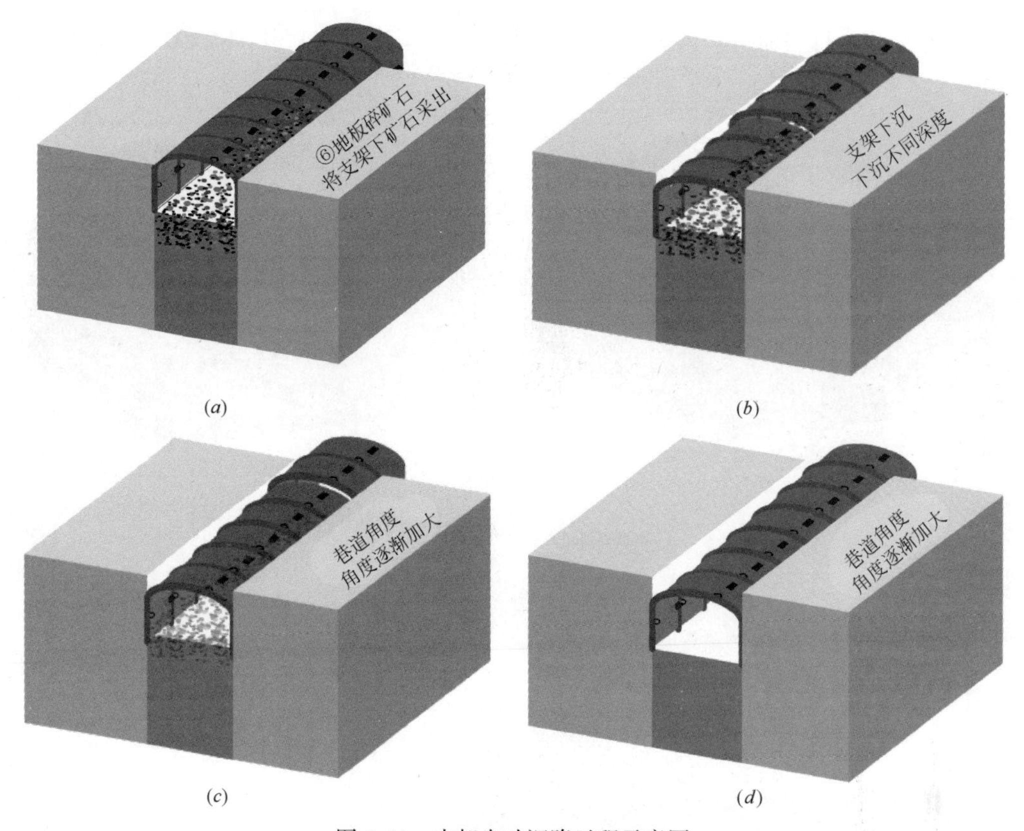

(*a*) (*b*) (*c*) (*d*)

图 5.14　支架自动沉降过程示意图

（*a*）将支架下矿石采出；（*b*）支架阶梯式下沉；（*c*）巷道角度逐渐加大；（*d*）清理支架底部破碎矿体

7. 支架两侧围岩垮落

由于支架随着下方采矿作业呈阶梯式下沉，支架顶部和两侧破碎岩体随之垮落，将支架填埋密实，逐渐达到一个新的力学衡稳定状态，如图 5.15 所示。

(*a*) (*b*)

图 5.15　支架两侧围岩垮落示意图

（*a*）两侧围岩垮落；（*b*）垮落围岩密实支架

8. 重复上述工艺流程进入下一个开采轮回

重复上述（1）～（7）的工艺流程，继续对深部直立薄矿体进行开采，如图 5.16 所示。

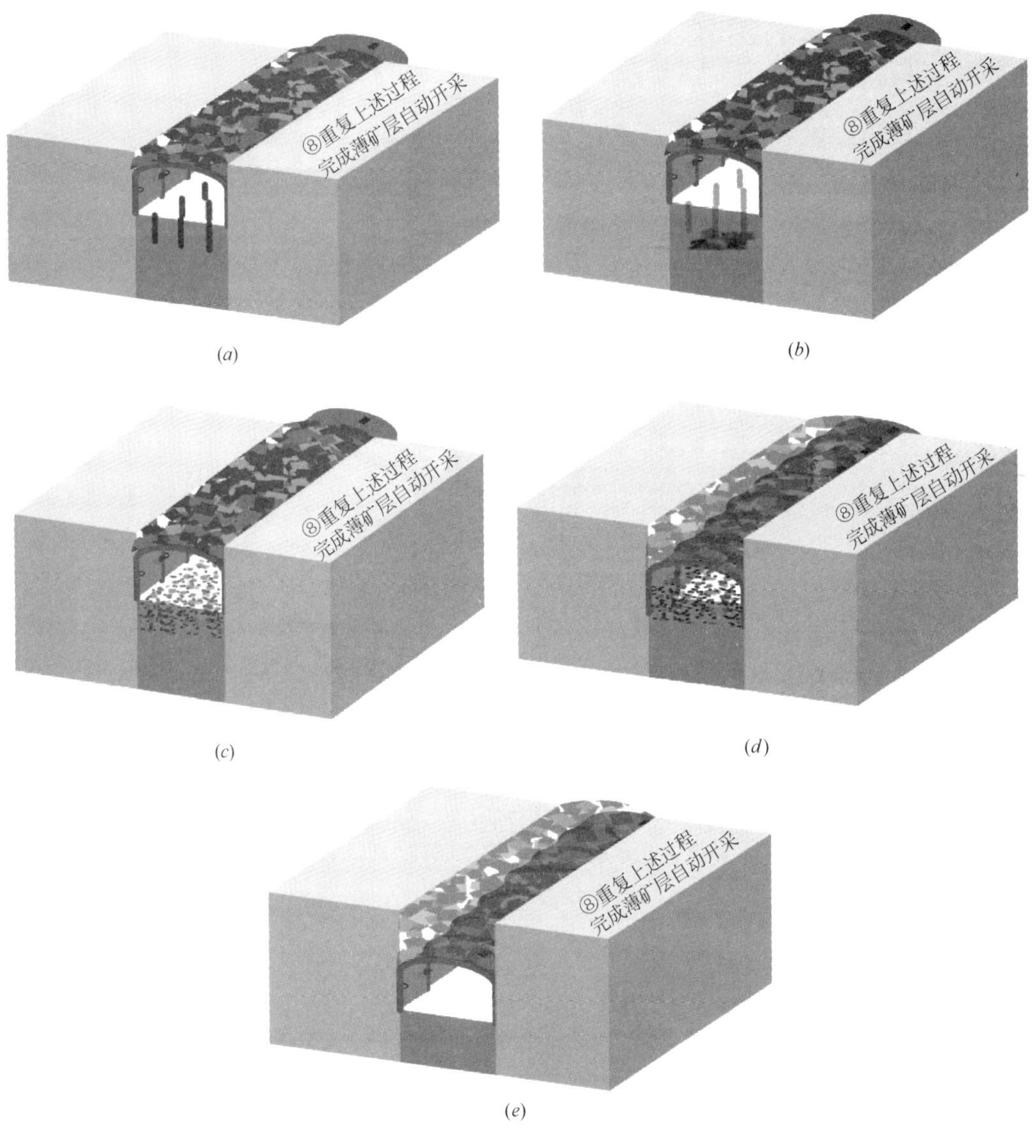

图 5.16　重复上述过程示意图

（*a*）钻孔装药；（*b*）爆破；（*c*）采矿；（*d*）垮落；（*e*）密实

破碎岩体的运输是直立式破碎薄矿体平行开采的关键问题，也是决定这种方法是否具有高效低贫化率的核心问题，为此专门设计了两种运输模式：溜井集中运输系统和平硐皮带转运系统。

溜井集中运输系统是在直立薄矿层中打一个溜井，在自动沉降开采全生命周期内统一用溜井对破碎矿石进行集中运输，如图 5.17 所示。

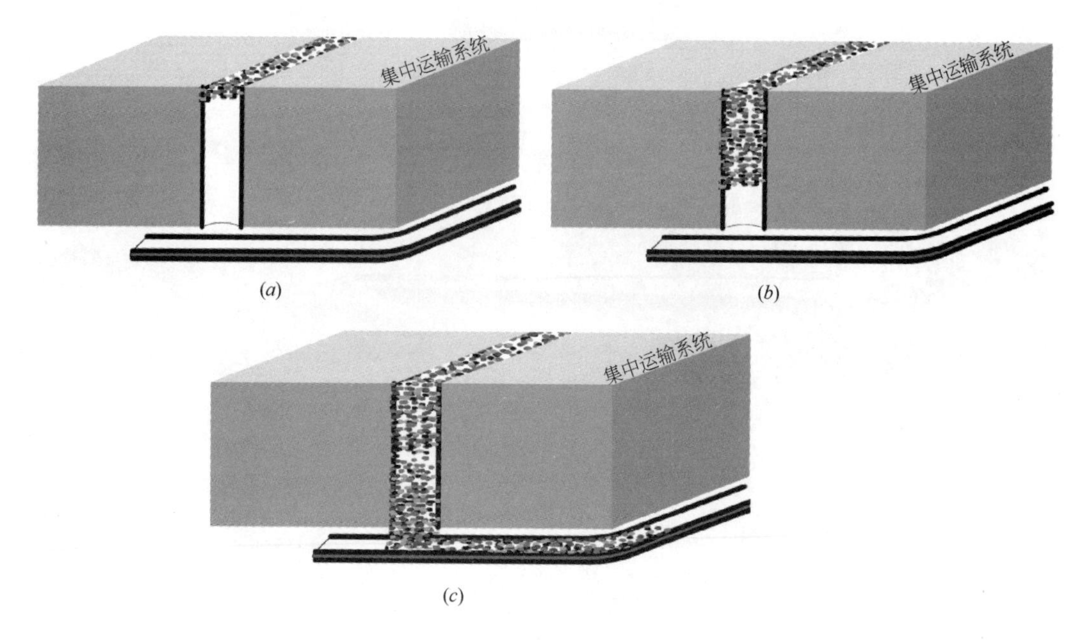

图 5.17 溜井集中运输和平硐皮带转运示意图

(a) 斜井自动溜矿；(b) 溜井集中运输；(c) 平硐皮带转运

5.1.3 直立厚矿体联合开采方法

直立厚矿层指矿层厚度 $W>4\mathrm{m}$ 的矿体。在厚矿层开采过程中，首先将其分为若干个薄矿层（图 5.18），各个矿层与薄矿层工艺流程相同，最后整个矿层形成阶梯状开采（图 5.19）。

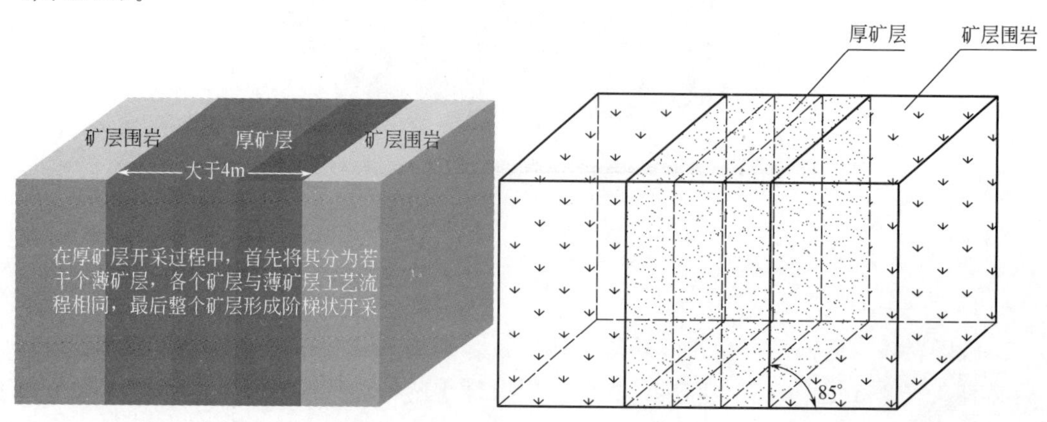

图 5.18 厚矿层产状及分层情况开采示意图

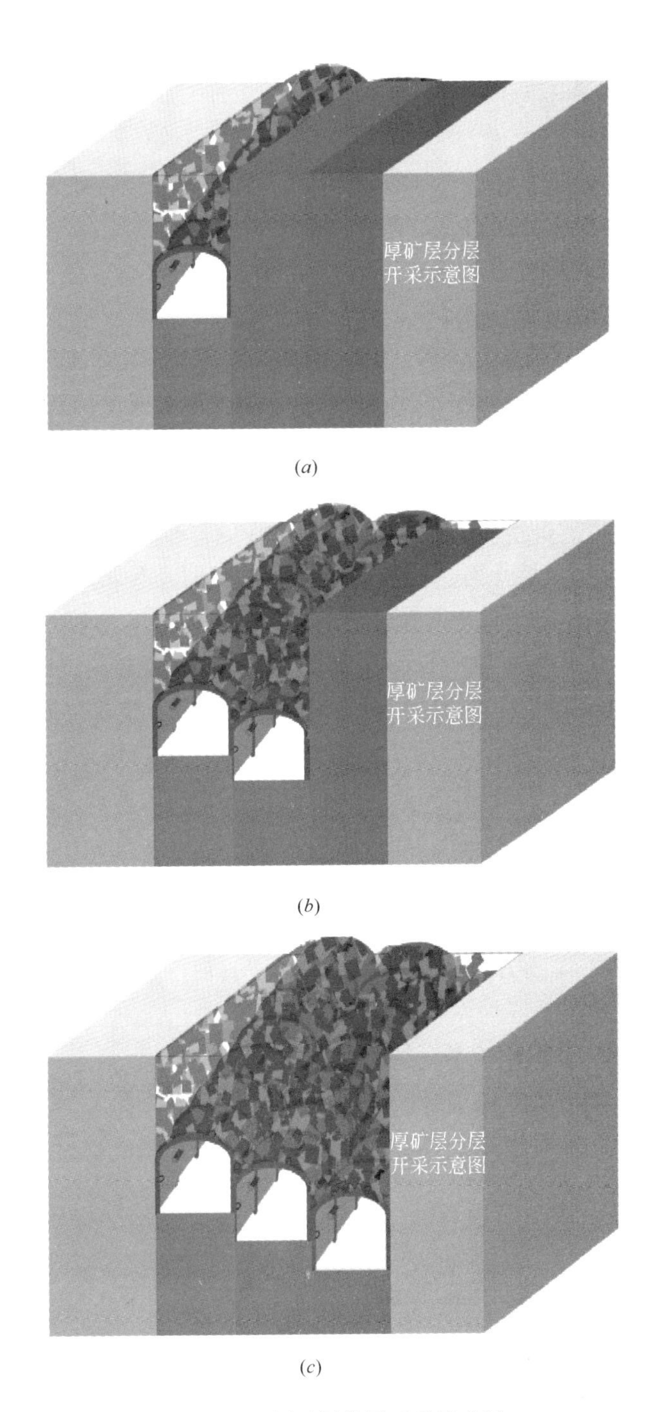

图 5.19 厚矿层分层开采示意图

(*a*) 第 1 条带薄矿层开采示意图；(*b*) 第 2 条带薄矿层开采示意图；(*c*) 第 *N* 条带薄矿层开采示意图

5.1.4 直立极薄矿体开采方法

直立极薄矿体指矿层厚度 $W<0.8\mathrm{m}$ 的矿体。针对直立极薄矿体这样一类的特殊情况，运用综合机械化开采设备就很不方便，有时甚至不可能。如果人工开采，作业十分艰苦和危险，但是如果舍弃不用，又造成资源的极大浪费。因此，为了提高效率，利用机器人进行自动化开采。

这种采掘机器人应该能拿起各种工具，比如高速转机、电动机和其他采爆器械等，并且能操作这些工具。这种机器人的肩部应装有强光源和视觉传感器，这样能及时将采区前方的情况传送给操作人员。

利用采矿机器人进行采矿，采掘工艺一般比较复杂，这种复杂工作很难用一般的自动化机械完成，研发采矿机器人，必须充分了解矿场的自然环境和采矿现场特点，使所研发的机器人能适应环境并发挥作用。无论研发哪种采矿机器人都应包括以下研究内容：

(1) 机构部分：搭建一个机动性和地面适应性好、越障能力强、可靠性高的机械移动平台，包括机械运动学和动力学设计、可靠性设计、机构的创新设计与性能试验等。

(2) 智能控制系统部分：自主或半自主避障设计，以及整机协调控制等。

(3) 电控制部分：机构动作驱动所需机电部件及控制模块化设计、防爆设计及可靠性能试验。

(4) 传感部分：各类传感器的合理选用和设计，以及传感器的防爆安全设计。

(5) 信息处理部分：包括机器人各个部分动作反馈处理、多传感器信息融合处理、行进路线记录与再现模式设计。

(6) 动力部分：包括动力源的选用和能耗分配设计、特殊环境下对能源装置性能的影响等。

(7) 整体防爆部分：整体模块化防爆系统的设计与检验。

(8) 整机试验：机器人集成设计的功能。

5.2 上部岩体垮落形态数值模拟分析

为了验证直立破碎矿体自动沉落式采矿方法的可行性，采用有限差分软件（FLAC3D）与离散单元软件（PFC3D）耦合对自动沉落式回采方式条件下上部岩体的垮落形态进行了数值模拟分析。

5.2.1 建模及参数赋值

根据实际情况，将周围岩体设置为两类模型，如图 5.20 所示。

（1）离散的颗粒粘结状态：用于模拟垮落过程中，巷道顶板岩石或者岩土体开挖后破裂垮落，共计生成 47567 个离散颗粒，颗粒直径范围 200～300mm。

（2）连续有限差分的单元状态：模拟回采空间周边的稳定岩体，共计生成 65100 个单元。

整体模型尺寸为 43m×30m×25m，模型各项参数如图 5.21 所示。

图 5.20　模型三维结构图

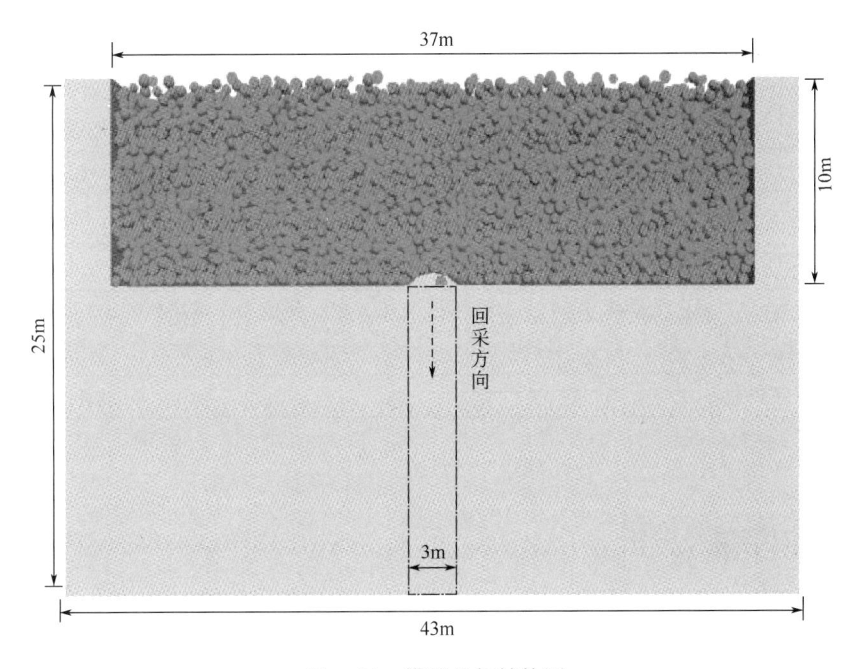

图 5.21　模型几何结构图

模型设定为地表以下回采，即模型顶部为地面。图 5.22 展示了模拟过程的四个步骤，即在回采方向上模拟分析 4 个不同采深条件下的垮落形态。采深分别设定为 2m、5m、8m 和 11m，各项岩石力学参数如表 5.1 和表 5.2 所示。棚顶（叠瓦结构支架）以下设置为拟保护区，棚顶以上设置为开挖采空区，当上部颗粒垮落后会自动沉落填充到采空区，从而覆盖叠瓦结构支架顶部。

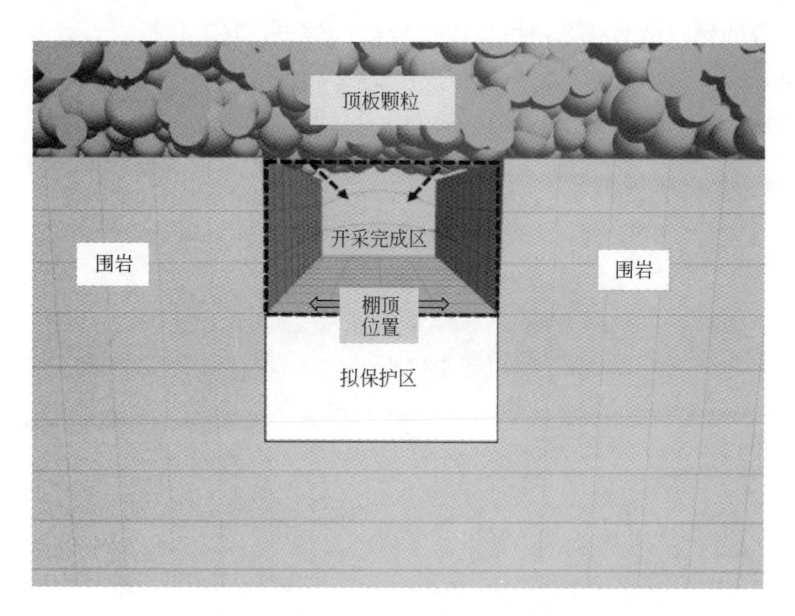

图 5.22　开挖步骤示意图

岩体模型参数表　　**表 5.1**

名称	重度 (kg/m³)	体积模量 (GPa)	剪变模量 (GPa)	黏聚力 (kPa)	内摩擦角 (°)	抗拉强度 (MPa)
弱风化砂岩	2873	20	10.9	900	36	1.5

颗粒-颗粒模型参数　　**表 5.2**

土体名称	重度 (kg/m³)	颗粒黏聚力 (kPa)	颗粒抗拉强度 (kPa)	颗粒内摩擦角 (°)	弹性模量 (GPa)	泊松比	颗粒接触类型	阻尼系数
强风化砂岩	2560	40	20	25	1	0.27	线性接触	0.7

5.2.2　模拟结果及分析

1. 第一次开挖

第一次开挖 2m 后，上部强风化砂岩的垮落形态如图 5.23 所示。

按照自动沉落式采矿方法的设计，在金金属矿回采过程中随着支架下方金矿的采出，支架上部岩体受重力作用会垮落充填，避免悬顶工作。经过模拟发现支架下方金矿采出后，顶板中上部岩体强度降低，形成近似拱形的垮落区，并且受颗粒重力作用和颗粒对入口处挤压作用，在上部岩体内部约 4m 将开挖部分填充完毕，此时支架两侧较易形成压力集中区。

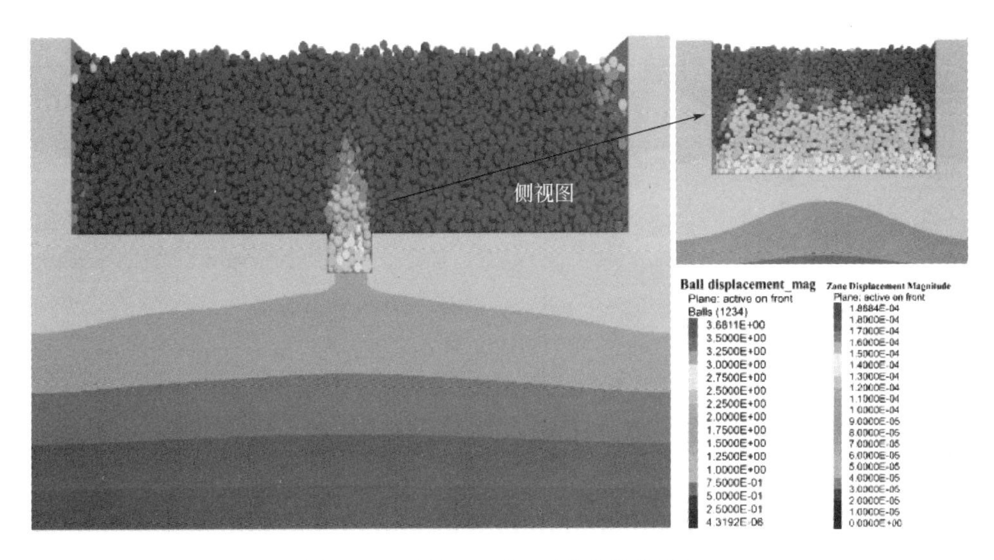

图 5.23　开挖 2m 后正面岩体垮落形态

2. 第二次开挖

第二次开挖 5m 后，由于支架（顶棚）已经远离入口处，颗粒的挤压作用对支架两侧影响不显著，支架压力主要来源于顶部颗粒的重力垮落，如图 5.24 所示。

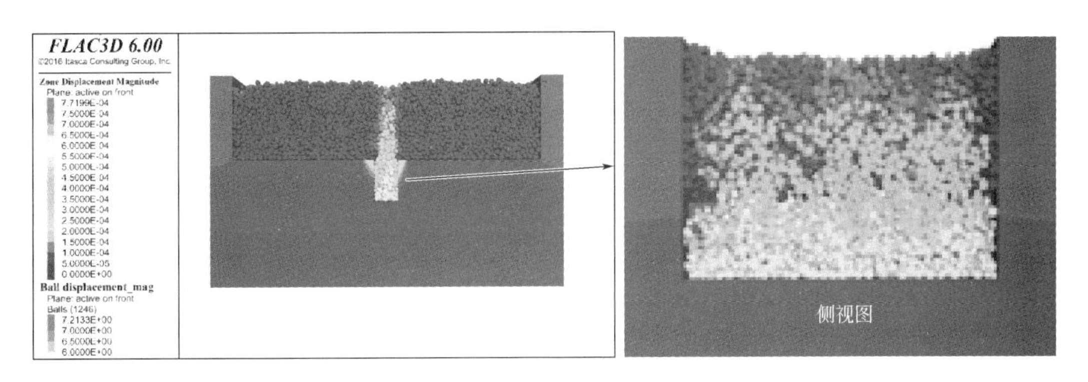

图 5.24　开挖 5m 后正面岩体垮落形态

3. 第三次开挖

第三次开挖 8m 后，正面岩体垮落形态如图 5.25 所示。图 5.25 揭示了颗粒从中心向两侧循序进入开挖空间入口处，对巷道中心挤压效果显著，局部岩体挤压破碎，产生扩口效应。

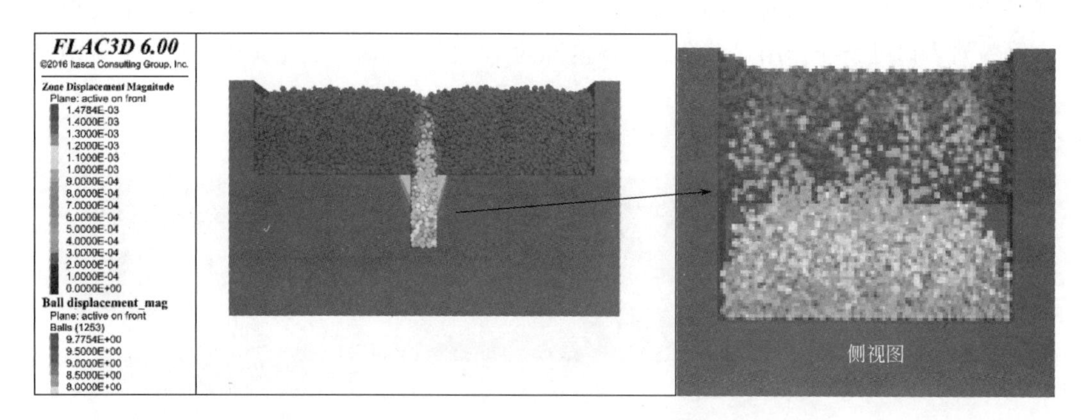

图 5.25　开挖 8m 后正面岩体垮落形态

4. 第四次开挖

第四次开挖 11m 后，正面岩体垮落形态如图 5.26 所示。由于第三次开挖导致入口处颗粒对两帮的挤压效果显著，网格变形过大，岩体被挤压破裂。因此，在第四次开挖模拟分析中，首先将开口处两侧单元各扩宽 0.5m，深度扩宽 1m，确保最后的垮落效果完整。

从图 5.26 中可以看出，随着开挖深度的逐渐增加，地表形成了显著的降落“漏斗”。

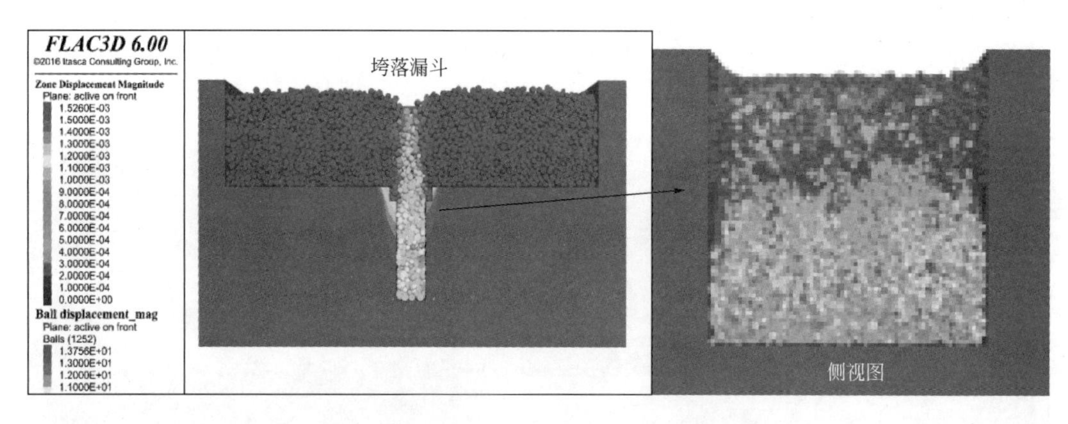

图 5.26　开挖 11m 后正面岩体垮落形态

通过上述四次开挖模拟分析，揭示自动沉落式回采方式条件下支架上部岩体能够自动垮落并且充填采空区，避免空顶作业，具有一定的可行性。

5.3 NPR 恒阻大变形材料研制

5.3.1 NPR 恒阻大变形材料组成及规格

直立矿体自动沉落式采矿中的支架通过叠瓦式结构设计和恒阻大变形材料的链接，可以有效地防止在支架不均匀沉降过程中产生脱节和错位。本次所用的恒阻大变形材料是基于恒阻大变形控制理念，由中国矿业大学（北京）何满潮院士带领研究团队经过多年试验，自主研制成功的一种能适应工程岩体大变形灾害的恒阻大变形锚杆（索）新材料。该锚杆（索）包括恒阻装置、杆体、托盘和螺母。其中，恒阻装置内表面和杆体的外表面均为螺纹结构，恒阻装置套装于杆体的尾部，托盘和螺母依次套装在所述恒阻装置的尾部，螺母和恒阻装置通过螺纹连接。如图 5.27 所示。

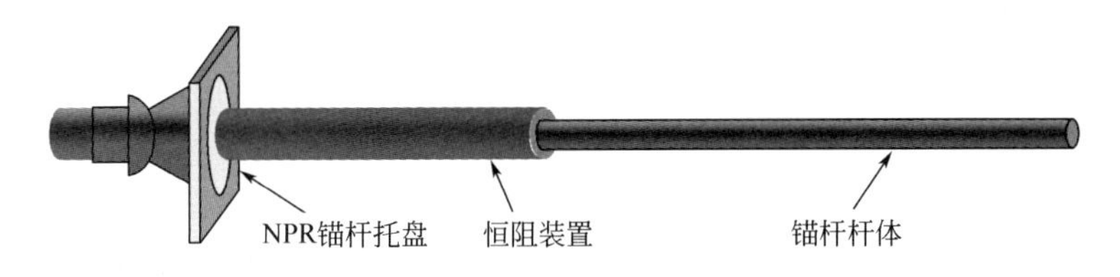

图 5.27 恒阻大变形锚杆示意图

通过恒阻器的应用，NPR 恒阻大变形锚杆（索）可以在工程岩体发生大变形破坏时根据恒阻力阈值调节功能实现自动滑移，并保持恒定的工作阻力。因此，NPR 恒阻大变形锚杆能够通过恒阻大变形吸收围岩变形能，在围岩大变形条件下仍然具有很好的支护作用，以保证支架和巷道的稳定。

目前，根据实际需求，共研发定型出两种规格的恒阻大变形锚杆（索）。分别是Ⅰ型恒阻大变形锚杆和Ⅱ型恒阻大变形锚杆。这两种规格的锚杆（索）允许变形量在300～1000mm 之间，恒阻力为 130～350kN。

1. Ⅰ型恒阻大变形锚杆（索）

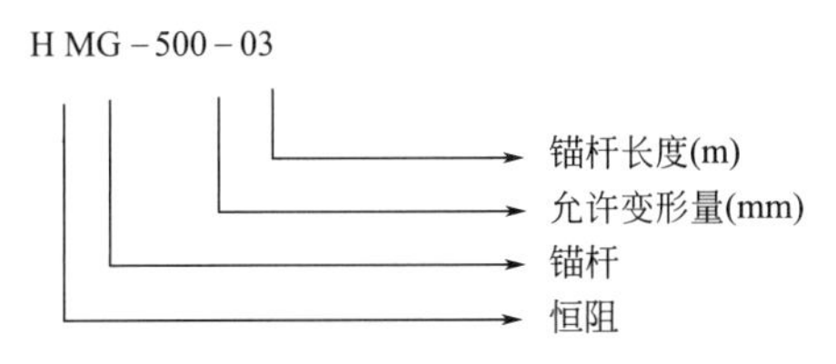

2. Ⅱ型恒阻大变形锚杆（索）

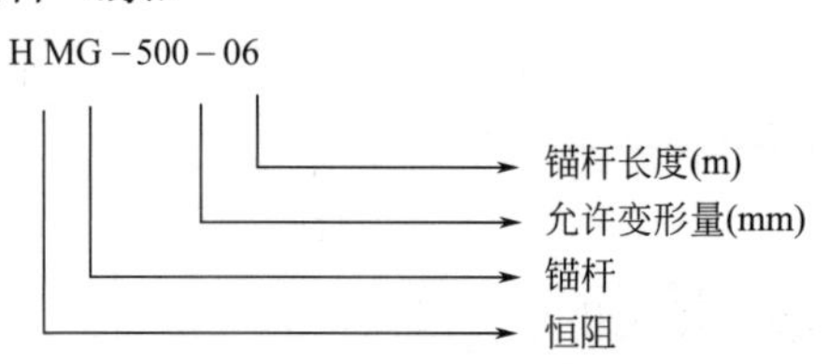

3. 恒阻大变形锚杆（索）技术参数

恒阻大变形锚杆（索）关键技术参数主要包括：恒阻力、极限变形量和恒阻锚杆长度，详见表 5.3。

恒阻大变形锚杆规格　　表 5.3

规格	型号/规格	极限变形量(mm)	恒阻力(kN)	长度(m)
Ⅰ型恒阻大变形锚杆	HMG-500-03 型	500	130	3
Ⅱ型恒阻大变形锚杆	HMG-500-06 型	500	350	6

5.3.2 NPR 恒阻大变形材料技术特点

恒阻大变形锚杆（索）主要由外端头螺纹、螺母、托盘、恒阻装置、连接器和杆体几部分构成，如图 5.28 所示。

恒阻装置 4 呈套筒状结构，套装于杆体 6 的尾部，托盘 3 和螺母 2 依次套装在恒阻装置 4 的尾部。其中，托盘 3 的中间部分设有一孔 31，以供恒阻装置 4 穿过，螺母 2 螺纹连接于恒阻装置 4，恒阻装置 4 的优选长度为 990～1010mm。

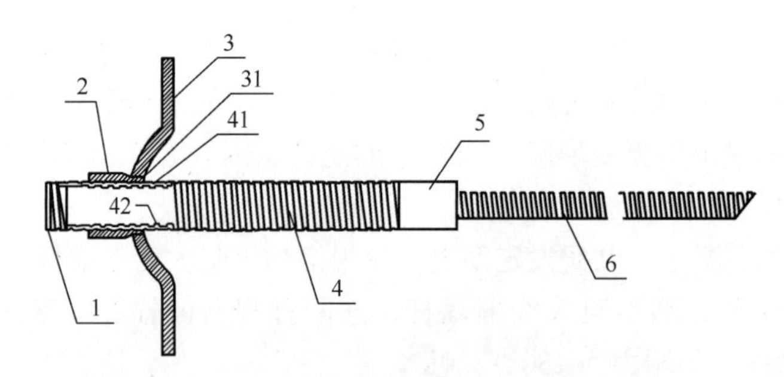

图 5.28　恒阻大变形锚杆（索）结构图

1—外端头螺纹；2—螺母；3—托盘；4—恒阻装置；5—连接器；6—杆体

为了实现通过拉伸其长度而适应围岩大变形并保持恒定的工作阻力，恒阻装置 4 内表面和杆体 6 的外表面均为螺纹结构。恒阻装置 4 的外表面设有螺纹结构 41 以与螺母 2 连接，其内表面设有螺纹结构 42 以与杆体 6 配合产生固定的工作阻力。静态时，恒阻装置 4 紧紧地套装在杆体 6 上，当本优选实施例受到的轴向拉力小于恒阻装置 4 和杆体 6 之间的静止摩擦力时，恒阻装置 4 和杆体处于相对静止状态；当锚杆受到的轴向拉力大于恒阻装置 4 和杆体 6 之间的静止摩擦力时，杆体 6 和恒阻装置 4 之间将发生相对位移，同时恒阻装置 4 发生表现为径向膨胀的微小弹性形变以利于发生该相对位移，在发生该相对位移的过程中，恒阻装置 4 和杆体 6 之间仍保持恒定的工作阻力，当外部轴向拉力减小至恒阻装置 4 和杆体 6 之间的摩擦力时，二者将不再发生相对位移而处于静止状态，恒阻装置 4 从微小的弹性形变恢复至原状态并再次紧紧地套装在杆体 6 上。在将该锚杆应用于巷道中时，巷道围岩出现大变形初期的能量较大，巷道围岩的变形能超出锚杆所能承受的范围，恒阻装置 4 和杆体 6 产生相对位移，也即该锚杆随着围岩大变形而发生表现为径向拉伸的大变形。围岩发生大变形之后，其能量得到释放，围岩的变形能小于本优选实施例的恒定工作阻力，当恒阻装置恢复原状并紧紧地套装在杆体上时，巷道将再次处于稳定状态。

5.3.3 NPR 恒阻大变形材料支护控制原理

在地下工程支护中，锚杆是应用最广、用量最多的支护设备。随着开采深度的不断加深，巷道围岩常常表现出瞬时大变形的特点，具体表现为：膨胀大变形、冲击大变形、结构大变形、突出大变形等。由于传统锚杆延伸率低，不能适应地下工程围岩大变形的破坏特点。当围岩出现较大变形时，由于变形初期能量较大，围岩的变形能超出锚杆所能承受的范围储备量，造成预应力锚杆支护体系失效，继而造成地下工程冒顶、塌方等事故，而恒阻大变形锚杆（索）能解决传统预应力锚固体系存在的延伸率低、不能满足围岩大变形需要的问题。

1. 围岩变形前——安装新型锚索

地下工程开挖后，破坏了原已稳定的岩体，一方面应力重新调整，岩体自身的力学属性因无法承受而出现应力集中，产生塑性区或拉应力区；另一方面是由于施工将引起围岩松弛，加上地质构造的影响，降低了围岩的稳定程度。因此，在围岩尚未发生大变形破坏前，要根据地下工程支护设计要求，按照传统预应力锚杆施工工艺，安装恒阻大变形锚杆，如图 5.29（*a*）所示。

2. 围岩变形中——吸收变形能

地下工程围岩出现大变形破坏初期，能量较大，当围岩的变形能超出锚杆的恒阻力范围，恒阻体在恒阻套管内发生滑移，也即恒阻大变形锚杆随着围岩大变形而发生径向拉伸的大变形，以此吸收变形能，避免由于岩土体大变形而发生锚杆断裂、失效现象，如图 5.29（*b*）所示。

3. 围岩变形后——巷道稳定

当围岩发生大变形之后，岩土体内部应力达到新的平衡，其能量得到释放，围岩

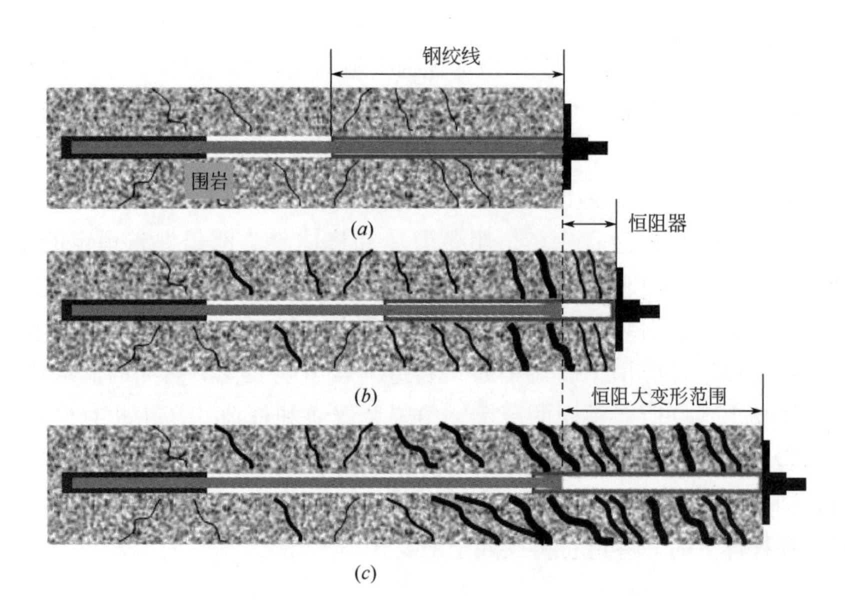

图 5.29 恒阻大变形锚杆支护原理

（*a*）围岩变形前；（*b*）围岩变形中；（*c*）围岩变形后

的变形能小于恒阻器的设计恒阻力 T，锚杆轴力 P 小于恒阻体与恒阻套管的摩擦阻力，围岩在恒阻大变形锚杆的支护作用下再次处于稳定状态，如图 5.29（*c*）所示。

综上所述，恒阻大变形锚杆（索）虽然在锚杆轴力大于设计恒阻力后，依然具有一定的抗力，不会出现突然断裂失效、围岩破坏的现象。在以该新型锚杆作为支护材料的地下工程中，当围岩发生一定变形时，恒阻大变形锚杆也可以随之拉伸变形，围岩中的变形能得到释放，而锚杆拉伸之后仍然能够保持恒定的工作阻力，实现了地下工程围岩的稳定，消除了冒顶、塌方、偏帮、底臌等安全隐患。

下面主要研究恒阻器的力学工作原理，恒阻器结构示意图详见图 5.30（*a*）。

根据恒阻大变形锚杆（索）支护工作原理可知，新型锚索安装前，首先按照设计方案在适当部位钻孔，然后将恒阻大变形锚杆（索）放入钻孔内，在恒阻器和钻孔之间注水泥砂浆或树脂锚固剂，使恒阻器和钻孔围岩紧密粘结在一起，充当了锚固段。恒阻体和恒阻套管之间通过预先设计的摩擦力实现恒阻功能。由于恒阻力的稳定性关系到恒阻大变形锚杆（索）的整体使用功能，所以在恒阻体、恒阻套管、恒阻新型充填料的选择上是十分重要的，必须最大限度地克服材料的徐变和蠕变。在计算恒阻体与恒阻套管接触面上的剪应力时，计算初始点从圆台体底面开始（A 点），直到圆台体顶面（B 点）。

由于恒阻体圆台上下底面半径相差很小，所以可以简化为圆柱体，如图 5.30（*b*）和图 5.30（*c*）所示。根据简化后的力学模型，选取圆柱体上的一个微分段 dz，设该微分段周边的剪切力为 τ。考虑到圆柱体和恒阻套管接触面积很小，所以近似认为在该截面上的应力为均匀分布。在截面的应力为 σ，在 $z+dz$ 截面上的应力为 $\sigma-d\sigma$。假设圆柱体截面半径为 R，则根据极限平衡原理得：

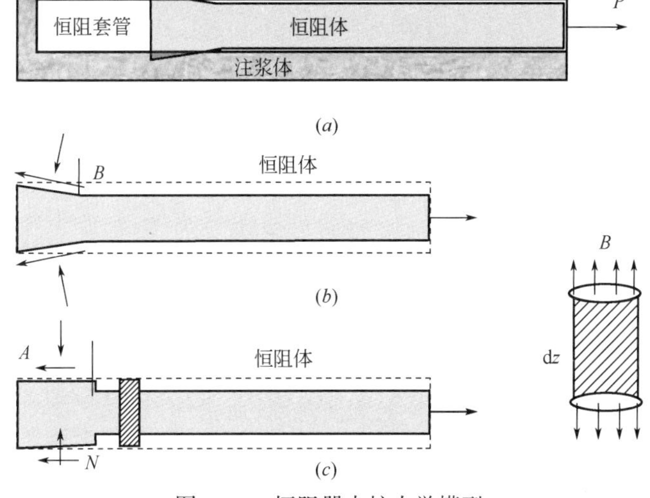

图 5.30　恒阻器支护力学模型

（a）恒阻器结构示意图；（b）恒阻体力学模型；（c）恒阻体理想力学模型

$$R\,d\sigma = -2\tau\,dz \tag{5.1}$$

则微分段周边的剪切应力可以表示为：

$$\tau = -\frac{R}{2}\cdot\frac{d\sigma}{dz} \tag{5.2}$$

由于简化为柱状体后，接触面比较规则，所以可以用简单力学形式表示，根据恒阻套管本构方程得：

$$T = N\tan\varphi \tag{5.3}$$

式中　N——恒阻套管对恒阻体的压力，单位 kN；

T——恒阻套管与恒阻体之间的摩擦阻力，单位 kN；

φ——恒阻套管与恒阻体之间的内摩擦角，单位度（°）。

根据受力分析可知：

$$P = 2T, T = \frac{P}{2} \tag{5.4}$$

式中　P——恒阻支护力，单位 kN。

$$P = 2N\tan\varphi \tag{5.5}$$

根据恒阻套管本构方程可知：

$$E = \frac{\sigma}{\varepsilon} \tag{5.6}$$

又

$$\sigma = \frac{N}{S_{半圆台体}} \tag{5.7}$$

则

$$\varepsilon=\frac{\sigma}{E}=\frac{N}{E\cdot S} \tag{5.8}$$

式（5.8）表示的物理意义为：当恒阻大变形锚杆（索）达到极限力学平衡时，即轴力等于恒阻力时，恒阻体圆台头为了提供150kN的恒阻力而发生的应变。

5.3.4 恒阻大变形材料静力拉伸特性

1. 试验测试系统

试验试件是以自主研发的35t恒阻大变形锚杆为主，目的是为了检验35t恒阻大变形锚杆（索）在静力拉伸条件下的最大变形量和恒阻力，并且检验其恒阻特性。中国矿业大学（北京）深部岩土力学与地下工程国家重点实验室专门研制了用于测试恒阻大变形材料静力学特性的测试系统，如图5.31所示。

LEW-500型恒阻大变形锚杆（索）试验系统的基本参数如下：

（1）最大荷载：500kN

（2）最大量程：1100mm

（3）加荷速率：0.1～20kN/min

（4）位移速率：0.5～100mm/min

（5）试样长度：3000mm

该系统能够进行的测试项目如下：

（1）恒阻大变形材料拉伸试验；

（2）恒阻大变形材料基本试验；

（3）临时恒阻大变形材料蠕变试验；

（4）永久恒阻大变形材料蠕变试验；

（5）恒阻大变形材料松弛试验。

图5.31 恒阻大变形锚杆（索）试验系统

2. 试件基本物理参数

35tNPR 恒阻大变形锚索的恒阻器长度 1500mm，套筒长度 500mm，试样如图 5.32 所示。

图 5.32　35t 恒阻大变形锚杆试样

3. 试验方法

利用 35t 恒阻大变形锚杆（索）试验系统，采用位移控制的方法对恒阻大变形锚索进行拉伸试验，测试大变形锚杆的最大静力拉伸长度及恒阻值。

4. 拉伸试验测试曲线

恒阻大变形锚杆静力条件下力学特性拉伸试验曲线如图 5.33 所示。

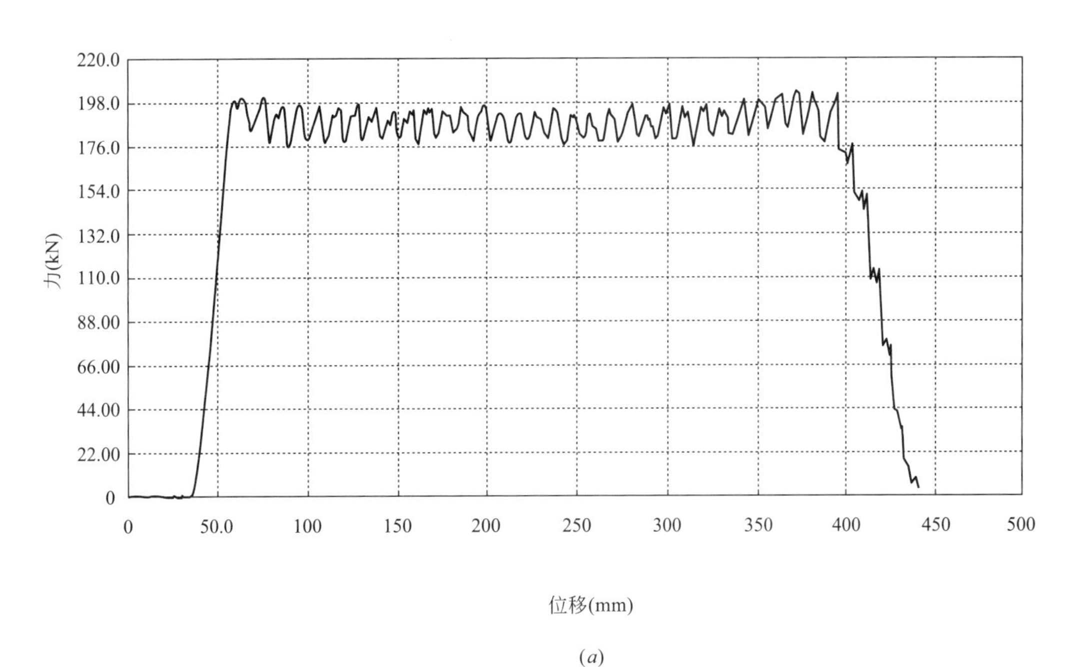

(*a*)

图 5.33　恒阻锚索大变形拉伸试验曲线图（一）

(*a*) MS2-3-1 试件静力拉伸试验曲线；

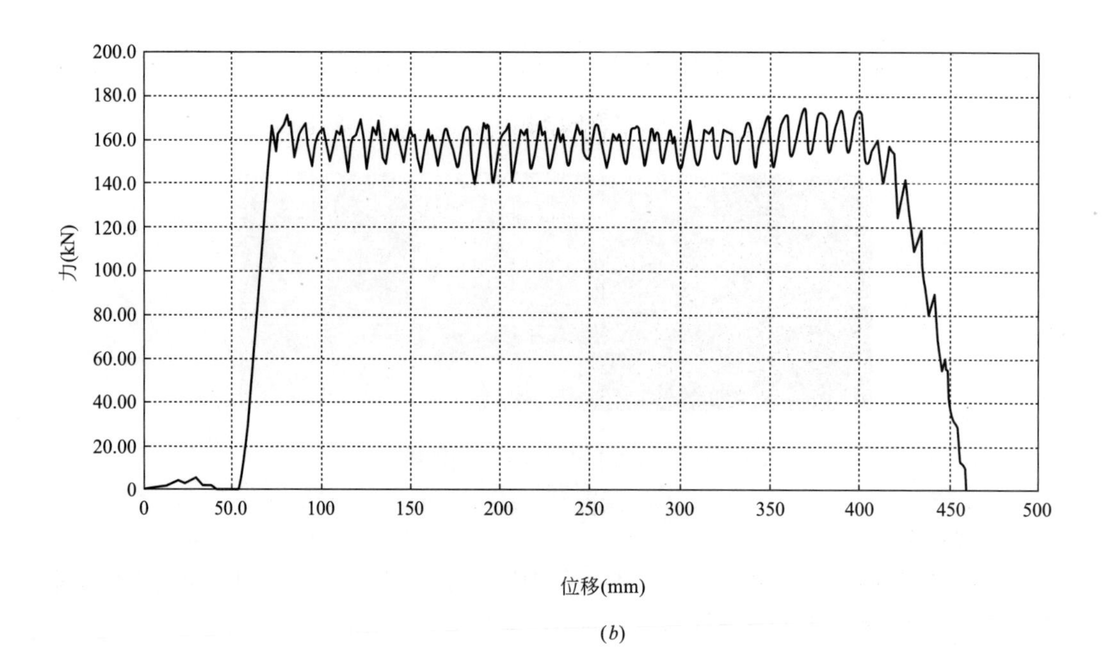

(*b*)

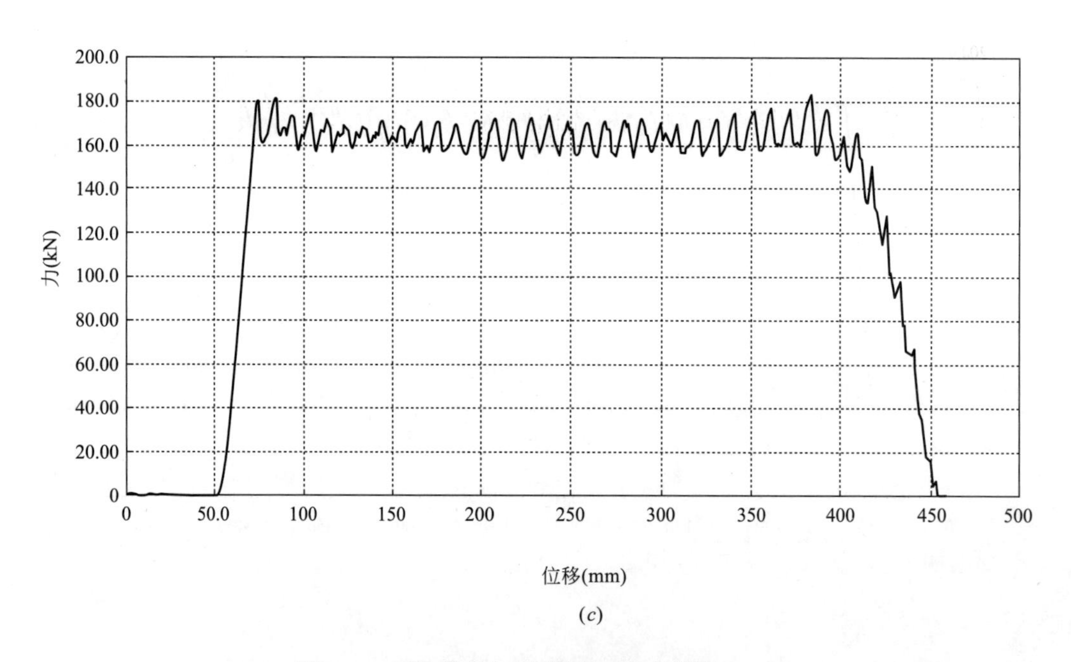

(*c*)

图 5.33 恒阻锚索大变形拉伸试验曲线图（二）

(*b*) MS2-3-2 试件静力拉伸试验曲线；(*c*) MS2-3-3 试件静力拉伸试验曲线；

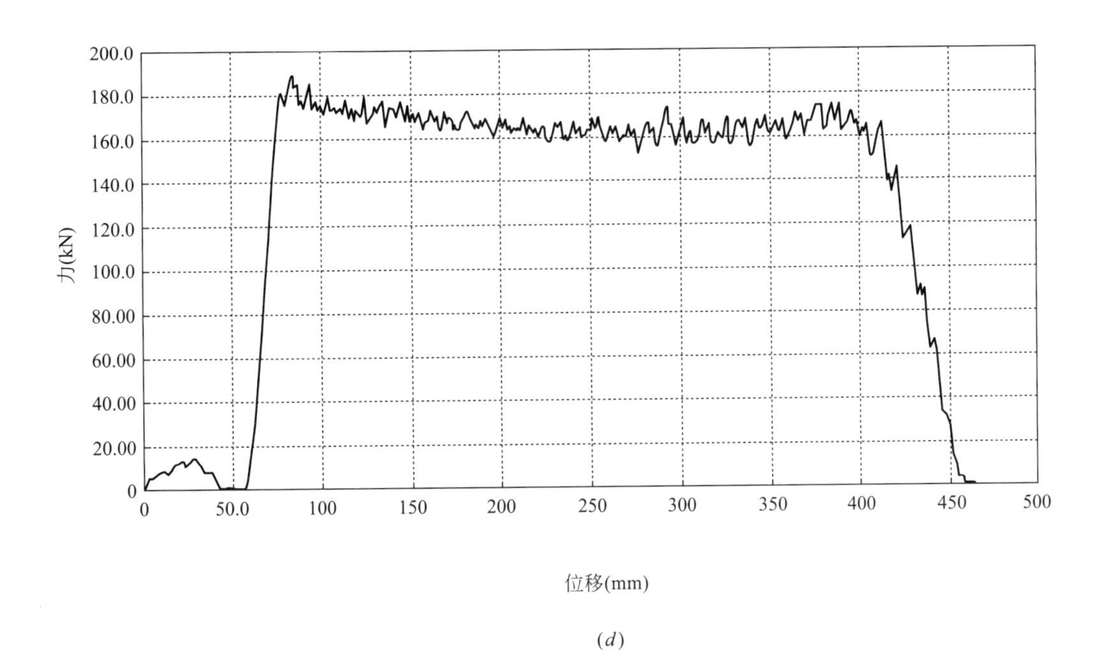

(*d*)

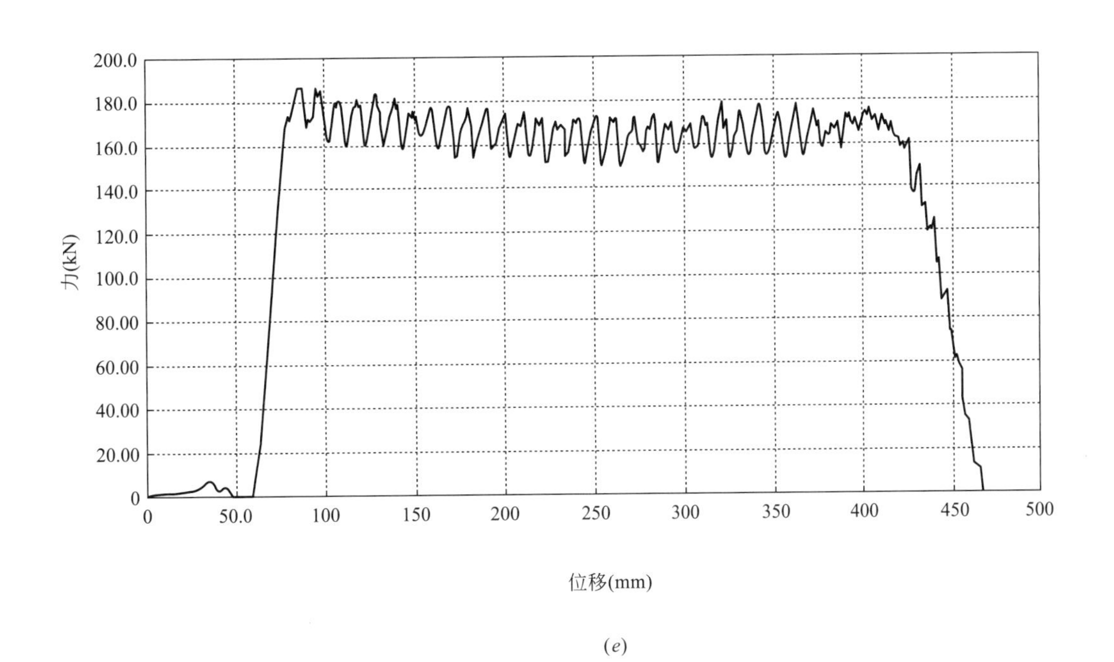

(*e*)

图 5.33 恒阻锚索大变形拉伸试验曲线图（三）

（*d*）MS2-3-4 试件静力拉伸试验曲线；（*e*）MS2-3-5 试件静力拉伸试验曲线；

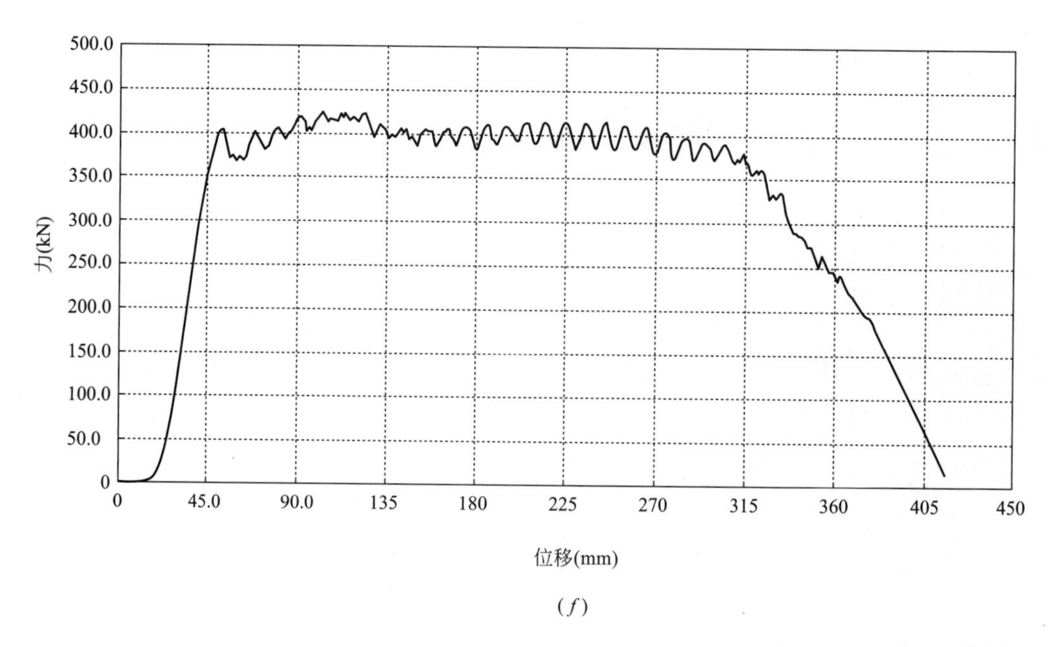

(*f*)

图 5.33　恒阻锚索大变形拉伸试验曲线图（四）

（*f*）MS3-1-1-2 试件静力拉伸试验曲线

5. 静力测试结果及结论

(1) 测试结果

35t 恒阻大变形锚索静力拉伸条件下的力学特性试验结果如表 5.4 所示。

实验数据汇总　　表 5.4

编号	试验日期	试件形状	长度(mm)	最大拉伸力(kN)	最后伸长量(mm)	恒阻值范围(kN)	备注
MS2-3-1	2012-9-1	圆材	1514	203.40	429.75	176-198	拉出
MS2-3-2	2012-9-1	圆材	1512	174.60	450.60	140-170	拉出
MG2-3-3	2012-9-1	圆材	1518	182.90	444.94	150-170	拉出
MG2-3-4	2012-9-1	圆材	1506	188.90	444.91	150-170	拉出
MG2-3-5	2012-9-1	圆材	1505	186.50	456.86	150-180	拉出
MG3-1-1-2	2012-8-31	圆材	1503	423.80	399.95	390-410	拉出

(2) 测试结论

本批静力拉伸试验共拉锚索 6 根，锚索顺利被拉出。锚索最大变形量在 399.95～456.86mm，在设计最大变形量范围内，恒阻值平均值在 226.7kN 左右。

5.4 恒阻预应力支架力学测试试验系统研发

5.4.1 设计目的

伊矿直立破碎矿体自动沉落式采矿方法的关键技术之一是具有恒阻大变形功能的支架系统。在采矿过程中所有人员和设备都在支架下方工作，极大地提高了安全性，并且随着下方矿体的采出，支架具有自动沉落下降的功能，在下降过程中，支架两侧围岩和顶部围岩会塌落，挤压支架，因此支架的力学特性至关重要，在使用前必须对每个支架的恒阻特性和力学特性都进行测试。

为此，中国矿业大学（北京）何满潮院士自主研发了一套“恒阻预应力支架力学测试试验系统”，该系统可以对支架结构和桁架等钢结构的力学特性进行室内测试。

5.4.2 设计方案

1. 承载体

承载体用于提供预应力桁架加载试验过程中的反向作用力，最大全缘承载力16000kN，极限全缘承载力20000kN。按照设计方案应建有7m和14m两个承载体，并且在两个承载体之间建有试验系统控制室，具体布局如图5.34所示。

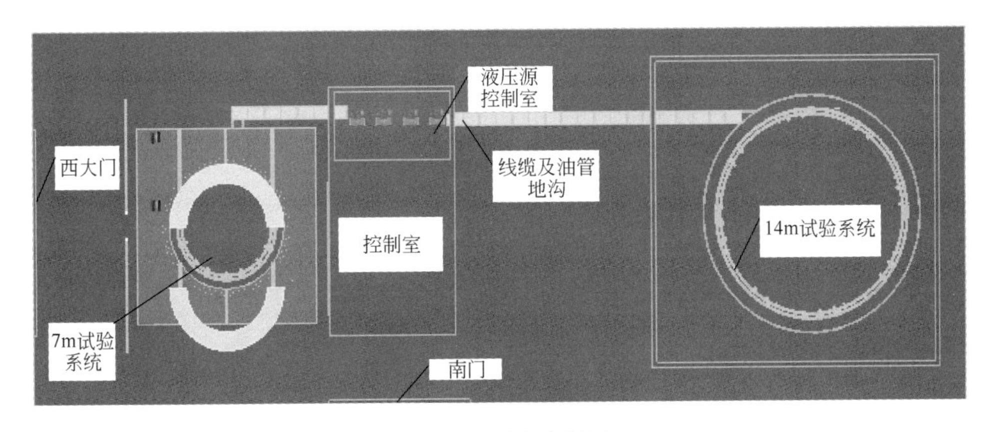

图5.34 局部布局图

（1）直径为 7m 钢筋混凝土承载体

外形尺寸为直径 15m，高 1.5m，内部圆形试验空间直径为 7m。承载体制作方法是从地面向下挖 1.6m 深，直径 15m 的坑，将坑底采用混凝土抹平，保证离地面高度 1.5m。采用直径 16mm 螺纹钢立体编织钢筋网，采用 C50 混凝土一次性浇筑而成，16 处作用力承载处，浇筑有 50mm 厚的钢板，材料 45 号钢，示意图如图 5.35 所示。

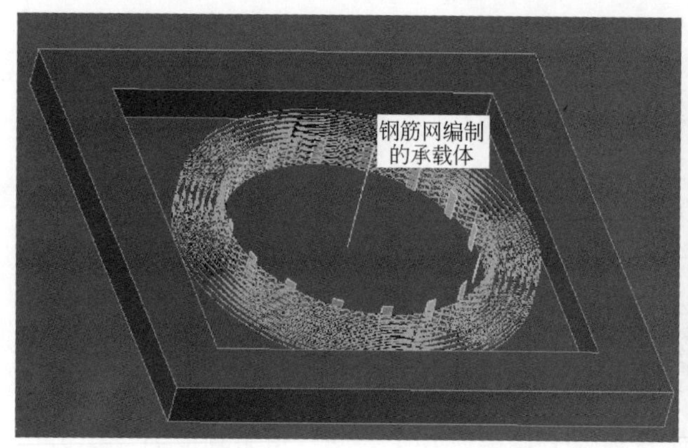

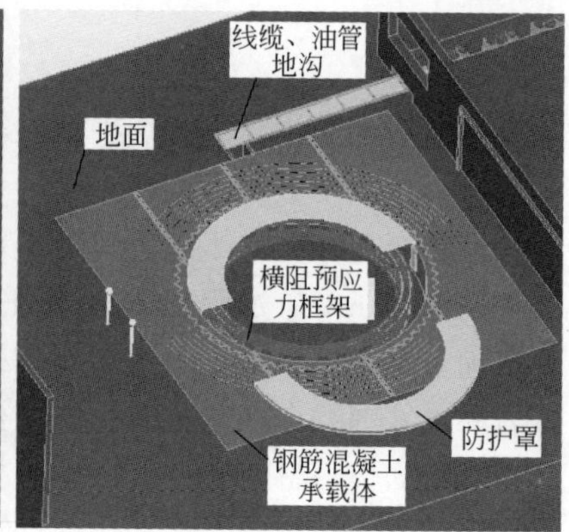

图 5.35　承载体示意图

（2）直径 14m 钢结构承载体

外形尺寸为直径 18m，高 3m，内部圆形试验空间直径为 14m，采用钢板、工字钢、角钢焊接而成，总质量大约在 70t。首先按照相关设计参数对受力框架进行计算，经过计算可以满足要求。

（3）承载体的有限元分析与计算

采用有限元对框架进行了结构分析，首先选取承载体结构断面图和俯视图（图 5.36、图 5.37），确定尺寸要求。初步确定尺寸如下：

①$t_1=t_2=t_3=30$mm，$t_4=20$mm，$t_5=10$mm；

②$L_1=60$mm，$L_3=240$mm，$L_2=L_4=300$mm。

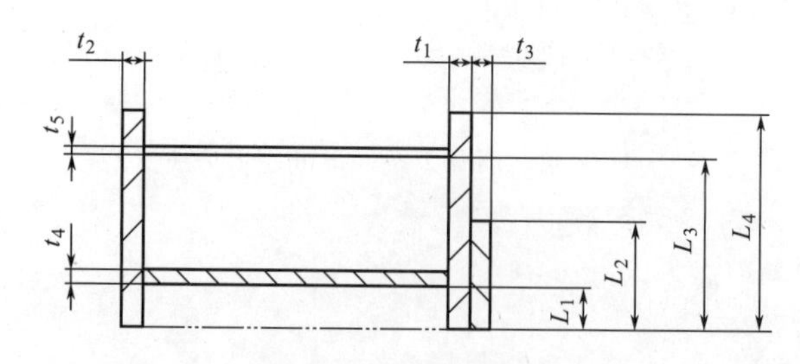

图 5.36　结构断面图

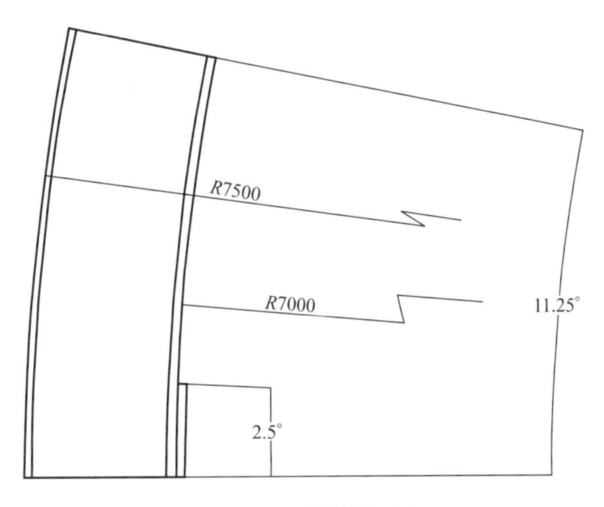

图 5.37　结构俯视图

通过上述计算和数值模拟可见（图 5.38）：若按 Q235 材质考虑，安全系数可达到 2 附近，总体应力水平可以接受；

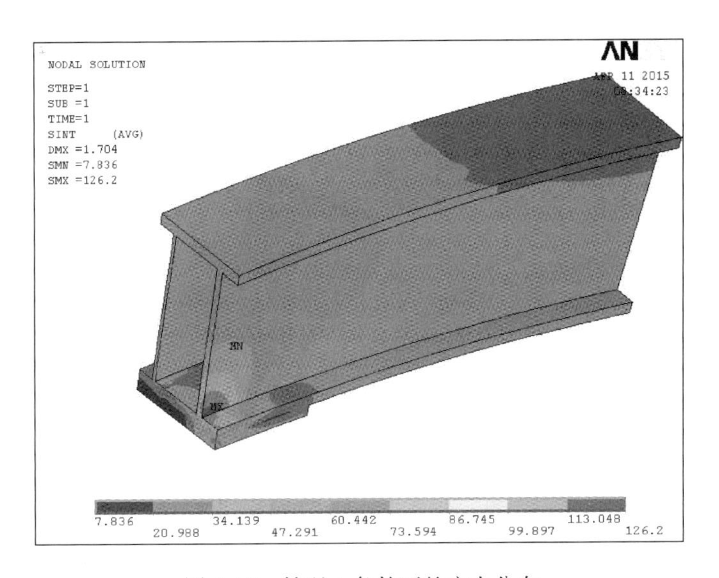

图 5.38　情况 1 条件下的应力分布

油缸活塞传压部分（大约为 600mm×600mm）偏大，可减小为 300mm×300mm，结果如图 5.39 所示，可见：

①最大应力值略有上升，达到 139MPa；

②说明载荷分摊影响较明显；

③此时内圈结构质量约为 24t。

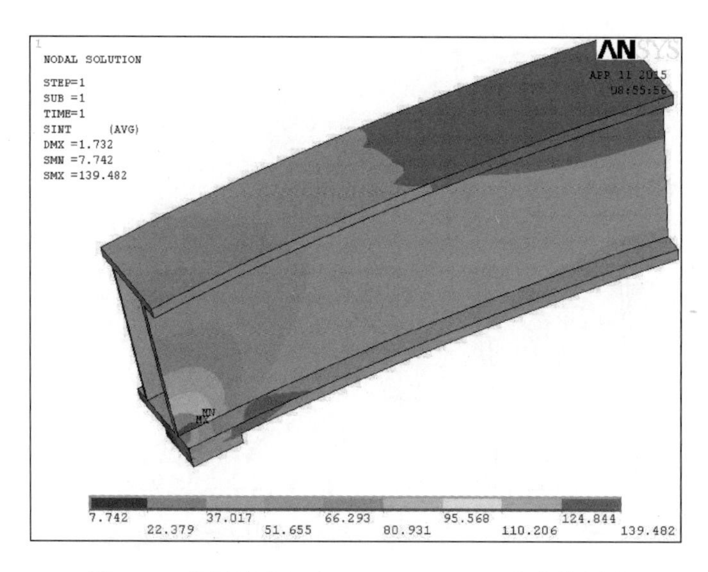

图 5.39　传压板减小至 300mm×300mm 应力分布图

将外围圈板的厚度减薄至 20mm 后的有限元计算结果（图 5.40）：
①最大应力值未发生明显变化，但高应力区有所扩大；
②此时总质量约为 21.6t。

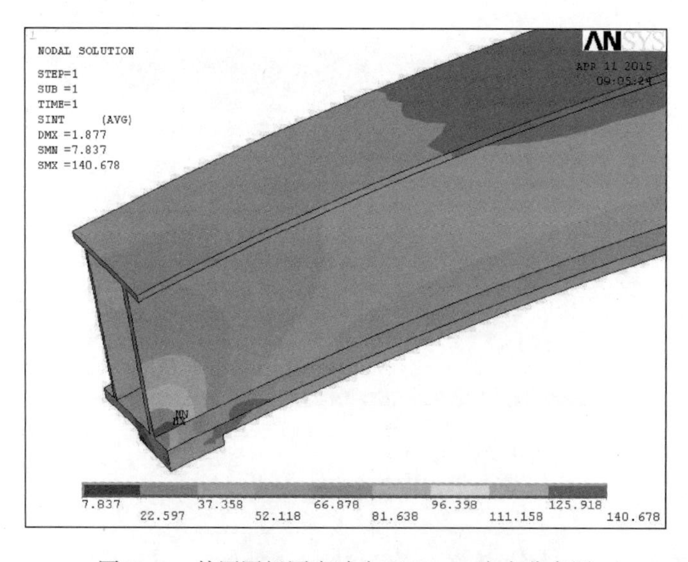

图 5.40　外围圈板厚度减小至 20mm 应力分布图

进一步减薄内圈板厚至 25mm，有限元计算结果如下（图 5.41）：
①最大应力值略有增加，但可以接受；
②总质量约为 20.7t。

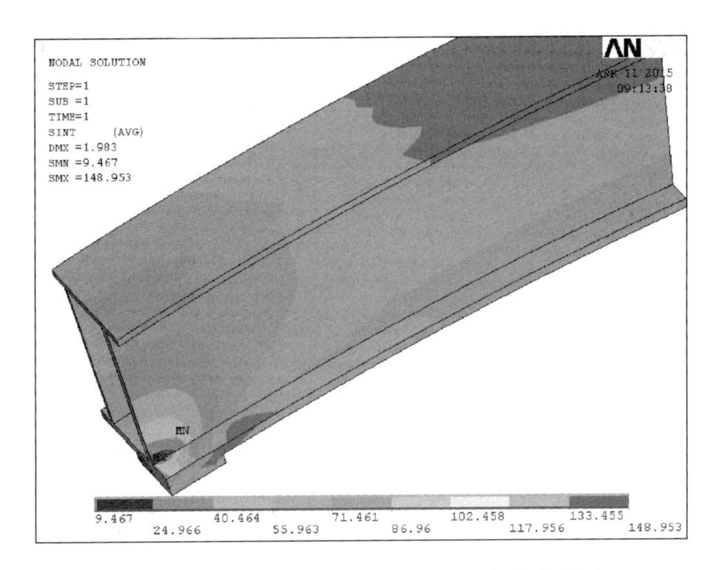

图 5.41　内圈板厚度减小至 25mm 应力分布图

进一步减薄内圈板厚至 20mm，有限元计算结果如下（图 5.42）：

①最大应力增大明显，达到 161MPa；

②总质量约为 19.8t。

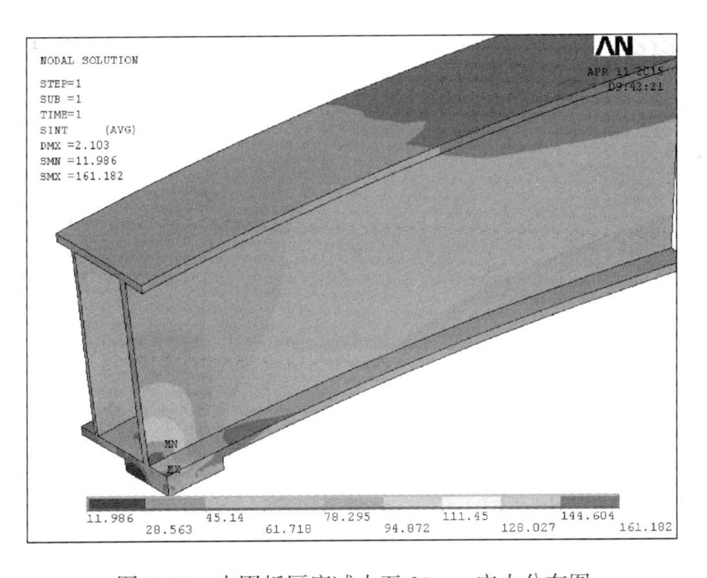

图 5.42　内圈板厚度减小至 20mm 应力分布图

将外侧筋板减薄至 8mm，内侧筋板加厚至 22mm（图 5.43），有限元计算结果显示最大应力值略有减小，但不明显，如图 5.44 所示。

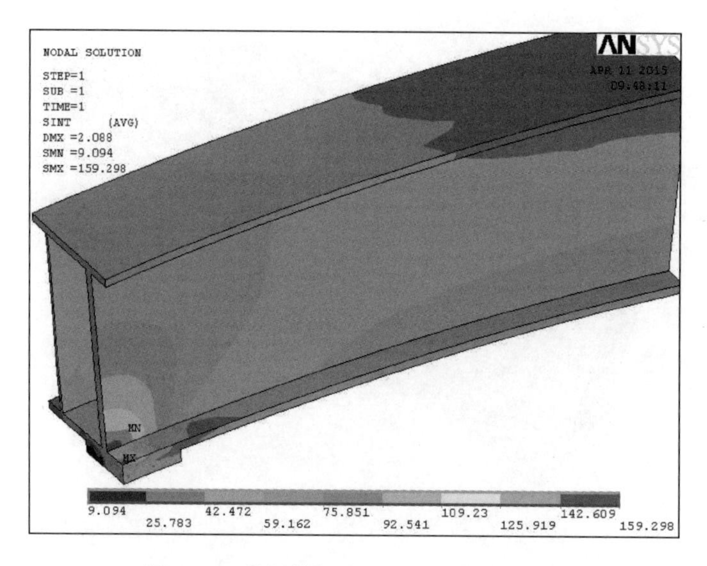

图 5.43　外侧筋板减至 8mm 应力分布图

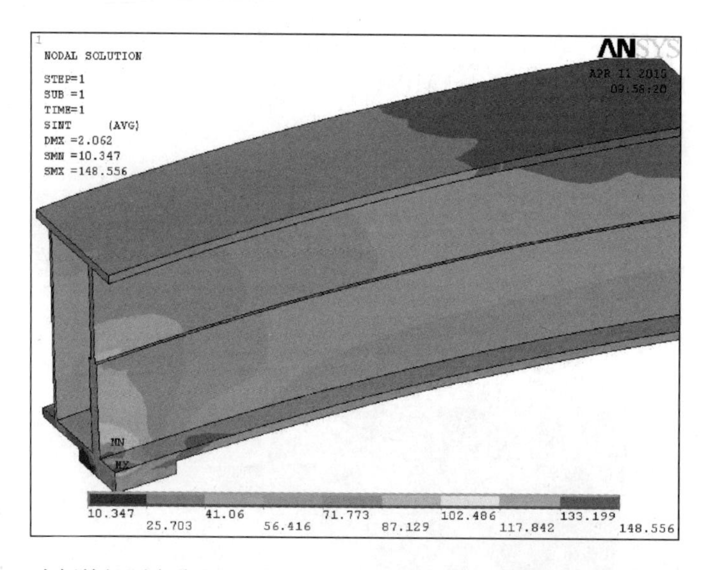

图 5.44　内侧筋板厚度分段 30mm（到支架直径 14500mm 处）/15mm 应力分布图

调整内侧筋板厚度分布，靠内圈加厚至 30mm（到支架直径 14500mm 处），靠外圈减薄至 15mm，外侧筋板厚仍为 8mm，有限元计算结果如下：

①最大应力值减小至 148.6MPa；

②高应力区有所扩大；

③总质量约为 19.9t。

进一步减小内侧筋板 30mm 厚的范围（到支架直径 14300mm 处），并将内圈厚度加大到 25mm（图 5.45），有限元计算结果如下：

①最大应力值降低至 139.6MPa；
②承载区进一步均匀化；
③总质量约为 19.8t。

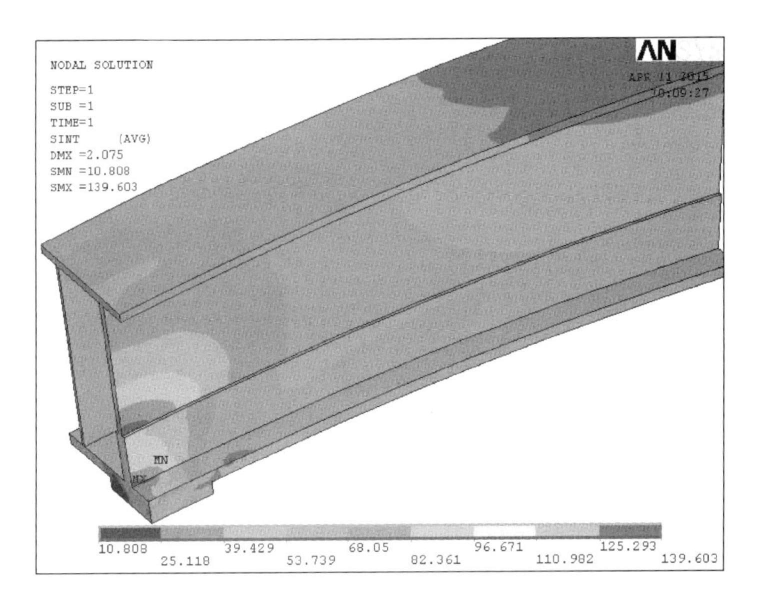

图 5.45　内侧筋板厚度分段 30mm（到支架直径 14300mm 处）/15mm，内圈加厚至 25mm 应力分布图

观察横断面的变形情况如图 5.46 所示，可以看到，靠近心部的结构沿半径方向发生的位移量较大，而外侧区域的变形量较小，因此，变形中外侧所承受的载荷较小，应使内外筋板的承载量获得一定均衡。

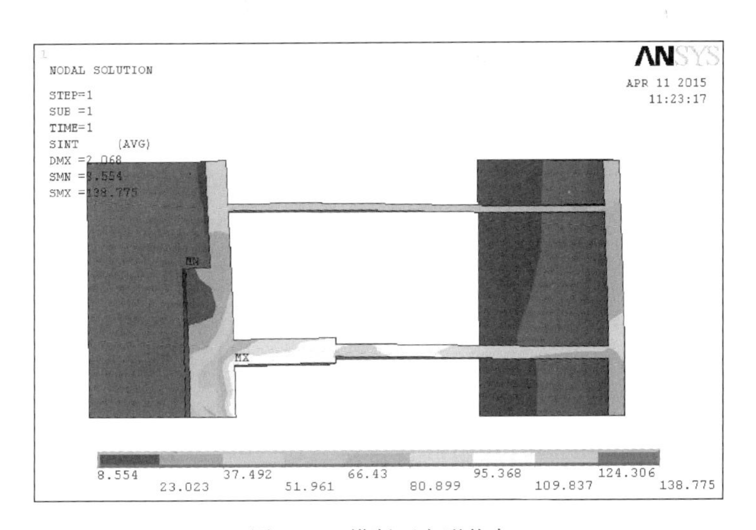

图 5.46　横断面变形状态

综上所述，通过有限元分析验证了承载体设计的合理性。

（4）承载体制作

钢筋混凝土承载体用于提供预应力桁架加载试验过程中的反向作用力，最大全缘承载力 16000kN，极限全缘承载力 20000kN。

根据内圆实验桁架的尺寸要求：7m 直径承载体试验空间直径为 7m，钢筋混凝土承载体的外形尺寸为直径 15m，高 1.5m，内部圆形试验空间直径为 7m。承载体采用直径 16mm 螺纹钢立体编织钢筋网，采用 C50 混凝土一次性浇筑而成，16 处作用力承载处，浇筑有 50mm 厚的钢板，材料 45 号钢。

14m 承载体试验空间直径为 14m，采用钢结构作为承载体：如果直径 14m 的承载坑按照直径 7m 承载坑的模式建造，需要的费用较高，本次采用钢结构模式达到既满足承载试样试验的要求又节约成本的目的（图 5.47）。

承载体外形尺寸为直径 18m，高 3m，内部圆形试验空间直径为 14m。采用钢板、工字钢、角钢焊接而成。总质量大约在 70t。加载点的设置是在直径圆周上均匀分布 16 个承载力点，如图 5.48 所示。

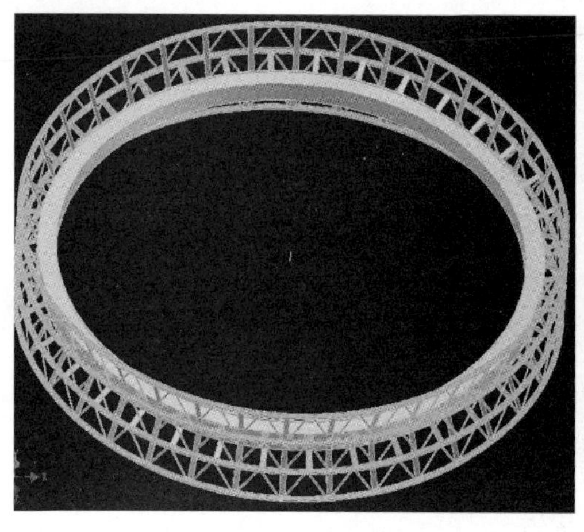

图 5.47　横承载体设计图

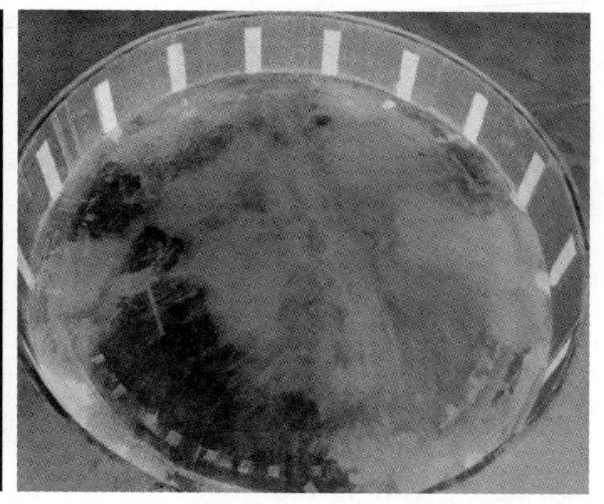

图 5.48　圆周上均匀分布 16 个承载力点

2. 预应力桁架试件设计

为全面检验该系统，本次测试采用预应力桁架结构作为测试试件，未采用预应力支架结构，预应力桁架结构作为支架试件同样满足测试需求。

（1）重型桁架

内圈直径 5790mm，外圈直径 6570mm，宽度 800mm，材料为 12 号矿用工字钢及 30mm 钢板。重型桁架由 8 件模块组成、材料采用 12 号矿用工字钢、焊接连接端板 30mm 钢板（45 号）加工制作而成。

（2）轻型桁架

内圈直径 5790mm，外圈直径 6570mm，宽度 500mm。材料为 12 号矿用工字钢及 25mm 钢板。轻型桁架由 8 件模块组成、材料采用 12 号矿用工字钢，焊接连接端板

25mm 钢板（45 号）加工制作而成。恒阻预应力桁架采用圆形模块化的基本结构，模块采用工字钢、钢板焊接而成。模块之间采用定位销、连接拉板、紧固螺栓连接组装，模块之间装有减振橡胶垫。根据支护力大小可采用单圈或多圈组合的结构形式。

整个桁架结构采用圆形结构，由 4 条圆形高强度矿用工字钢轧制而成。中间配合加固斜筋。考虑到最终需在相对狭窄的巷道中安装方便，桁架最终分割为 8 部分，既考虑每个分体的结构强度和最终 8 部分组成的整体强度，还考虑到每个分体的外形尺寸和重量，适合机械化安装。

鉴于上述原因，在圆形桁架上存在的 8 个连接部位是整个桁架的最薄弱部位，当桁架整体受力时，如处理不好，桁架将最容易从这些部位产生破坏。因此在每个分体桁架的两端连接处焊接有两片面积和厚度较大的连接板。增大分体部件在受力时的受力面积。同时在连接面上设计有三个大定位销，在各个分体受力时，各部分发生滑移时提供足够的抗剪切力，同时在各部分组装的时候，通过销钉定位准确，提高安装效率。各部分定位完成后，除安装有 9 个高强度 12.9 级螺栓紧固外，更是在两个分体的 4 个侧面增加高强度的连接弯板，并紧固。通过这些措施，可以使 8 个分体完全组合成一个整体。

桁架整体示意如图 5.49 所示。

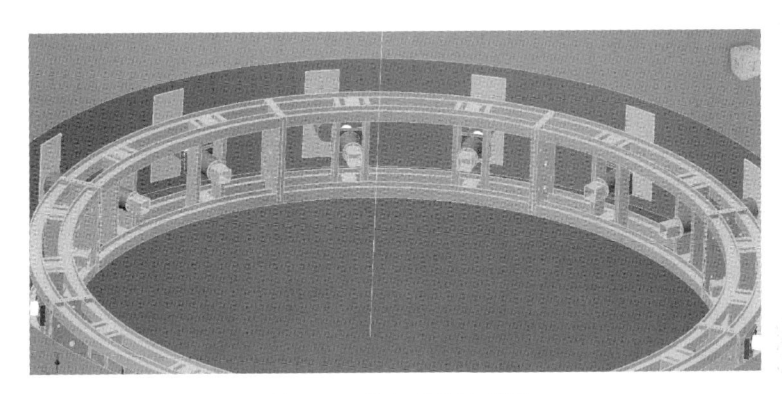

图 5.49　桁架整体示意图

8 件单体模块示意如图 5.50 所示。

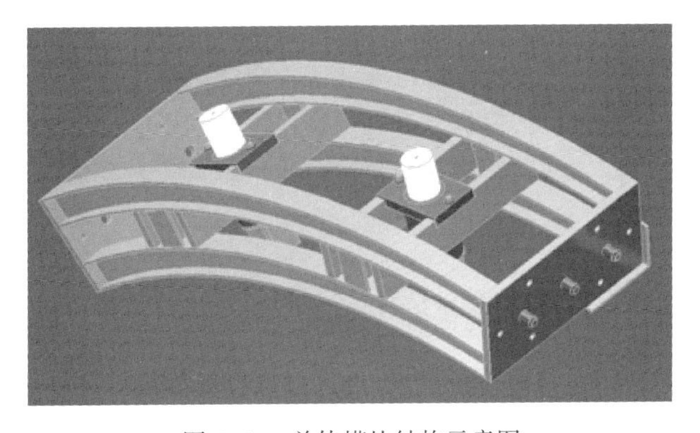

图 5.50　单体模块结构示意图

8 块模块之间连接方式如图 5.51 所示。

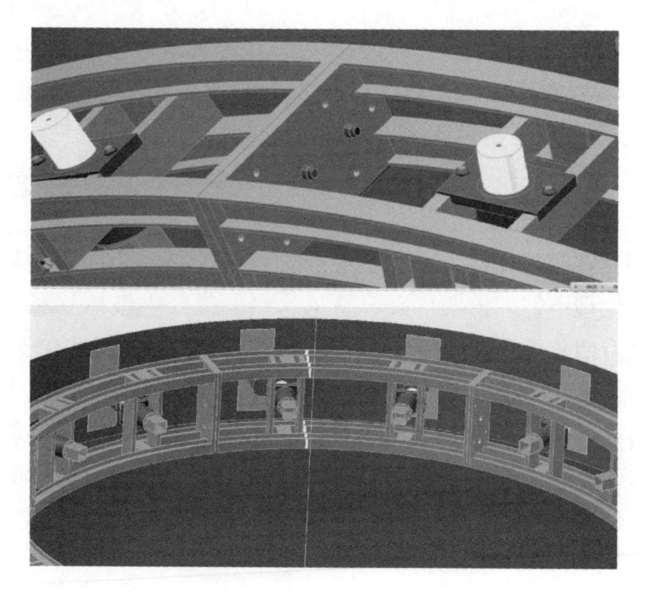

图 5.51　方形板就是 16 个承载力点局部可视示意图

(3) 焊接工装

将 12 号矿用工字钢使用专用卷板机卷制成相应的圆弧，连接板加工完成。将准备好的零件安装到专用的焊接工装上固定好，按照严格的焊接工艺完成焊接工作，焊接后将工件继续紧固在工装上一段时间。由于焊接工装的保证，每个分体的对接和定位精度保证不超过 0.1mm，保证每个分体的可互换性，有利于大批量的生产要求（图 5.52）。焊机采用的是氩弧焊机，对焊接后的每个分体需要进行相应的时效处理，表面进行喷砂防锈处理。

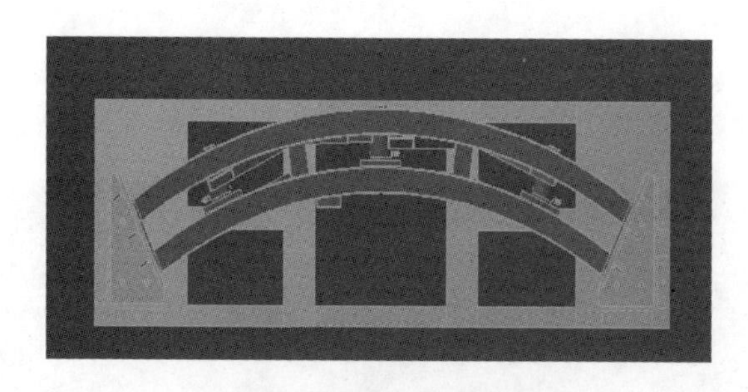

图 5.52　焊接工装设计图

非熔化极氩弧焊是电弧在非熔化极（通常是钨极）和工件之间燃烧，在焊接电弧周围流过一种不和金属起化学反应的惰性气体（常用氩气），形成一个保护气罩，使钨极端头，电弧和熔池及已处于高温的金属不与空气接触，能防止氧化和吸收有害气体。

从而形成致密的焊接接头，其力学性能非常好。

3. 伺服油压系统

(1) 伺服加载油缸

伺服加载油缸安装于桁架和混凝土承载体之间，一端作用在桁架的中心，一端作用在承载体的浇筑钢板上，采用16套伺服加载油缸，环形均布，每套伺服加载油缸最大加载力1000kN，最大加载行程220mm。加载油缸由加工单位自行加工制作，缸体采用QT600-3整体铸造件研磨加工，活塞杆采用40Cr热处理，表面镀铬抛光，采用进口爱力品牌密封件密封，如图5.53所示。

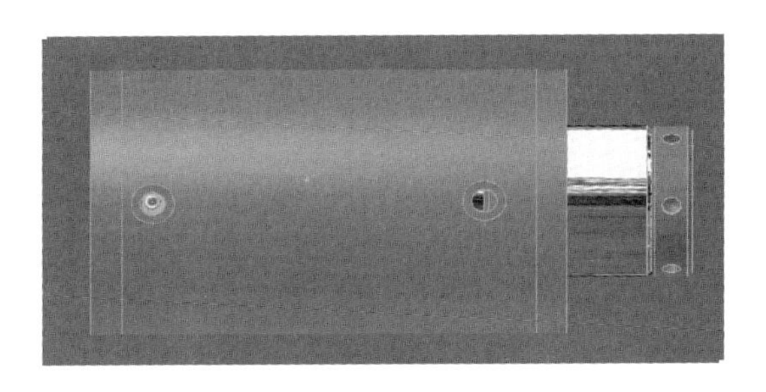

图5.53 伺服加载油缸设计图

(2) 加载任意联动技术

圆周有16个承载点，按照深部岩土力学变化无规律的特性，在控制软件上设置各种方位均可以加载的任意联动设计理念进行任意组合，达到模拟巷道支护的实际情况，如图5.54所示。

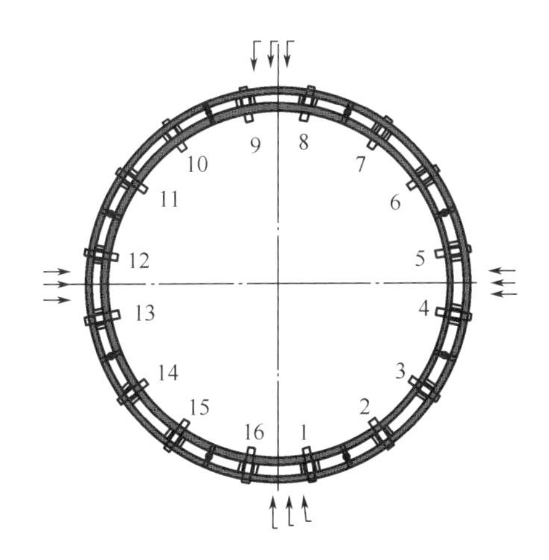

图5.54 油缸分布图

任意加载组合如下：

① 两角相对加载：承载点在16和1与对面8和9以及水平方向4和5与对面12

和 13 点的加载均为相对加载，通过计算机控制加载力及加载速度得出其运动轨迹，为巷道支护提供理论支持。

② 三角均布载荷加载：通过计算机控制加载力及加载速度对 1 和 16、5 和 6 及 11 和 12 点之间进行的加载，可以反映出底壳在受均布反向的凸岩作用下受力情况。

③ 三角不均布载荷加载：通过计算机控制加载力及加载速度可对 1 和 16 加载力较大，而 5 和 6、11 和 12 加载力相对较小，以反映深部巷道受地压和顶压不均时其受力情况。

④ 四个方向加载：计算机控制加载力及加载速度在上下、左右 4 个方向同时进行等力加载，也可以对任意一组进行不等力加载，反映地压与顶压以及侧压对支架的破坏变化情况。

⑤ 跳跃式加载：间隔一个或间隔几个进行的加载方式。

（3）开放式独立伺服控制油源系统

采用开放式油源系统，四套控制系统组合而成，用于实现 16 套加载油缸的伺服控制，采用集成式液压站，由 16 套独立的伺服控制油源组成，每套伺服油源系统由油箱、油泵、电机、粗滤油器、精滤油器、伺服阀组、安全阀、空气滤清器等组成。油箱由不锈钢板制作，带有温度计及液面显示，并且有通气口，两侧面各有放油通道，分吸油腔和回油腔，如图 5.55 所示。

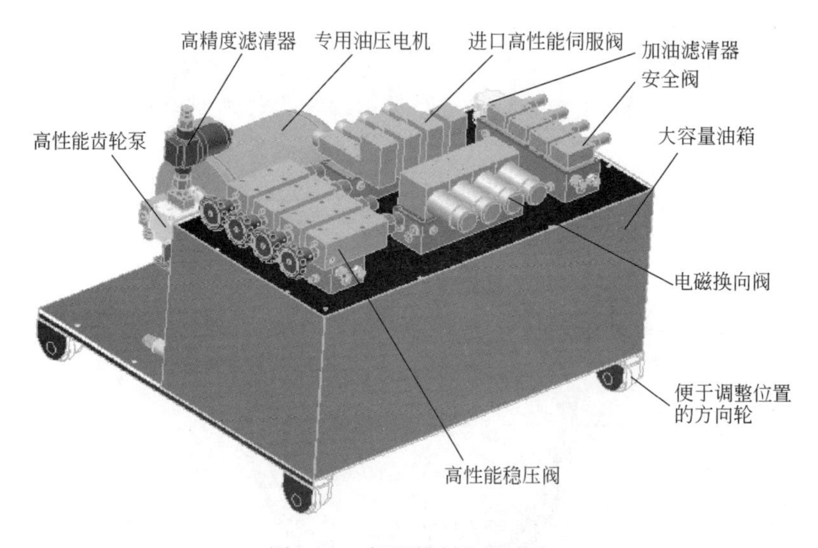

图 5.55　伺服控制油源系统

油泵采用进口内啮合齿轮泵，压力平稳脉动小，噪声低使用寿命长。安装在油箱的上方，由联轴器与油压电机联接。为了防止油污的吸入，在吸入口上安装了纸式粗滤油器，起粗滤作用。油泵出油口安装了 5μm 的精密滤油器，并带有报警功能。

5.4.3 系统总装

系统经过试验测试，已满足室内测试需求，标志着系统已顺利完成组装与调试，系统总体效果如图 5.56 所示。

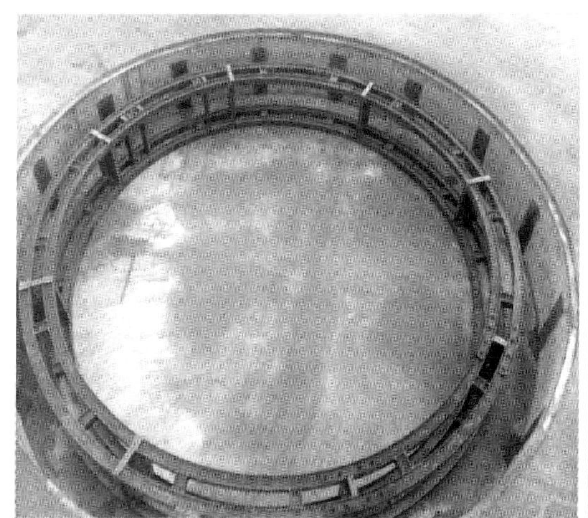

图 5.56 系统总装效果图

5.5 自动沉落式采矿信息化监测方法及技术

5.5.1 地质作用力远程监测预警方法

地质作用力远程监测预警技术是基于双体灾变力学理论和实践，由中国矿业大学（北京）何满潮院士针对巷道中显著发震断裂的稳定性自主研发的一套发震断裂活动性地质作用力监测预警系统。

1. 现场监测设备构成

根据巷道内显著发震断裂活动性监测原理，研发出“发震断裂活动性地质作用力监测预警系统”，基于卫星通信平台，实现了对断裂活动性的实时监测。该系统主要由两部分构成：现场监测设备和室内监测设备。其中现场监测设备包括数据采集设备和数据传输设备。

（1）数据采集设备和传力装置

数据采集设备包括：NPR恒阻大变形锚索、高精度石英压电传感器、力学信号采集-发射装置、太阳能供电系统等，如图5.57所示。

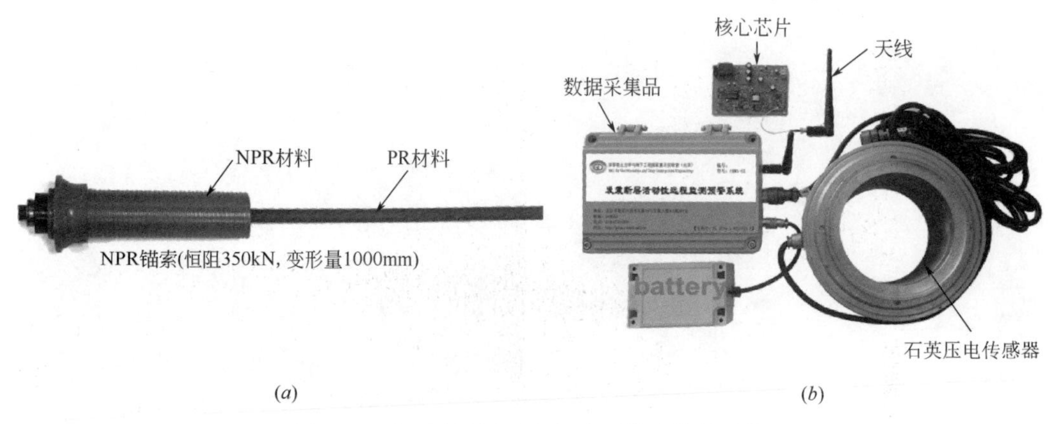

图5.57　发震断裂地质作用力采集和传导系统

（a）力学传导NPR锚索；（b）地质作用力采集系统

（2）力学传感器

对现有监测设备和系统的研究发现，设计一种能保障监测人员生命安全的监测系统必须安装相应传感器，这样可以降低监测工作的工作量和危险性，提高监测精度。故在系统设计时考虑了传感器的开发。该部分安装在巷道内，主要是测量恒阻大变形锚杆（索）上的地质作用力，实现了对地质作用力的自动采集与传输功能，如图5.58所示。

图5.58　力学传感系统

（3）信号采集-发射装置

数据采集-传输设备结构如图5.59所示，该设备主要由两部分构成：

① 信号采集-传输设备，该部分安装在力学传感器上部的保护装置内，是由高精密

电子部件集成的核心系统。核心电子部件主要由采集存储模块、信号发射模块和 ID 卡组成，其中每个 ID 卡有唯一的网络标识，对应一个数据库文件，可以保存该标识的监测信息。

② 天线，该部件的工作效果直接影响到发震断裂活动性监测预报的准确性。所以在安装时要对该部件的工作状态和效果进行校验，直至达到最优工作状态。

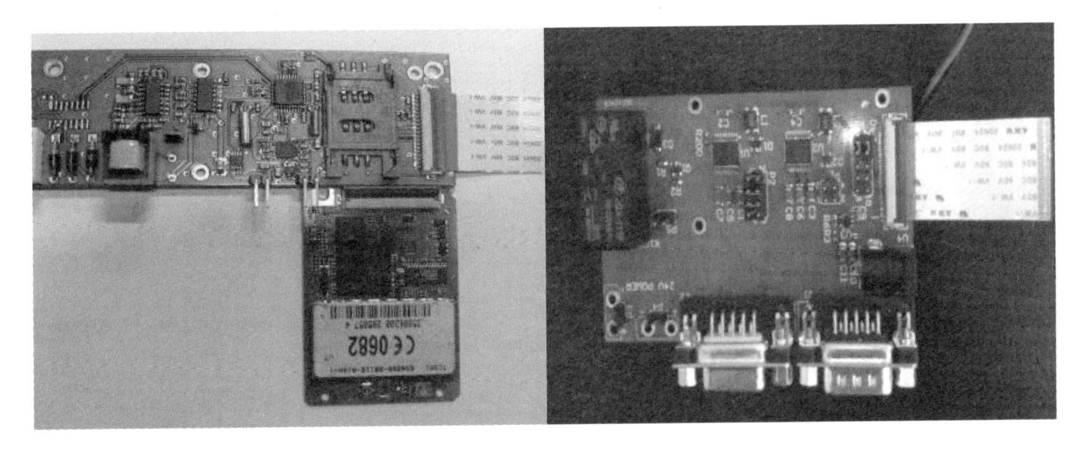

图 5.59　数据采集-发射系统核心电子部件结构图

2. 室内监测设备构成

室内监测设备主要是指数据接收-处理-分析系统以及一些辅助分析软件。数据智能接收分析系统构造如图 5.60 所示，该部分由北斗卫星接收设备、数据处理系统、信息显示系统组成。

图 5.60　数据接收-处理-分析系统

信号接收器用来接收发射系统的数据信号并将接收的信号传递给计算机（图5.61），计算机对接收的信号进行分析处理。为了连续不断地接收现场信号，信号接收器的电源要保持接通状态，计算机最好配置不间断工作电源，在监测过程中主机箱保持开机状态，在不对计算机进行操作的时间，可以将计算机显示器的电源关闭，只关闭计算机显示器的电源不影响信号的接收和处理。分析系统实现了网络化，用户经过授权后可以通过 Internet 进行监控信息查询。

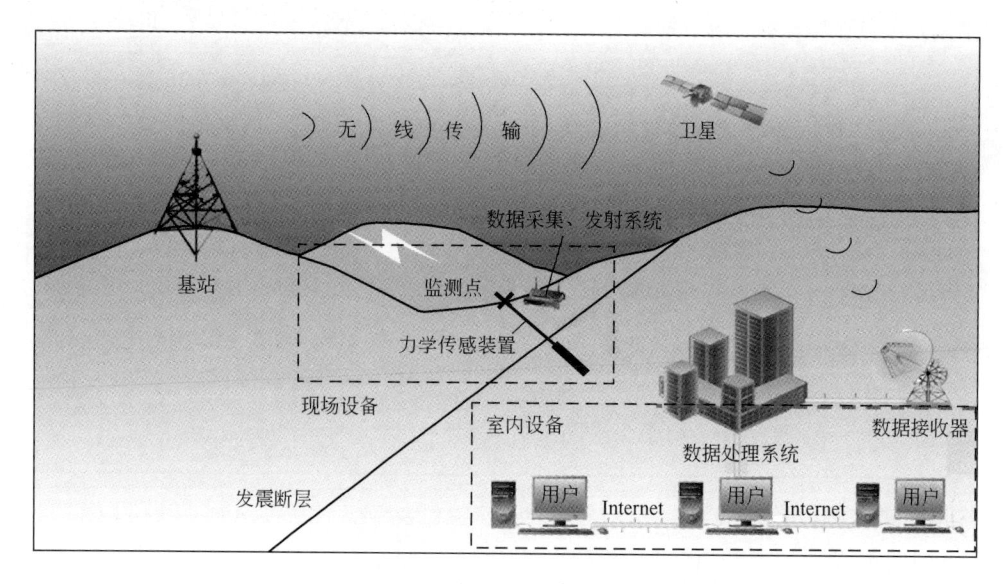

图 5.61　系统工作原理

5.5.2　光纤光栅测力系统及方法

光纤光栅传感技术是一种无源无电安全监测新技术，对应变、压力、位移、温度、渗压等多种物理量实现同时实时在线测量，在煤矿中大量应用，效果良好，适用于大范围、长距离、恶劣环境下实时在线监测，是目前最先进的安全智能监测技术。

1. 光纤光栅传感系统原理

光纤光栅传感器是 20 世纪 90 年代光纤传感器领域最主要的发明，FBG 是一种光纤无源器件，具有可靠性好，测量精密度高，抗电磁干扰，抗雷击等特点。一根光纤上连接多个不同波长的 FBG 传感器，可以组成准分布式测量系统，实现一根光缆定位测量的目的，与传统的传感器安装相比，节省了大量的电缆及施工费用，并且可靠度更高。

光纤沿径向从里向外分为纤芯、包层、涂覆层三部分，利用特殊的紫外光照射工艺对特定部位的光纤纤芯进行紫外光照射，使得该区域光纤纤芯的折射率发生周期性变化，从而制成特定中心波长的光纤光栅。光纤光栅原理示意如图 5.62 所示。

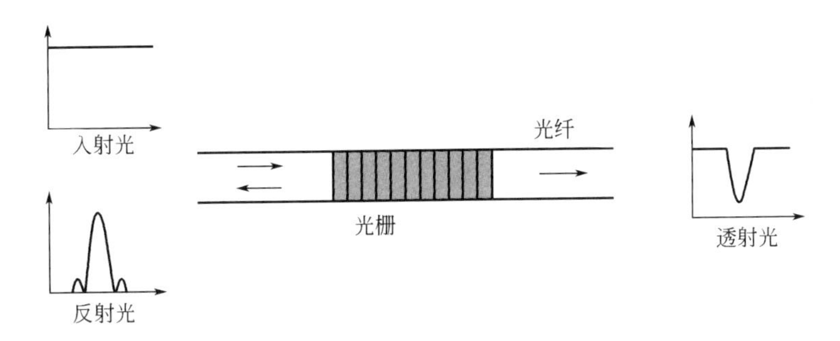

图 5.62 光纤光栅原理示意图

光纤光栅其作用相当于一个有选择性的光谱反射镜，最主要的功能是能将入射光中满足布拉格条件的某一特定波长的光部分或全部反射，相关公式如式（5.9）所示：

$$\lambda_B = 2n_{eff}\Lambda \tag{5.9}$$

式中 λ_B——被反射的波长；

n_{eff}——光纤光栅的有效折射率；

Λ——光栅周期。

通过拉伸和压缩光纤光栅或者改变温度，可以改变光纤光栅的周期和有效折射率，从而达到改变光纤光栅反射波长的目的。光纤光栅的中心波长和应变、温度呈线性关系，如图 5.63 所示的是光纤光栅温度特性曲线。根据这些特性，可将光纤光栅制作成应变、温度、压力、加速度等多种传感器。

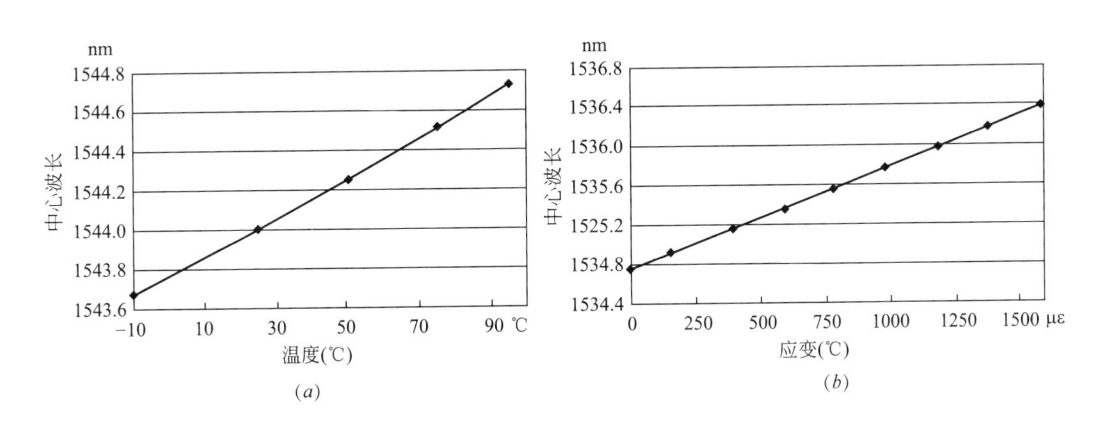

图 5.63 光纤光栅温度/应变特性曲线

（*a*）光纤光栅中心波长与温度特性曲线；（*b*）光纤光栅中心波长与应变特性曲线

压力传感器波长换算公式：

$$[(W_{测试} - W_{原始}) - (T_{测试} - T_{原始})]/K = 测试压力值 \tag{5.10}$$

式中 $W_{测试}$——测试的应变波长值；

$W_{原始}$——未安装前应变波长值；

$T_{测试}$——测试的温度波长值；

$T_{原始}$——未安装前温度波长值；

K——传感器转换系数（通过标准测试提供）。

2. 光纤光栅测力系统组成

光纤光栅测力计系统主要有光纤传感器、光缆、光缆接线盒和信号处理器等四部分组成。系统组装示意见图 5.64～图 5.67。

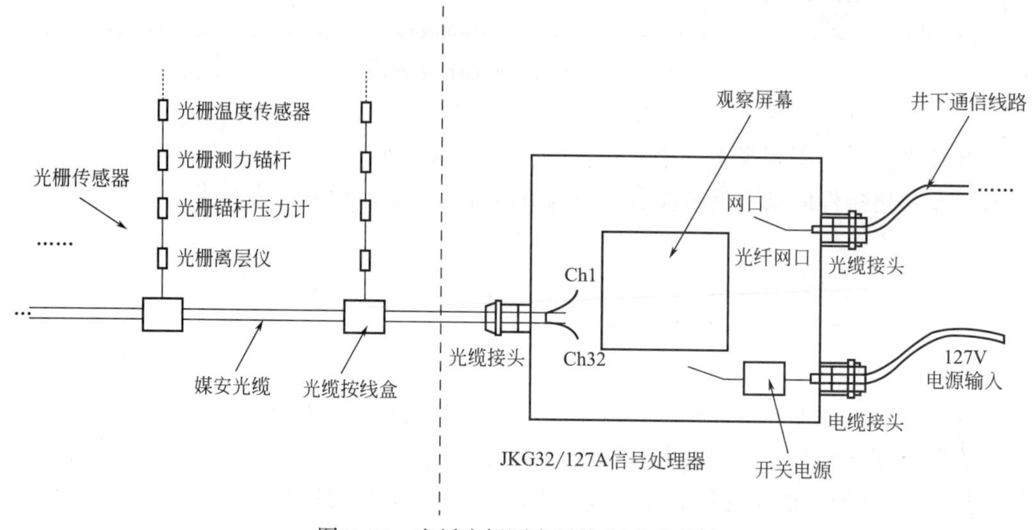

图 5.64　光纤光栅测力系统组成示意图

图 5.65　光栅传感器

图 5.66 光缆接线盒及煤安光缆

图 5.67 信号处理器

3. 光纤光栅测力系统优势

(1) 环境适应性好

光纤光栅传感器完全无源工作，没有使用任何电子元件。因此，它们可以在煤矿等易燃易爆、潮湿、腐蚀、高温的严苛环境下长期工作。

(2) 抗电磁干扰

光纤光栅传感器的无源特性的好处就是现场无需供电，抗电磁干扰、电绝缘性能好，本质安全防爆。

(3) 传输距离远

光纤光栅信号在不用任何中继的情况下，光纤光栅传感器可以覆盖 10km 的距离。这种长距离传输可以很好解决传感器现场信号传输的问题，真正实现分布式网络监测系统。

(4) 多参量传感

光纤光栅通过不同的封装结构实现对温度、位移、应力、压力、加速度、沉降、渗压、振动、倾斜等多种物理量同时监测。新型传感器随时接入且不影响原有传感器。

(5) 长期稳定性

光纤光栅现场传感器完全无源结构具有零漂移的特性，寿命长，稳定性好。

(6) 系统容量大

一条光纤可以串行接入很多传感器，一套信号处理器又可同时接入上百条光纤，单套系统可同时监测数千个测点。与每个传感器都需有一个专用分站仪表的传统电传感技术相比，系统简单，性价比高。

4. 光纤光栅测力系统步骤

(1) 在预设位置打 NPR 锚索孔；

(2) 将恒阻器与压力环一起安装，对恒阻锚索进行预紧，预紧值达到 25t；

(3) 用煤安光缆将压力环和光缆接线盒连接起来；

(4) 安装信号处理器，接入光缆接线盒，并连接 127V 电源；

（5）信号处理器开机，进行调试；

（6）采集数据。

5.5.3 光纤分布式温度监测方法

光纤分布式测试采用的 ROFDR 技术，对温度感测光缆的应变进行解调。该系统自主研发，以光纤中的拉曼散射原理为技术基础，结合光时域反射技术（OFDR），实现连续测量光纤沿线任一点所处的温度（图 5.68）。其测量距离从几公里到几十公里的范围，空间定位精度可达到 1m 量级，且能进行不间断实时在线测量，特别适用于大范围多点测量的情况，光纤分布式温度采集设备 DTS80 的性能特点及技术参数见表 5.5。将 ROFDR 技术联合内加热光缆使用，可以对岩土体的温湿度信息进行监测。目前已广泛应用于电力、石化、煤炭、地铁及隧道、港口、水利土建等多个行业。

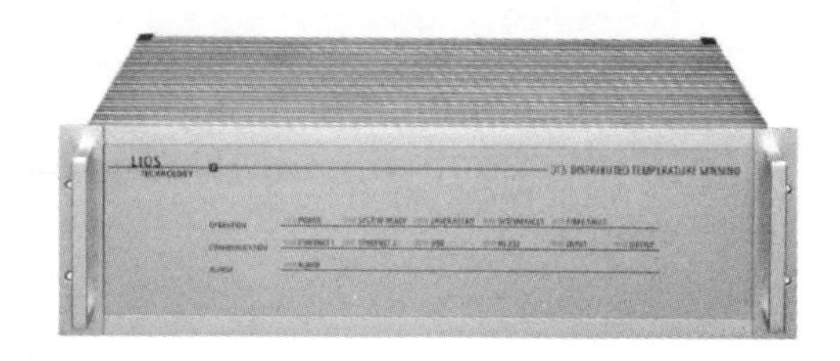

图 5.68 光纤分布式温度采集设备 DTS80

设备性能特点及技术参数 **表 5.5**

<table>
<tr><th>参数类型</th><th colspan="2">参数值</th></tr>
<tr><td>测量距离(km)</td><td colspan="2">8</td></tr>
<tr><td>空间分辨率(m)</td><td colspan="2">0.25</td></tr>
<tr><td>温度分辨率(℃)</td><td colspan="2">0.01</td></tr>
<tr><td>最小采样间隔(m)</td><td colspan="2">0.1</td></tr>
<tr><td>测量精度(℃)</td><td colspan="2">0.1</td></tr>
<tr><td>光纤接头</td><td colspan="2">E2000/APC</td></tr>
<tr><td>光纤类型</td><td colspan="2">62.5/125μm 多模光纤</td></tr>
<tr><td>通信接口</td><td colspan="2">Ethernet TCP/IP (2x)，RS232，USB</td></tr>
<tr><td>功率</td><td>小于 25W</td><td>DC 主机</td></tr>
<tr><td>存放温度(℃)</td><td colspan="2">−35～+175</td></tr>
<tr><td>工作温度(℃)</td><td colspan="2">−10～+160</td></tr>
</table>

5.5.4 深部岩体大变形光纤监测方法

常规感测光缆可以测得光缆沿线的应变，具有极高的应变监测灵敏度和识别率，但受限于普通单模石英光纤的材料性能，其应变量程范围为－1.5%～＋1.5%，当变形超过这一范围将导致光缆损坏。而深部地层特别是在深部活动性断裂面影响区段内，局部区域岩体会出现大变形，其变形量将远超出光纤的变形极限。因此光纤的大变形监测是需要着力研究解决的问题。

针对这一问题，做出如下改进：

1. 可以从光纤传感器件的结构出发，借鉴点式大变形位移传感器的测量原理，提出了一种分布式光纤大变形测量技术，通过设计换能装置，实现光纤大小变形转换，增大其量程，如图 5.69 示。其基本原理是将光纤按一定的间隔分段设置固定装置，对感测光纤的一端施加一定的预应变后与柔性弹簧串接，另一端冗余部分光纤，柔性弹簧用以调节光纤传感器模量，增大其变形能力。当外部岩体带动固定点之间的弹簧和光纤串变形时，低模量的弹簧承担了主要的变形量，而光纤解调仪可以识别和测量光纤部分的微应变，得到光纤轴力的变化即弹簧受力变化，进而得到整体的变形。

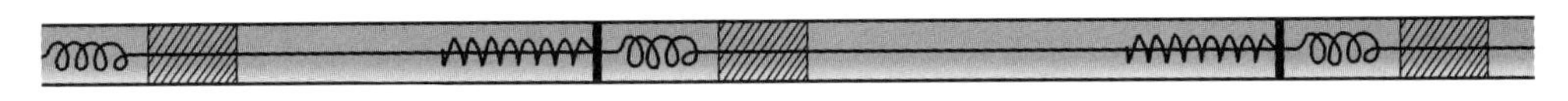

图 5.69 光纤大变形传感器示意图

2. 采用定点的光纤布设方式如图 5.70 所示，将传感光纤按一定的间隔逐点固定在被测对象上，一旦被测对象沿光纤轴向发生拉伸或收缩，两个固定点之间的光纤也随即发生相应的变形，实测的光纤应变反映了两个固定点间的平均变形。点距的选择决定了光纤变形监测的量程，可以根据变形区的预估变形量进行选择，从几米到数十米不等。这样的光纤布设方式可以很好地定位大变形区域以及反映地层大小变形的整体分布情况，其效果就是对于地层空间变形的平均化，本质是以降低部分空间分辨率的代价换取变形量程的极大提高。

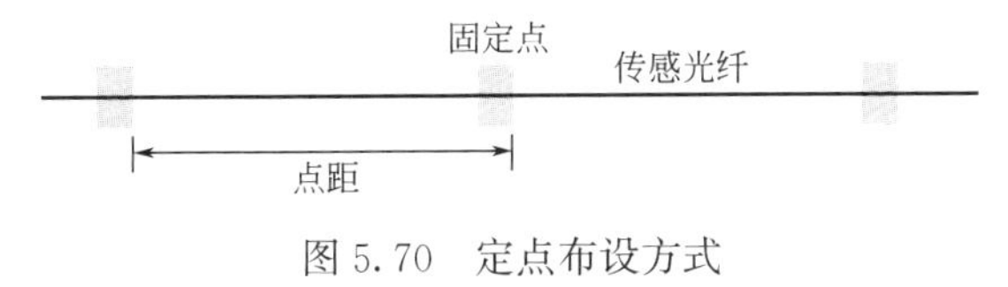

图 5.70 定点布设方式

5.5.5 自动沉落式采矿大数据监测方法

本方案拟在伊矿矿部和灵宝黄金股份有限公司各建立一套“自动沉落式采矿大数据监测预警中心”，该系统兼容地质作用力、变形、位移、温度等参数的在线监测，并对监测数据进行耦合实时分析，继而实现对巷道安全状态进行 24 小时监测预警，后经由互联网远程信息发布（需要授权）。

该监测系统包括三级监控平台，其中：

（1）三级监测站为现场监测站，主要设置在每个井口上方；

（2）二级值班室为数据处理及安全分析站，主要用于数据管理、分析、安全分析及信息的互联网发布；

（3）一级监控中心为管理站，监管人员在一级监控中心通过计算机对巷道安全状态进行在线监管。

同时，二级值班室信息发布系统的信息还可以远传至矿山监控中心和集团监控中心。具体网络拓扑图如图 5.71 所示，监测中心效果如图 5.72 所示。

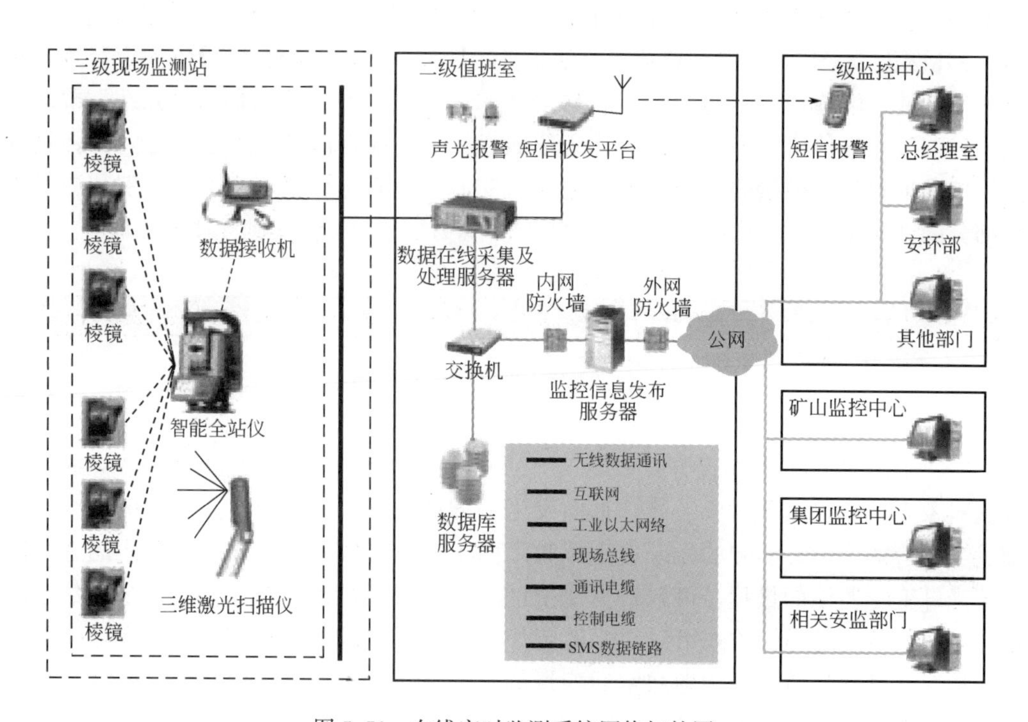

图 5.71 在线实时监测系统网络拓扑图

图 5.72 监测中心效果示意图

第6章　结论

通过本次研究，取得的主要结论如下：

1. 通过现场调研和资料分析，发现伊矿目前存在以下主要问题：围岩破碎，支护难；围岩遇水软化膨胀，稳定性差；矿体产状复杂，常规开采工艺造成矿石损失与贫化大、通风困难、出矿管理难等一系列问题。

2. 通过对3DMine软件的二次开发，利用伊矿29幅勘探线剖面图和1幅地形图，建立了“伊士坦贝尔德金矿三维工程地质模型”，三维模型具有如下功能：准确显示地表地形地貌特征；真实反演伊矿10条主要矿脉的产状；自动测量伊矿10条矿脉沿走向的几何长度；自动测量伊矿10条矿脉沿两翼展布的几何长度；两翼相同矿脉用同一种颜色渲染；三维地质模型具有漫游功能，确保在三维地质模型上可以从不同视觉角度（含透视功能）观察矿脉展布特征。

3. 基于距离幂次反比理论，利用伊矿西区29幅勘探线剖面图，对西区1号、2号、3号、4号、4A号、5号、6号、北矿脉、中间矿脉9条矿脉进行金金属富集区划研究，分别按照$t=5$、9、12三个品位等级和$t=7$一个品位等级将各条矿脉分别划分为极富集区、较富集区、富集区、欠富集区4个富集分区和富集区、不富集区2个富集分区，并对每个分区的金金属质量和体积进行了估算。

4. 针对伊士坦贝尔德金矿脉陡倾、薄厚不均和围岩破碎的复杂赋存特征，提出了一种“直立破碎矿体自动沉落式采矿方法”，并分别针对直立极薄矿体、直立厚矿体和直立薄矿体分别提出了相对应的采矿方法。

5. 为了确保在现场实施过程中动态掌握围岩、支架的稳定状态，提出了“自动沉落式采矿信息化监测预警技术”，该技术集地质作用力监测预警子系统、光纤光栅测力子系统、光纤分布式温度监测子系统、岩体大变形光纤监测子系统等，并提出了伊矿自动沉落式采矿大数据监测预警中心建设方案。

综上所述，伊矿金金属富集区划和自动沉落式采矿方法能够从根本上提高伊士坦贝尔德金矿的开采效率，降低采矿成本和贫化率，彻底解决通风和出矿难题，为最短时间内完成富集区内金金属资源的安全可持续开采提供技术支持。

参考文献

［1］王文忠，冉启发，孙世国等．高陡软岩边坡控制与智能匹配优化设计技术[M]．北京：科学出版社，2008.

［2］闫莫明，徐祯祥，苏自约．岩土锚固技术手册[M]．北京：人民交通出版社，2008.

［3］Wong F. S.. Unertainties in FE modeling of slope stability[J]. Computer & Structures，1984，19：777-791.

［4］林景云．抚顺胜利矿的冲击地压[M]．北京：煤炭工业出版社，1959.

［5］虎维岳，何满潮．深部煤炭资源及开发地质条件研究现状与发展趋势[M]．北京：煤炭工业出版社，2008.

［6］赵本钧．冲击地压及其防治[M]．北京：煤炭工业出版社，1995.

［7］郭然，潘长良，于润沧．有岩爆倾向硬岩矿床采矿理论与技术[M]．北京：冶金工业出版社，2003.

［8］范维唐．提高煤炭生产整体水平保障煤矿生产安全[J]．中国煤炭，2005，31（4）：5-17.

［9］张凤鸣，余中元，徐晓艳等．鹤岗煤矿开采诱发地震研究[J]．自然灾害学报，2005，14（1）：139-143.

［10］李世愚，和雪松，潘科等．矿山地震、瓦斯突出及其相关性[J]．煤炭学报，2006，31（12）：11-19.

［11］Li T.，Cai M. F.，Cai M.. Earthquake-induced unusual gas emission in coalmines-A km-scale in-situ experimental investigation at Laohutai mine[J]. International Journal of Coal Geology，2007，71：209-224.

［12］He X. S.，Li S. Y.，Pan K.，et al. Mining seismicity，gas outburst and the significance of their relationship in the study of physics of earthquake source[J]. Acta Seismologica Sinica，2007，20（3）：332-347.

［13］McCreath D. R.，Kaiser P. K.. Current support practices in burst-prone ground，Mining Research Directorate，in：Canadian Rock burst Research Project（1990-1995），GRC，Laurentian University. 1995.

［14］Anders Ansell. Laboratory testing of a new type of energy absorbing rock bolt[J]. Tunnelling and Underground Space Technology. 2005（20）：291-330.

［15］Ortlepp W. D.. The design of support for the containment of rock burst damage in tunnels-an engineering approach. In：Kaiser P. K.，McCreath D. R.，EDITORS. Rock support in mining and underground construction. Rotterdam：Balkema，1992：593-609.

［16］Jager A. J.. Two new support units for the control of rockburst damage. In：Rock Support in Mining and Underground Construction[C]. Proceedings of the International Symposium on Rock Support，Sudbury，1992：621-631.

［17］Li C. C.，Marklund P-I. Field tests of the cone bolts in the Boliden mines，In：Nilsen B，Hamre L，Rohde JKG，Berg KR，editors. Fjellsprengninsteknikk/ Bergmekanikk/ Geoteknikk. Oslo：Norsk Jord og Fjellteknisk Forbund；2004，35：12.

[18] Simser B.. Modified cone bolt static and dynamic tests. Noranta Technology Centre Internal Report. Quebec，Canada，2002.

[19] Varden R.，Lachenicht R.，Player J.，et al. Development and implementation of the Garford dynamic bolt at the Kanowna Belle Mine. In：10th underground operators' conference，Launceston，Australian Centre for Geomechanics，2007：395-404.

[20] Charette F.，Plouffe M.. Roofex-results of laboratory testing of a new concept of yieldable tendon，In：Potvin Y，editor. Deep mining' 07. Perth：Australian Centre for Geomechanics，2007：395-404.

[21] 陈炎光，陆士良等．中国煤矿巷道围岩控制[M]．徐州：中国矿业大学出版社，1994.

[22] Hudson J. A.，Harrison J. P.．工程岩石力学[M]．冯夏庭，李小春，焦玉勇等译．北京：科学出版社，2009.

[23] 何满潮，袁和生，靖洪文等．中国煤矿锚杆支护理论与实践[M]．北京：科学技术出版社，2004.

[24] 萨赫诺．一种新型的让压锚杆[J]．中州煤炭．1987，5：42-43.

[25] Tannant D. D.，Buss B. W.. Yielding rockbolt anchors for high convergence or rockburst conditions[C]. In：Proceedings of the 47th Canadian Geotechnical Conference，Halifax，1994：10.

[26] Gillerstedt P.. Drag-och skjuvforsok pa deformationstalig bergbult[C]. In：Papers presented at Rock Mechanics Meeting in Stockholm，1999（3）：105-119.

[27] 何亚男，侯朝炯，赵庆彪等．杆体可拉伸锚杆的应用[J]．矿山压力与顶板管理，1993，3（4）：215-219.

[28] Charlie Chunlin Li. A new energy absorbing bolt for rock support in high stress rock masses[J]. International Journal of Rock Mechnics & Mining Sciences，2010，47：396-404.

[29] UGUR OZBAY. In-situ pull testing of a yieldable rock bolt，ROOFEX. Controlling Seismic Hazard and Sustainable Development of Deep Mines. C. A. Tang，Rinton Press，1081-1090.

[30] Harvey S.，Ozbay U.. In-situ Testing of Roofex Yielding Rock Bolts. A Report Submitted to NIOSH，Spokane Research Laboratory，Spokane（WA，2009）.

[31] 连传杰，徐卫亚，王志华．一种新型让压锚杆的变形特性及其支护作用机理分析[J]．防灾减灾工程学报，2008，28（2）：242-247.

[32] Ortlepp W. D.，Bornman J. J.，and Erasmus P. N.. The Durabar-a yieldable Support tendon-design rationdle and laboratory results [A]. Johannesburg：South African Inst of Mining and Metallurgy，2001：263-266.

[33] Ortlepp W. D.，and Swart A. H.. Performance of various types of containment support under quasi-static and dynamic loading conditions，Part II. 2002.

[34] 高延法，张文泉，肖洪天等．柔刚性可伸缩锚杆．实用新型专利，专利号：ZL 92237347.7[P].

[35] 国土资源部储量司，矿产资源储量计算方法汇编[M]．北京：地质出版社．2000.

[36] 王赞化，董新菊．矿产储量计算的验算[J]．中国地质，1960，2：21-24.

[37] 郑贵洲，申永利．地质特征三维分析及三维地质模拟现状研究[J]．地球科学进展，2004，19（2）：218-223.

[38] Boissonnat J. D.. Geometric structures of three-dimensional shape reconstruction[J]. ACM Trans Graphics，1984，3（4）：266-286.

[39] 程朋根．地矿三维空间数据模型及相关算法研究[D]．武汉：武汉大学，2005.

[40] Bajaj CL, Bernardini F, Xu G. Automatic reconstruction of surfaces and scalar fields from 3D scans [C]. Proceedings of ACM SIGGRAPH, 1995, New York.

[41] Lin Hongwei, Tai Chiewlan, Wang Guojin. A mesh reconstruction algorithm driven by intrinsic properly of point cloud[J]. Computer-Aided Design, 2004, 36 (1): 1-9.

[42] ZHU Qing, ZHANG Yeting. Three-Dimensional TIN Algorithm for Digital Terrain Modeling [J]. Geo-spatial Information Science, 2008, 11 (2): 79-85.

[43] 王明华. 三维地质建模研究现状与发展趋势[J]. 土工基础, 2006, 20 (04): 68-70.

[44] Ross R. Moore, SeottE Johnson. Three-dimensional Reconstruction and Modeling of Complexly olded Surfaces Using Mathematica[J]. Computers &Geosciences, 2001, 7: 401-418.

[45] 朱良峰. 基于 GIS 的三维地质建模及可视化系统关键技术研究[D]. 武汉: 中国地质大学, 2005.

[46] 钟登华, 李明朝. 水利水电工程地质三维地质建模与分析理论及实践[M]. 北京: 水利水电出版社, 2006.

[47] 潘炜. 工程地质三维可视化技术及其工程应用研究[D]. 北京: 中国科学院地质与地球物理研究所, 2005.

[48] 李明朝. 复杂工程地质信息三维可视化分析理论与应用研究[D]. 天津: 天津大学, 2003.

[49] 吴江斌. 基于 Delaunay 构网的城市三维地层信息系统核心技术研究与应用[D]. 上海: 同济大学, 2003.

[50] 僧德文, 李仲学. 地矿工程三维可视化仿真系统设计及实现[J]. 辽宁工程技术大学学报 (自然科学版), 2008, 27 (1): 9-12.

[51] 李青元, 常燕卿等. 三维 GIS 拓扑关系中"一面三层"的概念及其在二维的推广[J]. 测绘学报, 2002, 31 (4): 350-356.

[52] 陈军, 郭薇. 基于剖分的三维拓扑 ER 模型研究[J]. 测绘学报, 1998, 27 (4): 308-317.

[53] Alan M. Lemon, Norman L. Jones. Building solid models from boreholes and use-defined cross-sections[J]. Computers &Geosciences, 2003 (29): 547-555.

[54] O. C. Zienkiewicz and D. V. Phillips, An Automatic Mesh Generation Scheme for Plane and Curved Surfaces by Isoparametric Coordinates[J]. International Journal for Numerical Methods in Engineering, 1971, 3: 519-428.

[55] Qu Xiaoqing, Li Xiaobo, A 3D Surface Tracking Algorithm[J], Computer Vision and Image Understanding, 1996, 64 (1): 147-156.

[56] 吴立新, 史文中等. 3DGIS 与 3DGMS 中的空间构模技术[J]. 地理与地理信息科学, 2003, 19 (1): 1-6.

[57] 张煌, 白世伟. 一种基于三棱柱体体元的三维地层建模方法及应用[J]. 中国图象图形学报, 2001, 6 (3): 285-290.

[58] Wu L. X. Topological relations embodied in a generalized tri-prism (GTP) model for a 3D geosciences modeling system[J]. Computers &Geosciences, 2004, 30: 405-418.

[59] 陈云浩, 郭达志. 一种三维 GIS 矢量数据结构的研究[J]. 测绘学报, 1999, 28 (1): 41-44.

[60] 韩国建. 矿体信息的八叉树存储和检索技术[J]. 测绘学报, 1992, 21 (1): 13-17.

[61] 李清泉, 李德仁. 八叉树的三维行程编码[J]. 武汉测绘科技大学学报, 1997, 22 (2): 102-106.

[62] 王占刚，曹代勇．基于改进三棱柱模型的复杂地质体3D建模方法[J]．中国煤田地质，2004，16（1）：4-6.
[63] Homer H.，Thomas S.．A Survey of Construction and Manipulation of Octree[J]. CVGIP，1998，43：409-431.
[64] Jung Y. H.，Lee K.. Tetrahedron-based octree encoding for automatic mesh generation[J]. Computer-Aided Design，1993，25：141-152.
[65] Lemon A. M.，Jones N. L.. Buiiding solid models from boreholes and user-defined crosssections [J]. Computers&Geosciences，2003，29：547-555.
[66] LI Deren，LI Qingquan. Study of An Hybrid data structure in 3D GIS[J]. Acta Geodaetica et Cartograhica Sinica，1997，26（2）：128-133.
[67] 孙豁然，许德明等．建立矿体三维实体模型的研究[J]．矿业开发与应用，1999，19（5）：1-3.
[68] Shi W. Z.. A Hybrid Model for 3D GIS[J]. Geoinformatics，1996，1：400-409.
[69] Wringt J. P.，Jack A. G.． A spects of three-dimensional constrained Delaunay meshing[J]. International Journal of Numerical Methods in Engineering，1994，37：1841-1861.
[70] Hou Enke，Deng Niandong，Zhang Zhihua，Zhao Zhou. Research on dynamic updatiy of three dimensional geological modeling based on the OO-Solid model[J]. Journal of Coal Science & Engineering (China)，2008，14（3）：420-424.
[71] 曹彤，刘臻．用于建立三维GIS的八叉树编码压缩算法[J]．中国图象图形学报，2002，7：（1）：50-54.
[72] 吴江斌，朱合华．基于Delaunay构建的地层3DTEN模型及建模[J]．岩石力学与工程学报，2005，24（24）：4581-4587.
[73] 朱合华，张芳等．基于钻孔数据重构地层周围表面模型算法[J]．计算机工程与应用，2006，25：213-216.
[74] Victor J. D.. Delaunay Triangulation in TIN Creation：A Overview and A Linear-Time Algorithm [J]. GIS，1993，7（6）：501-524.
[75] 齐安文，吴立新等．一种新的三维地学空间构模方法一类三棱柱法[J]．煤炭学报，2002，27（2）：158-163.
[76] 程朋根，龚健雅．地勘工程三维空间数据模型及其数据结构设计[J]．测绘学，2001，30（1）：74-81.
[77] 熊磊，杨鹏等．基于不规则四面体的矿床三维体视化模型[J]．北京科技大学学报，2006，28（8）：716-720.
[78] 张玲玲．基于广义三棱柱的地质体三维可视化方法研究[D]．辽宁：辽宁工程技术大学，2005.
[79] 刘衍聪，宋哲等．基于TEN的3D GIS数据模型及其生成算法[J]．计算机应用，2004，24（7）：153-158.
[80] 盛业华，刘平等．地学现象三维空间模拟一以点源烟气扩散为例[J]．地球信息科学，2005，7（3）：16-20.
[81] 陈锁忠，黄家柱等．基于GIS的孔隙水文地质层三维空间离散方法[J]．水科学进展，2004，15（5）：634-639.
[82] 栾茹，白保东．基于正四面体的八叉树法生成三维有限元网格[J]．沈阳工业大学学报，1999，5：409-413.

[83] 何鑫，王李管．一种基于八叉树的地质体三维网格剖分方法[J]. 金属矿山，2008，11：66-70.
[84] Jung Y. H.，Lee K.. Tetrahedron-based octree encoding for automatic mesh generation[J]. Computer-Aided Design，1993，25：141-152.
[85] Carol Hazlewood. Approximating constrained tetrahedrizations[J]. Computer Aided Geometric Design，1993，10：67- 87.
[86] 穆斌，潘懋等．基于投影体积与八叉树的三维网格模型体素化方法[J]. 地理与地理信息科学，2010，26 (4)：27-31.
[87] 马洪滨，郭甲腾．基于剖面的面体混合三维地质建模研究[J]. 金属矿山，2007，373 (7)：50-93.
[88] David Meyers. Reconstruction of Surfaces From Planar Contours[D]. University of Washington，1994.
[89] 赵德君，王宝军．任意地质图剖面生成的方法探讨[J]. 西部探矿工程，2005，106：91-92.
[90] 明镜，潘懋等．基于 TIN 数据三维地质体的折剖面切割算法[J]. 地理与地理信息科学，2008，24 (3)：37-40.
[91] 陈学工，曾俊钢等．基于三维表面模型的任意切割算法[J]. 计算机应用研究，2008，25 (9)：2850-2852.
[92] 黎夏，刘凯．GIS 与空间分析原理与方法[M]. 北京：科学出版社，2006.
[93] Davis，John C.. Statistics and Data Analysis in Geology (3rd Edition) [M]. New York& Son's，Inc，2002：57-61.
[94] 陈军．多尺度空间数据基础设施的建设与发展[J]. 中国测绘，1999，3：17-21.
[95] 李新，程国栋等．空间内插方法比较[J]. 地球科学进展，2006，15 (3)：260-265.
[96] 刘湘南，黄方等．GIS 空间分析原理与方法[M]. 北京：科学出版社，2005.
[97] 邓飞，周亚同．基于曲面插值的剖面三维块状地质建模[J]. 微电子学与计算机，2009，26 (9)：173-176.
[98] 郝太平．固体矿产探采选概论[M]. 北京：中国大地出版社，2008.
[99] 侯景儒，黄竞先．地质统计学及其在矿产储量计算中的应用[M]. 北京：地质出版社，1982.
[100] 国土资源部储量司，矿产资源储量计算方法汇编[M]. 北京：地质出版社，2000 .
[101] 黄文斌，肖克炎等．矿产勘查储量估算三维可视化原型系统的开发[J]. 矿床地质，2006，25 (22)：207-212.
[102] 熊俊楠，马洪滨．矿产资源储量估算信息系统的设计与开发[J]. 金属矿山，2009，1：94-96.
[103] 尚建嘎，刘修国等．层次风格固体矿产储量估算软件体系结构设计[J]. 计算机应用研究，2007，24 (8)：255-257.
[104] 王长友，唐又驰等．基于矿床地质模型的储量动态管理系统研究[J]. 西部探矿，2005，5：88-89.
[105] 陈正胜．谈矿井储量动态管理[J]. 煤炭技术，2009，28 (2)：194-195.
[106] 叶天竺，肖克炎等．矿床模型综合地质信息预测技术研究[J]. 地学前缘，2007，14 (5)：11-19.
[107] 张果，范赞军，谢理等．伊士坦贝尔德矿区金矿资源储量估算报告，富金有限责任公司，2013.